长江口水生生物资源与科学利用丛书

长江刀鲚种质资源及人工繁养技术

徐　跑　徐钢春　刘　凯　杨　健　编著

科学出版社

北　京

内 容 简 介

刀鲚(*Coilia nasus*)是长江中重要的经济洄游性鱼类,作为我国乃至世界上优质的水产种质资源,具有广阔的养殖和推广前景。本书系统阐述长江刀鲚种质特征、资源监测、繁育生物学、原种保存、人工繁育、苗种运输、人工养殖等方面内容,同时对盐度缓解刀鲚应激性猝死的机理、刀鲚耳石微化学进行了深入论述。本书对于养护该重要资源物种具有指导性意义,也可为开展刀鲚养殖的产业化发展提供技术支撑。

本书可供从事长江刀鲚渔业研究的科技人员,以及高校教师与水产生产技术人员阅读参考。

图书在版编目(CIP)数据

长江刀鲚种质资源及人工繁养技术/徐跑等编著.
—北京:科学出版社,2016.9
(长江口水生生物资源与科学利用丛书)
ISBN 978-7-03-049355-2

Ⅰ.①长… Ⅱ.①徐… Ⅲ.①鳀科—种质资源 ②鳀科—人工繁殖 Ⅳ.①S965.199

中国版本图书馆CIP数据核字(2016)第159957号

责任编辑:许 健
责任印制:谭宏宇 / 封面设计:殷 靓

科 学 出 版 社 出版
北京东黄城根北街16号
邮政编码:100717
http://www.sciencep.com
南京展望文化发展有限公司排版
苏州市越洋印刷有限公司印刷
科学出版社发行 各地新华书店经销
*
2016年9月第 一 版 开本:B5(720×1000)
2016年9月第一次印刷 印张:12 1/2 插页2
字数:188 000

定价:63.00元

《长江口水生生物资源与科学利用丛书》

编写委员会

主　编　庄　平

副主编　陈立侨　徐　跑　张根玉

委　员　唐文乔　李家乐　王金秋　吉红九

楼　宝　刘鉴毅　张　涛　施永海

赵　峰　徐钢春　冯广朋　侯俊利

徐淑吟　禹　娜　詹　炜　罗武松

王　妤（秘书）

本书编写人员

主　编　徐　跑（中国水产科学研究院淡水渔业研究中心）

副主编　徐钢春（中国水产科学研究院淡水渔业研究中心）

刘　凯（中国水产科学研究院淡水渔业研究中心）

杨　健（中国水产科学研究院淡水渔业研究中心）

编著者　徐　跑（中国水产科学研究院淡水渔业研究中心）

徐钢春（中国水产科学研究院淡水渔业研究中心）

刘　凯（中国水产科学研究院淡水渔业研究中心）

杨　健（中国水产科学研究院淡水渔业研究中心）

顾若波（中国水产科学研究院淡水渔业研究中心）

杜富宽（中国水产科学研究院淡水渔业研究中心）

徐东坡（中国水产科学研究院淡水渔业研究中心）

卢丹琪（中山大学生命科学学院）

朱永祥（江苏中洋集团股份有限公司）

郑金良（江阴市申港三鲜养殖有限公司）

葛家春（江苏省淡水水产研究所）

许志强（江苏省淡水水产研究所）

聂志娟（中国水产科学研究院淡水渔业研究中心）

刘洪波（中国水产科学研究院淡水渔业研究中心）

方弟安（中国水产科学研究院淡水渔业研究中心）

段金荣（中国水产科学研究院淡水渔业研究中心）

张敏莹（中国水产科学研究院淡水渔业研究中心）

黎　燕（中国水产科学研究院淡水渔业研究中心）

姜　涛（中国水产科学研究院淡水渔业研究中心）

序 言

发展和保护有矛盾和统一的两个方面，在经历了数百年工业文明时代的今天，其矛盾似乎更加突出。当代人肩负着一个重大的历史责任，就是要在经济发展和资源环境保护之间寻找到平衡点。必须正确处理发展和保护之间的关系，牢固树立保护资源环境就是保护生产力、改善资源环境就是发展生产力的理念，使发展和保护相得益彰。从宏观来看，自然资源是有限的，如果不当地开发利用资源，就会透支未来，损害子孙后代的生存环境，破坏生产力和可持续发展。

长江口地处江海交汇处，气候温和、交通便利，是当今世界经济和社会发展最快、潜力巨大的区域之一。长江口水生生物资源十分丰富，孕育了著名的“五大渔汛”，出产了美味的“长江三鲜”，分布着“国宝”中华鲟和“四大淡水名鱼”之一的淞江鲈等名贵珍稀物种，还提供了鳗苗、蟹苗等优质苗种支撑我国特种水产养殖业的发展。长江口是我国重要的渔业资源宝库，水生生物多样性极具特色。

然而，近年来长江口水生生物资源和生态环境正面临着多重威胁：水生生物的重要栖息地遭到破坏；过度捕捞使天然渔业资源快速衰退；全流域的污染物汇集于长江口，造成水质严重污染；外来物种的入侵威胁本地种的生存；全球气候变化对河口区域影响明显。水可载舟，亦可覆舟，长江口生态环境警钟要不时敲响，否则生态环境恶化和资源衰退或将成为制约该区域可持续发展的关键因子。

在长江流域发展与保护这一终极命题上，“共抓大保护，不搞大开发”的思想给出了明确答案。长江口区域经济社会的发展，要从中华民族长远利益考虑，走生态优先、绿色发展之路。能否实现这一目标？长江口水生生物资源及其生态环境的历史和现状是怎样的？未来将会怎样变化？如何做到长江口水生生物资源可持续利用？长江口能否为子孙后代继续发挥生态屏障的重要作用……这些都是大众十分关心的焦点问题。

针对这些问题，在国家公益性行业科研专项“长江口重要渔业资源养护与利用关键技术集成与示范(201203065)”以及其他国家和地方科研项目的支持下，中国水产科学研究院东海水产研究所、中国水产科学研究院淡水渔业研究中心、华东师范大学、上海海洋大学、复旦大学、上海市水产研究所、浙江省海洋水产研究所、江苏省海洋水产研究所等科研机构和高等院校的100余名科研人员团结协作，经过多年的潜心调查研究，力争能够给出一些答案。并将这些答案汇总成《长江口水生生物资源与科学利用丛书》，该丛书由12部专著组成，有些论述了长江口水生生物资源和生态环境的现状和发展趋势，有些描述了重要物种的生物学特性和保育措施，有些讨论了资源的可持续利用技术和策略。

衷心期待该丛书之中的科学资料和学术观点，能够在长江口生态环境保护和资源合理利用中发挥出应有的作用。期待与各界同仁共同努力，使长江口永葆生机活力。

2016年8月4日于上海

前　言

长江刀鲚(*Coilia nasus*),俗称刀鱼,是长江中珍稀名贵的生殖洄游性鱼类,以鲜、嫩、美而闻名,享有“长江三鲜”之首的美誉。20 世纪 70 年代长江刀鲚的汛期捕捞量一度高达 4 142 t,“春食江刀”成为重要的江南民俗;近年来,受水域生态环境恶化、过度捕捞和涉水工程建设等因素影响,长江刀鲚洄游群体数量急剧下降,2007 年被列入首批“国家重点保护经济水生动植物资源名录”,2012 年长江刀鲚捕捞量降至历史低点,仅为 57.5 t。然而,刀鲚应激反应强烈,“出水即死”,且存在繁殖群体性腺发育不同步等问题,致其人工育苗与养殖技术属世界级难题。2000 年以来,中国水产科学研究院淡水渔业研究中心组建了“刀鲚种质资源与繁养技术研究创新团队”,历时 10 余年,取得了长江刀鲚种质资源、原种保存、人工驯养、全人工繁殖及生态健康养殖等系列成果,开展了人工增殖放流活动,完善了渔业生态环境监测机制,长江刀鲚资源步入了良性恢复态势。为了全面掌握长江刀鲚的种质资源情况,解决刀鲚的全人工繁养问题,编者依据农业部“长江口重要渔业资源养护与利用关键技术集成与示范”、科技部“名优特色淡水养殖种类规模化繁育技术研究与产业化示范”、国家自然科学基金委员会“基于耳石微化学的鄱阳湖与长江口及邻近黄海海域刀鲚间关联性研究”和江苏省“长江刀鲚种质资源保护与开发利用技术研究”课题编写了本书。

目前,国内还没有有关长江刀鲚人工繁养技术的专著出版,仅有部分发表的论文等,长江刀鲚作为我国乃至世界上珍贵的水产种质资源,具有广阔的养殖和推广前景。本书系统地总结了长江刀鲚种质特征、资源变动规律和人工繁养技术的监测成果和科研成果,为从事长江刀鲚工作的科技人员提供参考,满足科研人员和科技生产实践的需要。

本书分为十章:第一章　长江刀鲚的种质特征,刘凯、徐东坡、葛家春、许志强；第二章 长江刀鲚的资源监测，刘凯、徐东坡、段金荣、张敏莹；第三章 长江刀鲚耳石微化学技术，杨健、姜涛、刘洪波；第四章 长江刀鲚的繁育生物学，徐钢春、朱永祥、顾若波、方弟安；第五章 长江刀鲚原种保存及生态繁育技术，徐钢春、郑金良、聂志娟；第六章 长江刀鲚人工繁育技术，徐跑、朱永祥、顾若波；第七章 长江刀鲚应激调控及苗种运输技术，徐钢春、杜富宽、卢丹琪；第八章 长江刀鲚池塘生态养殖技术，徐钢春、徐跑；第九章 长江刀鲚温室大棚养殖技术，徐钢春、徐跑；第十章 刀鲚的网箱养殖技术，徐跑、徐钢春。本书从长江刀鲚的资源监测评估、遗传多样性、营养品质、生态洄游机制、人工驯养、原种保存、应激调控、全人工繁殖、苗种培育及生态养殖等方面，展现了长江刀鲚资源保护与开发利用的历程，对今后开展长江刀鲚资源研究和人工规模化养殖具有一定的指导和参考意义。

由于长江刀鲚的养殖学研究发展速度很快，书中所涉及的相关内容仍将不断地更新和补充，本书所涉及的养殖模式、技术方案和相关参数等数据谨供参考。本书在编写过程中，由于水平有限，难免有不足之处，恳请有关同仁及读者批评指正。

徐跑

2016 年 6 月 26 日

目　录

第1章　长江刀鲚的种质特征

1.1　形态与分类地位

1.1.1　分类地位

刀鲚（*Coilia nasus*）属于鲱形目（Clupeiformes）鳀科（Engraulidae）鲚属（*Coilia*），是长江中下游流域主要的经济鱼类（Whitehead，1985），与鲥鱼、河豚一起并称为“长江三鲜”，在渔业生产上占据重要地位。

1.1.2　外部形态

刀鲚又称长颌鲚，俗称刀鱼、毛花鱼、野毛鱼，为江海洄游性鱼类。体形长、侧扁，背部较平直，胸、腹部具棱鳞；头侧扁，口大而斜，半下位。颌长，上颌骨游离，超过鳃盖后缘，向后延伸至胸鳍基部（11 cm以下幼体一般还未超过鳃盖后缘）；上下颌骨、口盖骨和犁骨上均有细齿。眼较小，侧位；鳃孔大，鳃膜不与峡部相连；胸鳍前有6根鳍条游离呈丝状（图1-1）；臀鳍长，与尾鳍基相连；腹鳍、尾鳍均短小。体被圆鳞，无侧线。体色明亮，闪闪发光，通常背侧颜色较深。腹侧较浅，呈银白色，常见有三种色彩：①“青背”：石板青色，色较深。②“黄背”：多呈金黄色，带金色光泽。③“花背”：青黄二色交错排列，体色复杂。

图1-1　长江刀鲚外部形态

刀鲚鱼苗和幼鱼之间没有明显的形态差异，通常将 5 cm 以下的刀鲚视为鱼苗，5～10 cm 为幼鱼。刀鲚鱼苗仅凭肉眼很难区分，通常需要借助放大镜或解剖镜来鉴别。刀鲚鱼苗头部较大，背腹扁平，身体侧扁，尾部较尖，尾鳍圆而小，从侧面看像把水果刀，从背面看像长尾巴的蝌蚪。通过体壁能看到内部器官，体呈玉白色，透明(图 1－2)。然而刀鲚、短颌鲚、凤鲚及湖鲚四种鱼苗极其相似，要区别它们只有根据出现水域、时间来进行大致判定。一般在徐六泾上游的长江干流刀鲚苗较多，徐六泾下游的河口区凤鲚苗较多，虽然刀鲚要入海育肥，但刀鲚鱼苗真正到达河口区时相对凤鲚鱼苗个体较大。而在河道、支流及湖泊中短颌鲚鱼苗则较为多见。

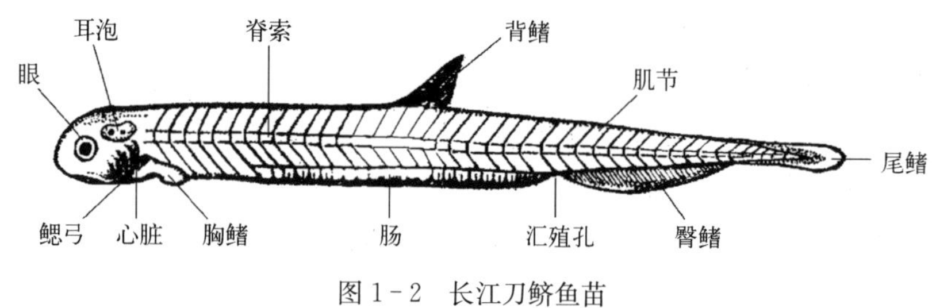

图 1－2　长江刀鲚鱼苗

1.1.3　内部结构

刀鲚的胃伸缩能力很强，有幽门囊，肠直而短，均曲折，显示了以动物性食物为饵料的鱼类特点。雌鱼性腺由卵巢和输卵管两部分组成，卵巢一对，呈指状，充满体腔，位于鳔的侧下方，肠的两侧，前端直达胃的前上方，后端接近泄殖孔，覆有一层薄的腹膜。输卵管位于卵巢末端，十分短，开口于泄殖孔。成熟的卵巢壁薄而透明，可清楚地看到卵粒，卵巢内有丰富的微血管，腹侧有卵巢动脉，背侧有卵巢静脉，支撑刀鲚的血液循环系统。雄鱼的生殖腺同样位于鳔的侧下方，肠的两侧，有精巢一对，乳白色，呈带状，有几个曲折。输精小管介于精巢和副睾之间，副睾位于精巢背侧，颜色较深，沾点淡黄色，也呈带状，里面充满弯曲的输精小管。用镊子轻轻挑破后，即有乳白色精液流出。输精管在副睾的末端，开口于泄殖孔。

1.2　生理生化

1.2.1　营养成分

刀鲚肉质细嫩，味鲜美，其肌肉中富含脂肪，另含有维生素 A、维生素 D、烟酸等维生素。刀鲚口感鲜美的原因主要有两点：一是其体内脂肪含量较高；二是其进入长江后在产卵前不摄食，因此无杂味、异味。早在公元 1 世纪，古书《说文解字》就有过记述："鮆，刀鱼也，饮而不食，九江有之。"鮆同鲚，即指刀鲚，从海里进入长江后，不再摄食，一直逆流而上至九江一带。事实上整个洄游过程中刀鲚的脂肪含量一直在变化，因此，长江刀鱼的口味和价值随地域的变化而略有差异。通常刚入江的刀鲚脂肪含量最高，肠道两侧及性腺周围几乎全被脂肪包埋，脂肪块大而明显。随后因洄游路程较长，能量消耗很大，导致脂肪含量大幅下降，同时，由于不摄食，体内积累的营养物质又逐步被性腺发育消耗，于是，等刀鲚到达产卵场时，鱼体消瘦，肉质已大不如前，此时的经济价值和食用价值已大大降低。据民间传说，食用刀鲚对贫血、眼睛疲劳、癌症、骨骼疏松症、高血压等常见疾病有预防功效。

1. 常规营养成分分析

刀鲚肌肉鲜样粗脂肪含量显著高于湖鲚，为后者的 1.84 倍；粗蛋白含量相比湖鲚低 7.36%；反映鱼体能量水平的能量密度指标表现为刀鲚高于湖鲚 35.84%（表 1-1）。

表 1-1　刀鲚和湖鲚肌肉常规营养成分及能量密度(鲜重)

样本	水分/%	粗蛋白/%	粗脂肪/%	粗灰分/%	能量密度/(kJ/g)	E/P
刀鲚	74.62±0.21	16.75±0.08	6.78±0.10	1.49±0.02	7.209±0.042	43.04
湖鲚	76.42±0.18	18.08±0.16	3.59±0.05	1.31±0.01	5.307±0.006	29.35

2. 氨基酸分析

刀鲚和湖鲚肌肉中共测出 18 种常见氨基酸，包括必需氨基酸（EAA）8 种、半必需氨基酸（HEAA）2 种、非必需氨基酸（NEAA）8 种；水解氨基酸总量占肌肉干样的比例分别为 59.97%和 74.97%，氨基酸组成中含量最高的均为谷氨酸（表 1-2）。动物蛋白质的鲜美在一定程度上取决于其鲜/甘味氨基酸（谷氨酸、天冬氨酸、甘氨酸和丙氨酸）的组成与含量，鲜味氨基酸中的 Glu 和 Asp 为呈鲜味的特征性氨基酸，其中 Glu 的鲜味最强；而 Gly、Ala 则是呈甘味的特征性氨基酸。刀鲚和湖鲚鲜/甘味氨基酸总量占肌肉干样的比例分别为 23.74%和 28.97%。支链氨基酸（缬氨酸、亮氨酸和异亮氨酸）具有保肝护肝、抑制癌细胞、降低胆固醇等功效，刀鲚和湖鲚支链氨基酸含量均较高，占氨基酸总量的比例分别为 17.24%和 18.36%。

表 1－2　刀鲚和湖鲚肌肉氨基酸组成(干重,g/100 g)

氨基酸名称	刀　鲚	湖　鲚
天冬氨酸 Asp	6.00±0.08	7.32±0.17
谷氨酸 Glu	10.69±0.25	13.11±0.22
甘氨酸 Gly	3.13±0.12	3.73±0.10
丙氨酸 Ala	3.92±0.07	4.81±0.11
脯氨酸 Pro	2.07±0.03	2.39±0.07
胱氨酸 Cys	0.76±0.01	0.97±0.02
酪氨酸 Tyr	2.10±0.08	2.67±0.06
丝氨酸 Ser	2.65±0.06	3.19±0.15
精氨酸** Arg	3.56±0.10	4.48±0.14
组氨酸** His	1.38±0.03	1.72±0.04
苏氨酸* Thr	2.35±0.09	2.88±0.08
缬氨酸* Val	2.71±0.05	3.75±0.10
蛋氨酸* Met	2.39±0.06	3.05±0.08
苯丙氨酸* Phe	2.66±0.02	3.42±0.12
异亮氨酸* Ile	2.48±0.05	3.58±0.15
亮氨酸* Leu	5.15±0.11	6.42±0.09
赖氨酸* Lys	5.71±0.08	7.20±0.12
色氨酸* Trp	0.28±0.01	0.27±0.01
总氨基酸 TAA	59.99	74.96
必需氨基酸 EAA	23.73	30.57
鲜/甘味氨基酸 DAA	23.74	28.97
EAA/TAA/%	39.56	40.78
EAA/NEAA/%	65.44	68.87
DAA/TAA/%	39.57	38.65

注：* 为必需氨基酸，** 为半必需氨基酸。

从食品营养学角度看,食品蛋白质的营养价值在很大程度上取决于它们为体内合成含氮化合物所提供的必需氨基酸的量及比例。将表 1－3 中的数据换算成每克氮中含氨基酸毫克数[氨基酸(mg/gN)＝鱼肉中氨基酸含量(g/100 g 干重)×10×6.25/(鱼肉干物质中蛋白质的百分含量)]后,与 FAO/WHO 建议的氨基酸评分标准模式和全鸡蛋蛋白质的氨基酸模式进行比较,计算出刀鲚的氨基酸评分(AAS)、化学评分(CS)、必需氨基酸指数(EAAI)和支链氨基酸同芳香族氨基酸的比值(F 值)来评价其营养价值。刀鲚和湖鲚肌肉中必需氨基酸占总氨基酸的比值分别为 39.56%和 40.78%,必需氨基酸与非必需氨基酸的比值分别为 65.44%和 68.87%。根据 FAO/WHO 的理想模式,质量较好的蛋白质,其组成的氨基酸的 WEAA/WTAA 为 40%左右,WEAA/WNEAA 在

60%以上。结果显示刀鲚和湖鲚肌肉中氨基酸的组成均符合上述指标的要求,营养质量较好。除色氨酸外,刀鲚和湖鲚必需氨基酸的 AAS 均接近或大于 1,CS 均大于 0.5,这表明刀鲚和湖鲚肌肉的必需氨基酸组成相对平衡。按 AAS 和 CS 标准第一限制性氨基酸均为色氨酸,第二限制性氨基酸为缬氨酸(湖鲚 AAS 为苏氨酸),刀鲚和湖鲚 EAAI 分别为 70.49 和 76.04。必需氨基酸组成中含量最高的均为赖氨酸,同时其 AAS 和 CS 评分也均为最高(表 1-3)。

表 1-3　刀鲚和湖鲚肌肉必需氨基酸评价

指　标	必需氨基酸	刀　鲚	湖　鲚
AAS	异亮氨酸 Ile	0.94	1.17
	亮氨酸 Leu	1.11	1.19
	苏氨酸 Thr	0.89	0.94
	缬氨酸 Val	0.83	0.99
	赖氨酸 Lys	1.59	1.73
	色氨酸 Trp	0.43	0.37
	蛋氨酸+胱氨酸 Met+Cys	1.35	1.49
	苯丙氨酸+酪氨酸 Phe+Tyr	1.19	1.31
CS	异亮氨酸 Ile	0.71	0.88
	亮氨酸 Leu	0.91	0.98
	苏氨酸 Thr	0.76	0.80
	缬氨酸 Val	0.63	0.74
	赖氨酸 Lys	1.23	1.33
	色氨酸 Trp	0.26	0.22
	蛋氨酸+胱氨酸 Met+Cys	0.77	0.85
	苯丙氨酸+酪氨酸 Phe+Tyr	0.80	0.88
EAAI	必需氨基酸指数	70.49	76.04

刀鲚和湖鲚卵巢鲜样检测出的 18 种水解氨基酸中,氨基酸总量、必需氨基酸总量、半必需氨基酸总量和呈味氨基酸总量顺序均为刀鲚>湖鲚。除丙氨酸、胱氨酸、缬氨酸、异亮氨酸和亮氨酸存在差异外,其余大部分氨基酸含量均较为接近。刀鲚和湖鲚 18 种水解氨基酸总量占卵巢鲜重的比例分别为 14.11%和13.20%,必需氨基酸占总氨基酸的比例分别为 43.24%和 40.59%,呈味氨基酸占总氨基酸的比例分别为33.12%和 34.62%(表 1-4)。必需氨基酸均以亮氨酸含量最高,其次为赖氨酸,色氨酸含量最低;非必需氨基酸均以谷氨酸含量最高,胱氨酸含量最低;两种半必需氨基酸中精氨酸含量较高。

表 1-4　刀鲚和湖鲚卵巢氨基酸组成(鲜重,g/100 g)

氨基酸名称	刀　鲚	湖　鲚
天冬氨酸 Asp	1.00±0.02	1.03±0.09
谷氨酸 Glu	1.72±0.03	1.67±0.09
甘氨酸 Gly	0.56±0.04	0.56±0.09
丙氨酸 Ala	1.40±0.02	1.32±0.08
脯氨酸 Pro	0.74±0.10	0.78±0.05
胱氨酸 Cys	0.17±0.03	0.16±0.03
酪氨酸 Tyr	0.55±0.07	0.50±0.06
丝氨酸 Ser	0.66±0.04	0.70±0.11
精氨酸** Arg	0.85±0.04	0.80±0.04
组氨酸** His	0.37±0.04	0.34±0.05
苏氨酸* Thr	0.56±0.04	0.55±0.06
缬氨酸* Val	1.06±0.04	0.78±0.03
蛋氨酸* Met	0.60±0.10	0.61±0.10
苯丙氨酸* Phe	0.57±0.03	0.53±0.07
异亮氨酸* Ile	0.98±0.01	0.68±0.05
亮氨酸* Leu	1.25±0.06	1.18±0.03
赖氨酸* Lys	1.02±0.02	0.96±0.03
色氨酸* Trp	0.07±0.01	0.08±0.01

注：* 为必需氨基酸；** 为半必需氨基酸。

3. 脂肪酸分析

刀鲚和湖鲚肌肉中共检测出 20 种脂肪酸,包括饱和脂肪酸(SFA)8 种、单不饱和脂肪酸(MUFA)4 种、多不饱和脂肪酸(PUFA)8 种。由峰面积归一化法计算各成分质量分数,刀鲚和湖鲚肌肉饱和脂肪酸含量分别为 27.54%和 37.50%;不饱和脂肪酸含量分别为 72.48%和 62.50%;多不饱和脂肪酸含量分别为 16.64%和 16.07%,其中 EPA(花生五烯酸)含量分别为 5.51%和 5.55%,DHA(二十二碳六烯酸)含量分别为 2.76%和 0.99%(表 1-5)。

表 1-5　刀鲚和湖鲚肌肉脂肪酸组成(%)

脂肪酸名称	刀　鲚	湖　鲚
$C_{12:0}$	0.23±0.01	0.22±0.01
$C_{14:0}$	2.38±0.12	3.39±0.08
$C_{15:0}$	0.68±0.03	1.98±0.04
$C_{16:0}$	18.75±0.36	24.14±0.22
$C_{16:1}$	9.13±0.13	10.28±0.16
$C_{16:2}$	1.71±0.09	—
$C_{16:3}$	—	0.18±0.01

（续表）

脂肪酸名称	刀　鲚	湖　鲚
$C_{17:0}$	0.77±0.01	3.35±0.26
$C_{17:1}$	—	0.68±0.02
$C_{18:0}$	4.30±0.20	4.24±0.03
$C_{18:1}$	45.34±0.85	35.29±0.63
$C_{18:2}$	1.55±0.07	2.69±0.11
$C_{18:3}$	1.82±0.16	3.13±0.09
$C_{19:0}$	0.21±0.01	—
$C_{20:0}$	0.22±0.01	0.18±0.01
$C_{20:1}$	1.37±0.05	0.18±0.01
$C_{20:3}$	0.31±0.01	—
$C_{20:4}$	2.98±0.05	3.53±0.18
$C_{20:5}$(EPA)	5.51±0.12	5.55±0.15
$C_{22:6}$(DHA)	2.76±0.09	0.99±0.02
饱和脂肪酸 $\sum$ SFA	27.54	37.50
不饱和脂肪酸 $\sum$ UFA	72.48	62.50
单不饱和脂肪酸 $\sum$ MUFA	55.84	46.43
多不饱和脂肪酸 $\sum$ PUFA	16.64	16.07
EPA+DHA	8.27	6.54

脂肪是加热产生香气成分不可缺少的物质，尤其是高含量的多不饱合脂肪酸能显著增加香味，同时在一定程度上反映肌肉的多汁性。而且，多不饱和脂肪酸具有明显的降血脂、抑制血小板凝集、降血压、提高生物膜液态性、抗肿瘤和免疫调节作用，能显著降低心血管疾病的发病率。EPA 和 DHA 是一类多不饱和脂肪酸，主要存在于鱼类脂肪内，通过食物链的富集作用在体内积聚。临床研究发现，EPA 和 DHA 已被认定为人和动物生长发育的必需脂肪酸，其中有“脑黄金”美誉的 DHA 可以改善记忆，增强学习能力。刀鲚与湖鲚的 EPA 分别为 5.51%和 5.55%，高于野生大黄鱼(*Larimichthys crocea*，4.5%)，显著高于黄鳝(*Monopterus albus*，0.7%)。刀鲚 DHA 含量为 2.76%，低于野生大黄鱼(11.5%)，高于黄鳝(1.6%)。结果表明刀鲚具有很高的食用价值和保健作用，与湖鲚相比，刀鲚肌肉脂肪酸组成各项指标总体上均优于后者。特别是不饱和脂肪酸含量及 DHA 含量均表现为刀鲚显著高于湖鲚，这可能也是刀鲚“未熟香浮鼻”的原因。

刀鲚和湖鲚卵巢中共检测出 21 种脂肪酸，包括饱和脂肪酸(SFA)6 种，单不饱和脂肪酸(MUFA)6 种,多不饱和脂肪酸(PUFA)9 种。由峰面积归一化法计算各成分质量分数,刀鲚和湖鲚卵巢饱和脂肪酸含量分别为 17.88%和 20.93%;不饱和脂肪酸含量分别为 80.95%和 79.07%;多不饱和脂肪酸含量分别为 19.82%和 26.08%,其中 EPA(花生五烯酸)含量分别为 5.01%和 7.52%,DHA(二十二碳六烯酸)含量分别为 2.99%和 0.95%(表 1-6)。

表 1-6 刀鲚和湖鲚肌肉脂肪酸组成(%)

脂肪酸名称	刀鲚卵巢	湖鲚卵巢
$C_{14:0}$	3.35±0.31	3.88±0.23
$C_{15:0}$	0.42±0.05	2.55±0.12
$C_{16:0}$	8.21±0.35	9.18±0.15
$C_{17:0}$	1.35±0.03	1.81±0.05
$C_{18:0}$	4.17±0.48	3.51±0.20
$C_{20:0}$	0.38±0.03	—
饱和脂肪酸 $\sum$ SFA	17.88±1.25	20.93±0.75
$C_{14:1}$	—	0.35±0.05
$C_{15:1}$	3.56±0.34	—
$C_{16:1}$	12.64±0.50	14.26±0.98
$C_{17:1}$	—	0.50±0.08
$C_{18:1}$	44.55±1.84	37.53±1.56
$C_{20:1}$	0.38±0.04	0.35±0.06
单不饱和脂肪酸 $\sum$ MUFA	61.13±2.72	52.99±2.73
$C_{16:2}$	0.76±0.06	0.31±0.03
$C_{18:2}$	3.90±0.17	4.32±0.44
$C_{20:2}$	0.50±0.04	—
$C_{18:3}$	2.57±0.25	5.25±0.33
$C_{20:3}$	—	0.56±0.05
$C_{20:4}$	3.58±0.33	6.75±0.41
$C_{21:4}$	0.51±0.03	0.42±0.04
$C_{20:5}$(EPA)	5.01±0.10	7.52±0.27
$C_{22:6}$(DHA)	2.99±0.19	0.95±0.10
多不饱和脂肪酸 $\sum$ PUFA	19.82±1.17	26.08±1.67
不饱和脂肪酸 $\sum$ UFA	80.95±3.89	79.07±4.40

刀鲚卵巢共检测出 6 种饱和脂肪酸、4 种单不饱和脂肪酸及 8 种多不饱和脂肪酸酸;湖鲚卵巢共检测出 5 种饱和脂肪酸、5 种单不饱和脂肪酸及 8 种多不饱和脂肪酸酸。刀鲚和湖鲚卵巢中不饱和脂肪酸含量分别是饱和脂肪酸含量

的 4.53 倍和 3.78 倍，多不饱和脂肪酸含量占不饱和脂肪酸总量的比例分别为 24.48%和 32.98%。饱和脂肪酸均以 $C_{16:0}$ 为主，不饱和脂肪酸均以 $C_{18:1}$ 含量最高。

4. *牛磺酸分析*

刀鲚肌肉鲜样中牛磺酸含量为 265.43 mg/100 g，略高于蛤类(240 mg/100 g)，远高于猪肉(50 mg/100 g)、牛肉(36 mg/100 g)、羊肉(47 mg/100 g)、鸡肉(34 mg/100 g)、红罗非鱼(*Oreochromis niloticus* × *O. mossambicus*，113.08 mg/100 g)等(徐钢春等，2009)。

5. *矿物质常量和微量元素含量*

刀鲚和湖鲚肌肉常量元素含量最高的均为钾，微量元素则为铁，锌铜比分别为 14.17 和 13.81，锌铁比分别为和 0.60 和 0.70，钙磷比分别为 2.79 和3.53(表 1-7)。刀鲚和湖鲚每百克肌肉含钙量分别高达 327 mg 和 611 mg，均显著高于鲤(*Cyprinus carpio*，307.3 mg)和鳜(*Siniperca chuatsi*，240.5 mg)。必需微量元素在人体中含量很少，约占体重的 0.1%，却具有重要的生理功能。目前，人体摄入的 Se、Zn 等几乎全部来自食物，刀鲚作为动物性食品因其易消化吸收而成为 Se、Zn 等微量元素的良好来源。

表 1-7　刀鲚和湖鲚肌肉矿物元素组成(干重，mg/100 g)

元素名称	刀　鲚	湖　鲚
钾 K	1 399±10.59	1 665±24.30
钙 Ca	327±3.58	611±6.65
钠 Na	844±8.65	631±7.70
镁 Mg	99±1.44	114±2.04
磷 P	117±1.17	173±0.67
锌* Zn	1.70±0.08	2.21±0.12
铁* Fe	2.81±0.06	3.16±0.09
铜* Cu	0.12±0.00	0.16±0.01
锰* Mn	0.25±0.00	0.58±0.02

注：* 为微量元素。

刀鲚和湖鲚卵巢 9 种矿物元素中常量元素均以钾含量最高，微量元素则以锌含量最高。刀鲚和湖鲚卵巢钙磷比分别为 1.63 和 0.37，锌铜比分别为28.11 和 23.39，锌铁比分别为 1.49 和 1.16(表 1-8)。刀鲚和湖鲚卵巢微量元素中锌含量较为接近，而铁、铜和锰的含量差异显著，均为湖鲚>刀鲚。栖息环境中微量元素水平的不同是形成这种差异的重要原因。不同水域微量元素含量差异较大，淡水中 Fe 和 Mn 的含量均显著高于海水，Cu 的含量略高于海水，Zn 含量则显著小于海水，因此相对而言，Fe、Cu 和 Mn 在湖鲚卵巢中应更易于富集。矿物元素与动物的各种生理活动有着密切的关系，Ca 是人体中明显缺乏的营养元素，而刀鲚卵巢中 Ca 的含量较高，是很好的天然补钙剂。

表 1－8　刀鲚和湖鲚卵巢矿物元素组成(鲜重，mg/1 000 g)

元素名称	刀　鲚	湖　鲚
钾 K	16 970±1 046	25 650±91
钙 Ca	6 380±244	1 360±98
钠 Na	3 800±112	11 980±742
镁 Mg	1 270±10	1 410±85
磷 P	3 910±176	3 700±110
锌* Zn	262±4	276±29
铁* Fe	176±7.5	238±2.6
铜* Cu	9.3±0.29	11.8±0.16
锰* Mn	16.3±0.28	18.3±0.53

1.2.2　血液特性

在刀鲚的外周血涂片中可见红细胞、中性粒细胞、单核细胞及大淋巴细胞、小淋巴细胞和血栓细胞，未发现嗜酸性粒细胞和嗜碱性粒细胞。各类血细胞大小及白细胞分类计数结果显示(表 1－9)，刀鲚的白细胞中以血栓细胞(39.50%)和中性粒细胞(31.60%)为主，单核细胞(9.50%)和小淋巴细胞(7.40%)较少。中性粒细胞和单核细胞较大，其次为大淋巴细胞，而小淋巴细胞最小；血栓细胞长径与单核细胞短径相当，短径最小。

表 1－9　刀鲚各类血细胞及其核大小(长径×短径)和白细胞分类计数

各类血细胞	细胞大小/μm	核大小/μm	白细胞分类计数值/%
红细胞	(11.73±0.96)×(8.45±0.53)	(5.04±0.63)×(2.83±0.26)	
中性粒细胞	(12.55±0.65)×(11.84±0.36)	(6.10±0.91)×(4.46±0.7)	31.60
单核细胞	(11.05±0.52)×(10.74±0.38)	(7.15±0.63)×(5.77±0.51)	9.50
大淋巴细胞	(7.74±0.62)×(7.64±0.37)	(6.25±0.57)×(6.18±0.51)	12.00
小淋巴细胞	(6.11±0.45)×(5.34±0.30)	(5.05±0.35)×(4.40±0.25)	7.40
血栓细胞	(10.24±0.71)×(5.64±0.32)	(7.05±0.43)×(3.24±0.33)	39.50

注：表中除白细胞分类计数值外其余数据皆为平均值±标准差。

1. 血细胞的显微结构及其特点

1）红细胞

血涂片中以成熟红细胞为主，细胞呈卵圆形或长椭圆形，表面光滑，有伪足突起（图 1－3）。胞核卵圆形或长椭圆形，居中。核内染色质致密，染成深紫色，胞质染色淡，成均匀的灰蓝色，内含丰富的血红蛋白（图 1－4）。外周血中可见幼稚红细胞，其核比成熟红细胞核稍大，胞质中的血红蛋白含量较少，染色较浅（图 1－4IE）；衰老红细胞核质比成熟红细胞核稍大（图 1－4OE）。在刀鲚的外周血涂片中，偶尔可见正在直接分裂的红细胞（图 1－5DE），多见于细胞核开始分裂，细胞质还是一个整体。

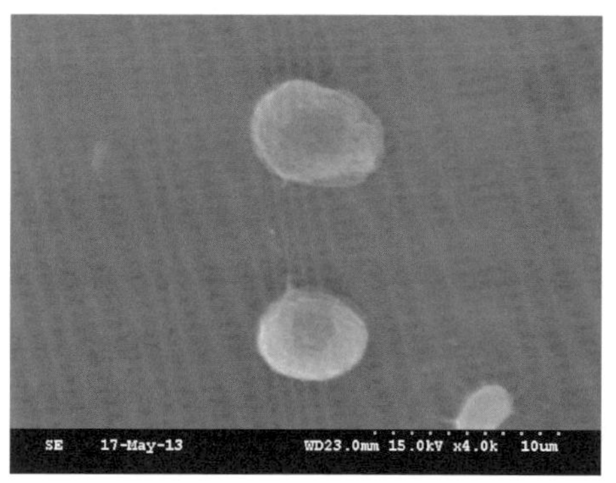

图 1－3　红细胞扫描电镜图

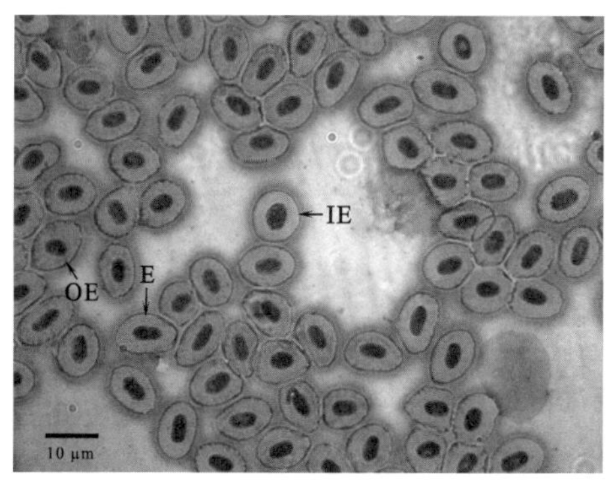

图 1－4　幼稚红细胞（IE）、成熟红细胞（E）及衰老的红细胞（OE）

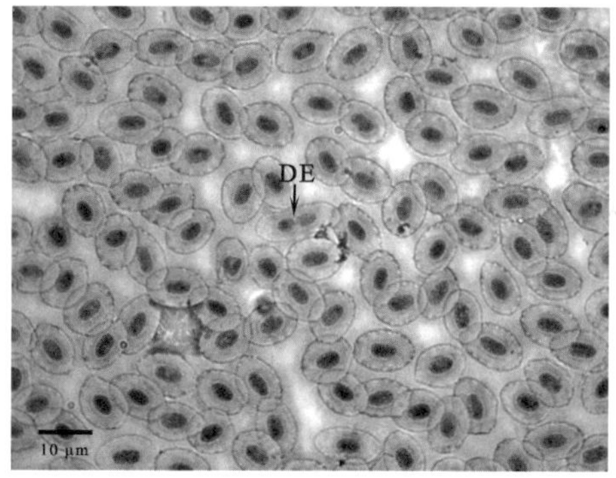

图 1－5　正在分裂的红细胞

2）中性粒细胞

细胞圆形、卵圆形或椭圆形，以卵圆形为主，细胞外表面光滑。核的形状多样，呈圆形、椭圆形、肾形、马蹄形，核染成深紫色，常偏于细胞一侧或与细胞膜相切。胞质丰富，染成浅蓝色至近无色透明，可见紫红色细小颗粒（图 1－6NE）。

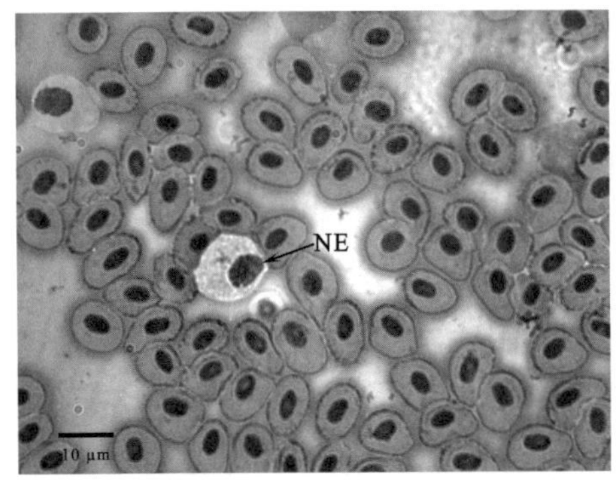

图 1－6　中性粒细胞(NE)

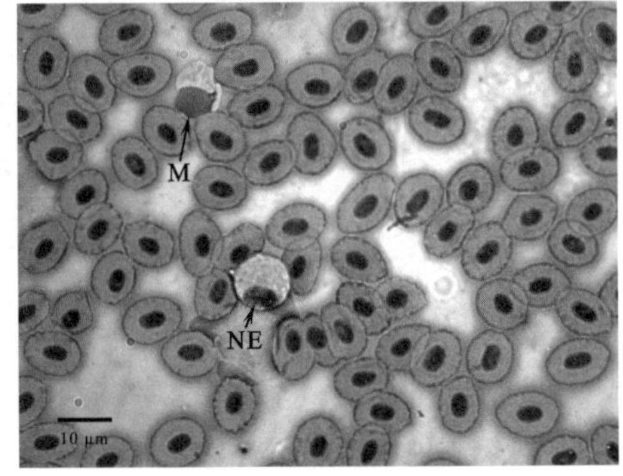

图 1－7　单核细胞(M)

3）单核细胞

细胞呈圆形或不规则形状，核较大，占整个细胞的 1/3～1/2，常偏于细胞一侧，为椭圆形或不规则形状，紫红色染色质呈疏网状。胞质染成天蓝色，可见大量大小不等的空泡，边缘常有伪足状突起(图 1－7M)。光镜下，在血涂片上单核细胞与中性粒细胞极其相似，有时不易区分，相比之下，前者核较圆而大，偶见伪足。

4）淋巴细胞

根据淋巴细胞大小和形状特征，可将其分为大淋巴细胞(图 1－8LL)和小淋巴细胞(图 1－9SL)两种。大淋巴细胞呈圆形或椭圆形，细胞表面有许多突起。核近圆形，较大，几乎占据整个细胞，近似裸核，染成紫蓝色。胞质量极少，染成蓝色或深蓝色。小淋巴细胞胞体为椭圆形或不规则形状，具有明显的细胞突起，核近圆形或长椭圆形，染成深蓝色。胞质量少，染成深蓝色。小淋巴细胞

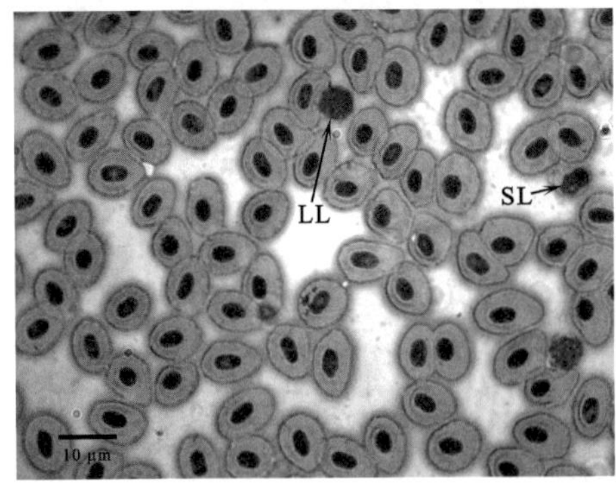

图 1－8　大淋巴细胞(LL)

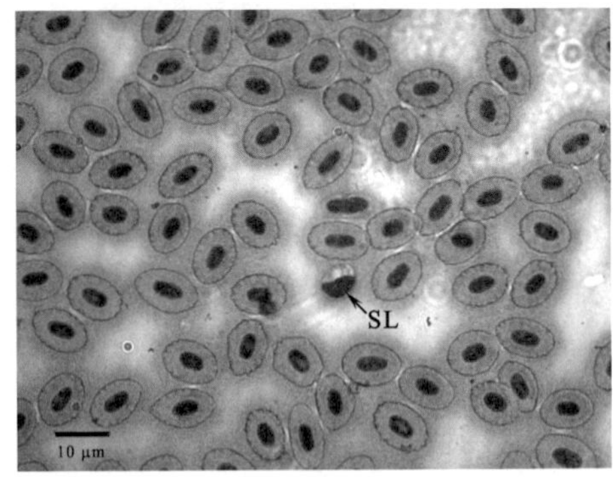

图 1－9　小淋巴细胞(SL)

有时与单个分布的血栓细胞难以区分,特别是血栓细胞的长径较短时。在同一张血涂片上,小淋巴细胞的胞体及细胞核均较圆,着色也比血栓细胞略深,且胞质常向外伸出伪足状突起。

5）血栓细胞

细胞呈长杆形、泪滴状或者纺锤形(图 1－10T),细胞长短径之比大于 2,血栓细胞在血涂片中常单个分布,也有集群分布。细胞核与细胞形状相似,核质比较大,有的甚至裸核,细胞质极少,呈一薄层,环绕在细胞核的四周。细胞质结构疏松,边界模糊,染色较浅。细胞核被染成深紫蓝色。

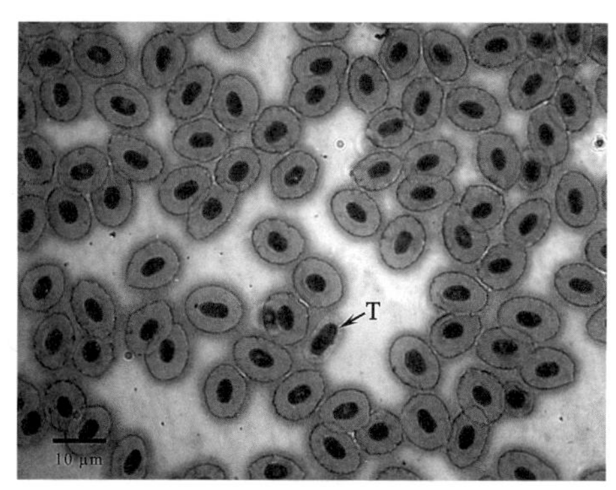

图 1－10　血栓细胞(T)

2. 血清生化指标

刀鲚血清中的无机成分、有机成分、蛋白质含量及酶活性等生化指标的测定结果见表 1－10。从表 1－10 中可以看出各项生化指标的参数变化范围。从实验结果来看,谷丙转氨酶(ALT)、胆固醇(CHOL)和总蛋白质(TP)有较大的变化范围,且谷草转氨酶(AST)的数值极大。

表 1－10　刀鲚血清中的生化指标

指标类别	测定指标	平均值±标准差
无机成分	K/(mmol/L)	1.89±0.88
	Na/(mmol/L)	158.10±2.16
	Cl/(mmol/L)	118.12±7.98
	P/(mmol/L)	4.78±1.04
	Ca/(mmol/L)	3.07±0.41
有机成分	葡萄糖　GLU/(mmol/L)	3.92±0.97
	甘油三酯　TG/(mmol/L)	7.64±1.49
	胆固醇　CHOL/(mmol/L)	12.99±3.12
	尿素氮/(mmol/L)	1.55±0.45
	肌酐/(μmol/L)	2.22±0.83
	尿酸/(μmol/L)	15.83±2.70
	总胆汁酸/(μmol/L)	21.77±3.20
	高密度脂蛋白胆固醇/(mmol/L)	4.92±1.03
	低密度脂蛋白胆固醇/(mmol/L)	1.41±0.63

（续表）

指标类别	测定指标	平均值±标准差
血清蛋白	总蛋白/(g/L)	39.48±4.31
	白蛋白/(g/L)	15.98±2.14
	球蛋白/(g/L)	23.50±3.20
	载脂蛋白 B/(g/L)	0.16±0.01
酶活性	谷丙转氨酶/(U/L)	56.00±18.19
	谷草转氨酶/(U/L)	187.17±36.23
	碱性磷酸酶/(U/L)	4.16±1.05

1.2.3 同工酶分析

广义的同工酶指的是生物体内催化相同反应而分子结构不同的酶。而狭义的同工酶指因编码基因不同而产生的多种分子结构的酶的总称。乳酸脱氢酶(LDH)是最典型的同工酶，它是一种糖酵解酶，存在于机体许多组织细胞的胞质内，其中以肾脏含量较高。鱼类 LDH 同工酶是由多基因控制的，其组织分布有明显的特异性。LDH 同工酶一般由 A、B、C 三个基因位点控制，有 LDH_5、LDH_4、LDH_3、LDH_2和 LDH_1五种形式。在生物学上，通过电泳将同工酶分离成 5 条酶带，可以用于研究物种进化、遗传变异、个体发育及组织分化等。

结合同工酶技术和流式细胞术研究了刀鲚肝脏、眼睛、肾脏、肌肉、鳃和血清 6 个组织的乳酸脱氢酶(LDH)，以及尾鳍、鳃、肌肉、性腺和肝脏 5 个组织的细胞核 DNA 含量。结果显示：染色体众数 $2n$(♀)=46+ZO=47、$2n$(♂)=46+ZZ=48，未观察到次缢痕及异配型染色体，亦未发现有随体，核型公式为(♀) 47 t、(♂) 48 t，NF=47、48。刀鲚不同组织的 LDH 同工酶呈现一定的组织特异性，眼睛是 LDH 表达较为典型的组织；除肌肉和血清没有 LDH_2条带外，其余组织均出现了 5 条同工酶酶带，并且相对迁移率一致，各组织中均未见 *LDH-c* 基因的表达。

电泳出的酶谱条带以迁移率最大的编号为 1，由阴极到阳极共 5 条酶带，条带从阴极到阳极出现的顺序分别为 LDH_5、LDH_4、LDH_3、LDH_2和 LDH_1。结果显示(图 1-11)，在 4 种组织(肝脏、眼睛、肾脏、鳃)中均出现了 5 条同工酶带，而血清和肌肉中无 LDH_2 条带只表现了 4 条同工酶带，鳃和肌肉的主带偏向阴极，眼睛和肾脏的主带偏向阳极，肝脏和血清的主带分布于 L3 区偏向阴极，血清的主带在 L5 区也有显现，呈现出同工酶表达的组织特异性；但是在刀鲚幼鱼和成鱼阶段同工酶表达稳定且无性别间的明显差异。同时，相对迁移率结果表明(表 1－11)，6 种组织迁移率基本相似，无明显差异。

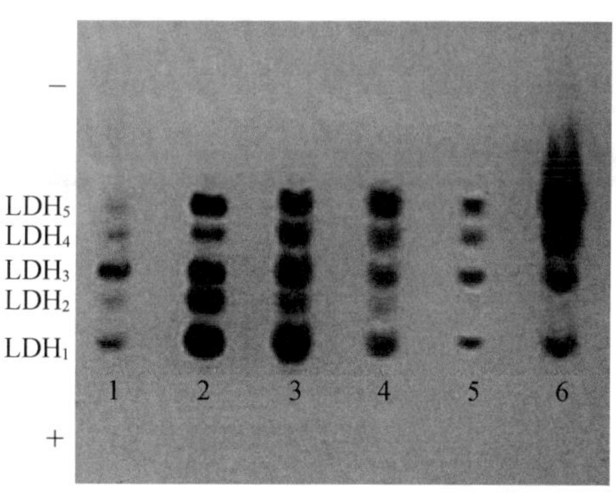

图 1－11　刀鲚各组织器官 LDH 同工酶酶谱

1. 肝脏；2. 眼睛；3. 肾脏；4. 鳃；5. 血清；6. 肌肉

表 1－11　刀鲚 LDH 同工酶各酶带的相对迁移率

酶带	肝脏	眼睛	肾脏	鳃	血清	肌肉
LDH_1	0.442 8	0.440 6	0.441 7	0.443 8	0.441 7	0.442 7
LDH_2	0.408 9	0.410 0	0.412 2	0.411 1	—	—
LDH_3	0.387 1	0.388 2	0.389 2	0.390 4	0.388 1	0.390 3
LDH_4	0.357 6	0.356 5	0.357 6	0.359 7	0.356 4	0.358 6
LDH_5	0.332 4	0.334 6	0.332 4	0.333 5	0.334 6	0.331 3

刀鲚乳酸脱氢酶(LDH)同工酶眼睛电泳图谱和酶带扫描图如图 1－12 所示，不同组织中各酶带相对活性强度平均值见表 1－12。结果显示，肝脏中 LDH_3 的活性强度明显高于其他 4 条酶带，鳃中 LDH_2 的活性强度最小。眼睛

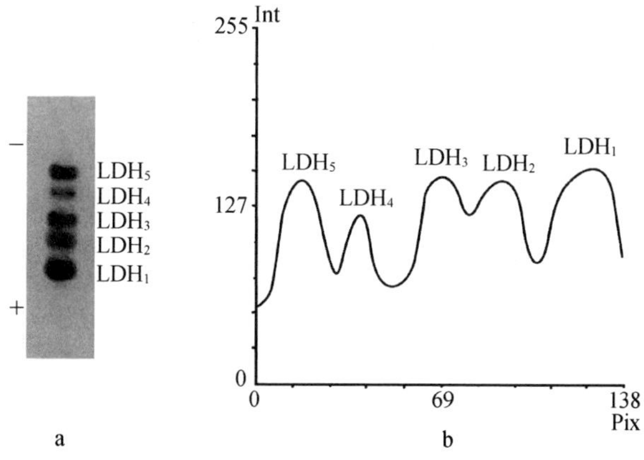

图 1－12　刀鲚眼睛 LDH 同工酶酶谱图(a)及其酶带扫描图(b)

中各酶带除 LDH_4 的活性强度稍弱外，其余酶带活性则相当，是 LDH 表达较为典型的组织。

表 1－12 刀鲚不同组织中各酶带相对活性强度平均值

组织	LDH_1	LDH_2	LDH_3	LDH_4	LDH_5
肝脏	18.83%	11.43%	47.19%	13.97%	8.57%
眼睛	30.83%	22.15%	20.22%	6.68%	20.11%
鳃	19.16%	8.56%	19.39%	21.10%	31.79%
血清	17.88%	—	29.09%	25.80%	27.23%
肌肉	30.94%	—	22.60%	20.38%	26.08%

刀鲚肝脏 DNA 相对值为：Mean(Coulter)＝279.3；Area(%)＝78.5；CV(%)＝4.03，与鸡血细胞 $2n$ 峰的相对位置如图 1－13 所示。鸡血细胞 DNA 相对值为：Mean(Coulter)＝197.6；Area(%)＝82.8；CV(%)＝6.79，其他不同组织的 DNA 含量测定结果见表 1－13。

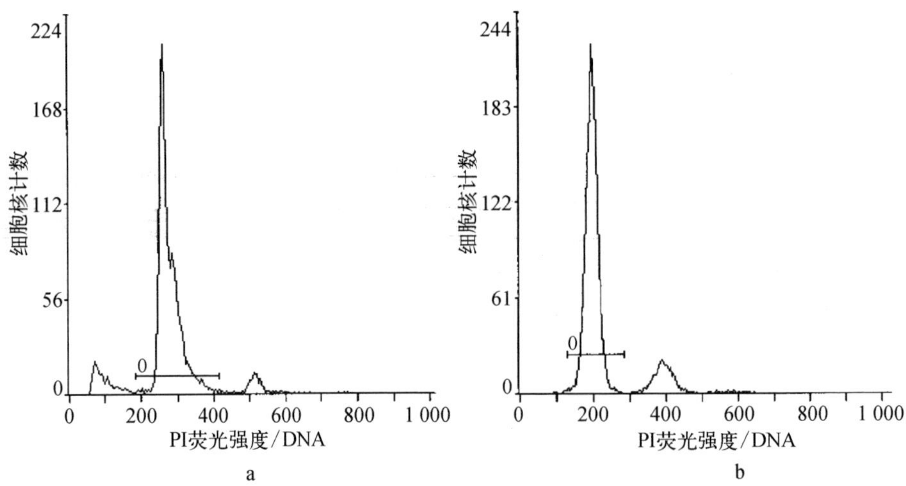

图 1－13 刀鲚肝脏细胞 DNA 直方图(a)和对照鸡血红细胞标准 DNA 直方图(b)

表 1－13 刀鲚各组织的 DNA 相对值

组织	项目	样品 1	样品 2	样品 3	样品 4	样品 5	平均值
尾鳍	Mean (Coulter)	301.6	300.1	292.8	296.5	298.3	297.9
	Area/%	55.0	57.0	52.4	48.7	58.0	54.2
	CV/%	9.25	7.25	7.34	7.24	6.84	7.58

（续表）

组织	项目	样品 1	样品 2	样品 3	样品 4	样品 5	平均值
鳃	Mean (Coulter)	270.7	270.5	270.1	268.9	267.4	269.5
	Area/%	56.0	58.3	45.5	64.8	67.9	58.5
	CV/%	5.12	4.12	5.65	5.63	8.93	5.89
肌肉	Mean (Coulter)	267.7	271.0	273.0	275.4	277.8	273.0
	Area/%	49.2	51.5	48.5	54.7	45.9	50.0
	CV/%	5.13	4.03	3.21	3.74	4.68	4.16
性腺	Mean (Coulter)	312.1	310.4	305.4	129.1	120.3	—
	Area/%	43.8	45.8	53.2	43.6	33.1	—
	CV/%	2.85	3.48	3.75	5.08	6.08	—
肝脏	Mean (Coulter)	271.0	275.8	279.3	276.5	279.2	276.4
	Area/%	73.9	70.0	78.5	69.8	69.7	72.4
	CV/%	7.27	6.02	4.03	6.01	6.14	5.89

以鸡血细胞 DNA 含量值为 2.50 pg/2c 计算，刀鲚肝脏细胞 DNA 含量与鸡血细胞的比值为 1.41，其绝对含量为 3.534 pg/2c；因此，各组织的细胞 DNA 平均值绝对含量分别为：尾鳍 3.769 pg/2c、鳃 3.410 pg/2c、肌肉 3.454 pg/2c、性腺（卵巢 3.913 pg/2c、精巢 1.578 pg/2c）、肝脏为 3.497 pg/2c。

在实验所用的 5 个组织中，鳃、肌肉和肝脏的细胞核 DNA 含量不存在显著差异（$P>0.05$），但都显著低于尾鳍和卵巢细胞核 DNA 含量（$P<0.05$）。

结果显示（表 1－13），雄鱼和雌鱼性腺细胞核 DNA 含量中存在显著差异（$P<0.01$），卵巢 DNA 含量为精巢的 2.48 倍。由于 6 月为刀鲚的繁殖季节，精巢处于成熟期经历减数分裂，形成了单倍体的精子细胞；而此时的卵巢尚处于卵母细胞的大生长期未进行减数分裂成单倍体卵子，实验取样的是卵巢组织细胞。本实验测定的鳃、肌肉和肝脏组织细胞核的 DNA 含量与单倍体的精子细胞的比值分别为 2.16、2.19 和 2.22，可以确定刀鲚为二倍体鱼类（徐钢春等，2012）。

1.2.4　核型分析

刀鲚鳃、肌肉和肝脏 3 个组织的细胞核 DNA 含量不存在显著差异（$P>0.05$），但都显著低于尾鳍、卵巢细胞 DNA 含量（$P<0.05$）；测定的鳃、肌肉和

肝脏组织细胞核的DNA含量与单倍体的精子细胞的比值依次为2.16、2.19和2.22，即刀鲚为二倍体鱼类（许世杰等，2014）（图1－14）。

雌性（♀）：

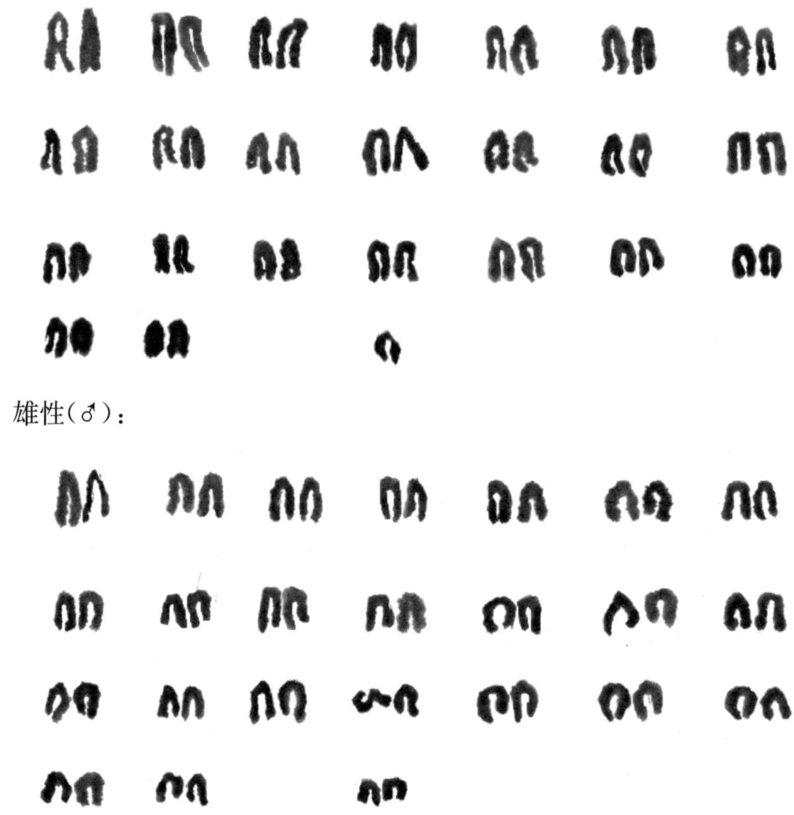

图1－14　长江刀鲚染色体组型

1.3　年龄和生长

对于鱼类年龄的判定，最初是从其脊椎骨、鳃盖及背鳍等组织进行观察测定。后来发现鱼的耳石和鳞片具有记录鱼类生长痕迹的年轮，通过耳石和鳞片的年轮来推断鱼类的生长年龄。

2001～2003年对刀鲚渔获物年龄结构进行了鉴定分析，取刀鲚背鳍下方完整的鳞片，以稀氨水处理后在解剖镜下观察，共观察鳞片60个，发现刀鲚群体的年龄结构以 2～3 龄为主，最大不超过 5 冬龄，而历史年份的刀鲚洄游群体年龄结构明显优于当前的研究结果，产卵群体与历史资料相比明显低龄化（表 1－14）。同时，不同的网具对刀鲚渔获物具有选择性，进而对刀鲚年龄结构分析也具有影响，如流刺网以产卵群体为主、2 龄以上的个体比例较高；围网的年龄结构较均衡，而深水张网中则以幼体为主。

表 1－14 江苏省及上海河口段刀鲚渔获年龄结构

年份	网具	1 冬龄/%	2 冬龄/%	3 冬龄/%	4 冬龄/%
1974	流刺网	0	22	60.5	17.5
	围网	16	48.8	18.2	17
2001～2003	流刺网	0	73.5	26.5	0
	深水张网	84.6	10.2	5.2	0

2007～2013 年长江下游及长江口各江段刀鲚全长均值变幅为 223～341 mm，体长均值变幅为 204～317 mm，体重均值变幅为 30～123 g，丰满度系数变幅为 0.286～0.574（表 1－15）。就时间特征而言，经对具有可比性的安徽省安庆江段、江苏省镇江江段和上海市崇明江段持续监测结果比较，长江下游及长江口刀鲚渔获规格年间动幅度较大，总体呈下降趋势（图 1－15）；就空间特征而言，以长江口为起点，总体表现出渔获规格沿程递减的趋势（图 1－16）。

表 1－15 长江下游及长江口刀鲚汛期单船捕捞指标

年份	作业江段	全长变幅/mm	全长均值/mm	体长变幅/mm	体长均值/mm	体重变幅/g	体重均值/g	丰满度系数
2007	崇明	220～380	294	197～356	270	46～220	113	0.574
2008	崇明	228～390	306	206～369	284	45～235	123	0.537
2009	安庆	269～308	289	247～285	267	52～78	65	0.341
	崇明	220～350	279	199～328	258	40～216	92	0.536
2010	安庆	240～360	295	221～339	272	40～130	83	0.412
	镇江	262～320	285	240～298	264	70～95	76	0.413
	常熟	249～340	305	227～319	283	46～180	106	0.468
	崇明	240～414	324	220～391	305	35～218	107	0.377
2011	安庆	250～390	315	226～367	292	30～140	75	0.301
	镇江	95～315	232	77～293	210	16～97	48	0.518
	崇明	249～445	307	226～421	285	45～270	90	0.389

（续表）

年份	作业江段	全长变幅/mm	全长均值/mm	体长变幅/mm	体长均值/mm	体重变幅/g	体重均值/g	丰满度系数
2012	安庆	210～270	232	190～260	219	17～42	30	0.286
	镇江	220～370	257	201～347	238	35～150	62	0.460
	常熟	127～316	223	115～302	204	3～101	33	0.389
	南通	256～387	310	237～362	287	57～182	100	0.423
	崇明	123～425	286	111～399	266	5～235	82	0.436
2013	安庆	179～366	292	166～341	271	15～138	66	0.332
	铜陵	214～335	275	195～312	252	24～102	56	0.350
	当涂	276～373	341	257～349	317	57～174	122	0.383
	镇江	225～385	287	205～363	266	29～211	74	0.393
	靖江	278～371	328	253～342	303	57～180	112	0.403
	常熟	318～360	339	296～331	312	89～148	112	0.369
	南通	142～406	317	132～386	293	8～245	115	0.457
	崇明	260～365	307	241～342	286	60～209	121	0.517

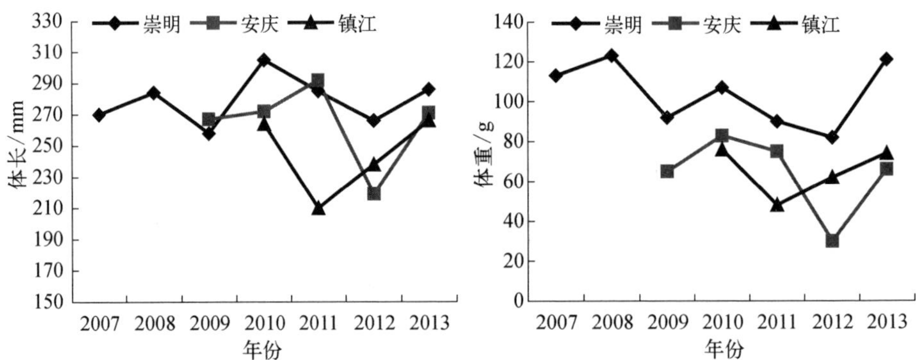

图 1-15　长江下游及长江口刀鲚渔获规格时间变化(2007～2013 年)

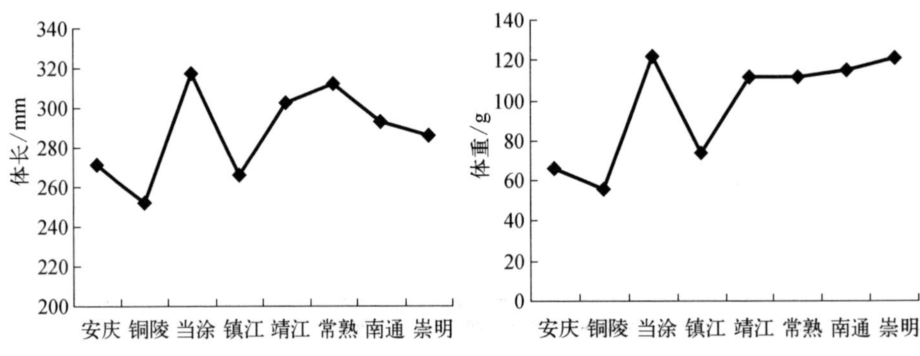

图 1-16　长江下游及长江口刀鲚渔获规格空间变化(2013 年)

1.4 食性

刀鲚的食性在其生活史中变化较大。鱼苗、幼鱼和成鱼所食饵料均不相同，鱼苗主要以枝角类、桡足类等饵料为主。幼鱼早期主要以枝角类、桡足类、端足类等饵料为主。随着个体增长至 7～8 cm 以后，除摄取浮游动物外，开始捕食小型水生昆虫、小虾、糠虾、虾蛄、水生节肢动物、小型鱼苗等。长至 12 cm 以后，胃内小型鱼、虾的比例越来越大，刀鲚成体后则完全以鱼、虾为饵。成鱼胃内发现有鳌、麦穗鱼、花螖、鲌、鲢、鳙、鲳、泥鳅等鱼类幼体。也发现有鲚属鱼类幼体。胃内容物最大的一尾鱼，出现虾 3 只、幼鱼 5 尾，胃极度膨胀。

1.5 遗传学特性及遗传多样性

遗传是指亲代将遗传物质总和传给子代的过程，它是一个种族赖以生存、得以延续的基础。但是亲代的遗传物质并不是决定子代性状的唯一来源。在子代的生长史中，环境因素也是影响子代性状的主要因素。鱼体在生长过程中，不仅受到水体质量、水温等一系列因子影响之外，敌害、饵料等种族之间的矛盾也是促进其选择优势性状的重要因素。因此，亲代的遗传往往不是朝单一方向进行的，而是尽量将有利于自己种族延续的所有优势性状遗传给下一代，显示出遗传多样性。遗传多样性是种内个体之间或一个群体内不同个体的遗传变异总和。在物种内部，因生境的不同也会产生遗传上的多样化，不同亚种或地方品种中都存在着丰富的遗传多样性。同时，种内的多样性又是物种以上各水平多样性的最重要来源。

1.5.1 利用扩增片段长度多态性技术分析长江刀鲚的遗传多样性

1. AFLP 的扩增结果及多态性分析

在预实验的基础上，选取 E－AAC/M－CAC、E－AAC/M－CAT、E－ACT/M－CAG 三对引物组合对所有的刀鲚 DNA 样品进行 AFLP 扩增，共扩增出 118 个位点，平均每对引物扩增出 40 个位点，扩增片段大小主要集中在

200～1 500 bp。

扩增位点中，所有个体共有位点数 51 个，占 43.22%；多态位点 67 个，占 56.78%。3 对引物扩增片段的多态性位点比例为 50.00%～65.71%，以 E-AAC/M-CAT 扩出的多态性片段数最多，占 65.71%；E-ACT/M-CAG 最低，仅占 50.0%。引物组合 E-ACT/M-CAG 扩增的 AFLP 带谱如图1-17 所示。

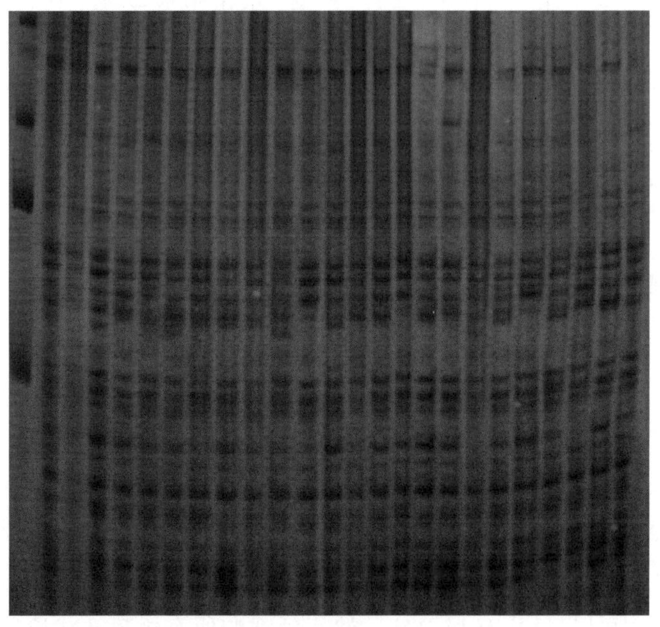

图 1-17　扩增的 AFLP 带谱

泳道从左到右依次为编号 1～24 的样本

2. 遗传距离及 UPGMA 聚类

用 3 对引物的 AFLP 扩增结果计算得到，长江南京潜州江段刀鲚种群个体间遗传距离在 0.126 3～0.401 2，平均遗传距离为 0.260 5。且在该江段刀鲚种群中，有 49.65% 的个体间遗传距离大于种群平均遗传距离（表 1-16）。

根据遗传距离，运用 NTsys 软件对 34 个个体进行聚类分析，绘制亲缘关系树。刀鲚个体聚类存在一定的分支，但没有出现明显遗传分化，说明种群内部的遗传多样性比较丰富，但没有达到产生新亚种的水平（图 1-18）。

表 1 - 16　长江刀鲚群体 AFLP 扩增多态 DNA 遗传距离

pop ID	1	2	3	4	5	6	7	8	9	10	11	12	13	14	15	16	17
1	****	0.830 5	0.796 6	0.805 1	0.788 1	0.805 1	0.788 1	0.779 7	0.711 9	0.686 4	0.779 7	0.805 1	0.788 1	0.754 2	0.754 2	0.762 7	0.711 2
2	0.185 7	****	0.728 8	0.754 2	0.754 2	0.771 2	0.788 1	0.813 6	0.728 8	0.703 4	0.745 8	0.788 1	0.720 3	0.686 4	0.703 4	0.728 8	0.720 3
3	0.227 4	0.316 3	****	0.771 2	0.720 3	0.720 3	0.737 3	0.728 8	0.711 9	0.703 4	0.762 7	0.822 0	0.805 1	0.737 3	0.737 3	0.762 7	0.754 2
4	0.216 8	0.282 0	0.259 8	****	0.830 5	0.813 6	0.830 5	0.805 1	0.771 2	0.779 7	0.737 3	0.779 7	0.813 6	0.762 7	0.762 7	0.737 3	0.813 6
5	0.238 1	0.282 0	0.328 0	0.185 7	****	0.847 5	0.762 7	0.788 1	0.737 3	0.762 7	0.737 3	0.762 7	0.745 8	0.779 7	0.813 6	0.788 1	0.796 6
6	0.216 8	0.259 8	0.328 0	0.206 3	0.165 5	****	0.796 6	0.788 1	0.720 3	0.779 7	0.737 3	0.762 7	0.745 8	0.796 6	0.830 5	0.788 1	0.796 6
7	0.238 1	0.238 1	0.304 8	0.185 7	0.270 9	0.227 4	****	0.839 0	0.788 1	0.847 5	0.669 5	0.728 8	0.762 7	0.728 8	0.762 7	0.737 3	0.779 7
8	0.248 9	0.206 3	0.316 3	0.216 8	0.238 1	0.238 1	0.175 6	****	0.830 5	0.788 1	0.711 9	0.788 1	0.754 2	0.771 2	0.788 1	0.813 6	0.855 9
9	0.339 9	0.316 3	0.339 9	0.259 8	0.301 8	0.328 0	0.238 1	0.185 7	****	0.771 2	0.678 0	0.737 3	0.754 2	0.737 3	0.720 3	0.745 8	0.788 1
10	0.376 2	0.351 8	0.351 8	0.248 9	0.270 9	0.248 9	0.165 5	0.238 1	0.259 8	****	0.685 4	0.694 9	0.745 8	0.762 7	0.779 7	0.737 3	0.779 7
11	0.248 9	0.293 3	0.270 9	0.304 8	0.304 8	0.304 8	0.401 2	0.339 9	0.388 7	0.376 2	****	0.839 0	0.805 1	0.771 2	0.788 1	0.728 8	0.737 3
12	0.216 8	0.238 1	0.196 0	0.248 9	0.270 9	0.270 9	0.316 3	0.238 1	0.304 8	0.364 0	0.175 6	****	0.830 5	0.830 5	0.762 7	0.771 2	0.745 8
13	0.238 1	0.326 0	0.216 8	0.206 3	0.293 3	0.293 3	0.270 9	0.282 0	0.282 0	0.293 3	0.216 8	0.185 7	****	0.847 5	0.796 6	0.754 2	0.762 7
14	0.282 0	0.376 2	0.304 8	0.270 9	0.248 9	0.227 4	0.316 3	0.259 8	0.304 8	0.270 9	0.259 8	0.185 7	0.165 5	****	0.881 4	0.822 0	0.762 7
15	0.282 0	0.351 8	0.304 8	0.270 9	0.206 3	0.185 7	0.270 9	0.238 1	0.328 0	0.248 9	0.238 1	0.270 9	0.227 4	0.126 3	****	0.855 9	0.830 5
16	0.270 9	0.316 3	0.270 9	0.304 8	0.238 1	0.238 1	0.304 8	0.206 3	0.293 3	0.304 8	0.316 3	0.259 8	0.282 0	0.196 0	0.155 6	****	0.822 0
17	0.259 8	0.328 0	0.282 0	0.206 3	0.227 4	0.227 4	0.248 9	0.155 6	0.238 1	0.248 9	0.304 8	0.293 3	0.270 9	0.270 9	0.185 7	0.196 0	****
18	0.304 8	0.328 0	0.351 8	0.270 9	0.316 3	0.316 3	0.206 3	0.196 0	0.259 8	0.270 9	0.304 8	0.270 9	0.339 9	0.293 3	0.293 3	0.282 0	0.206 3
19	0.316 3	0.316 3	0.384 0	0.259 8	0.301 8	0.259 3	0.216 8	0.248 9	0.293 3	0.216 8	0.270 9	0.259 8	0.282 0	0.259 8	0.196 0	0.270 9	0.216 8
20	0.293 3	0.339 9	0.293 3	0.282 0	0.259 8	0.304 8	0.304 8	0.270 9	0.339 9	0.351 8	0.316 3	0.238 1	0.282 0	0.304 8	0.259 9	0.339 9	0.304 8
21	0.238 1	0.304 8	0.304 8	0.206 3	0.227 4	0.227 4	0.270 9	0.196 0	0.282 0	0.364 0	0.259 3	0.206 3	0.227 4	0.206 3	0.206 3	0.238 1	0.206 3
22	0.270 9	0.293 3	0.270 9	0.216 8	0.328 0	0.282 0	0.282 0	0.165 5	0.227 4	0.304 8	0.270 9	0.259 8	0.259 8	0.259 8	0.216 8	0.227 4	0.216 8
23	0.248 9	0.248 9	0.293 3	0.238 1	0.282 0	0.259 8	0.304 8	0.165 5	0.227 4	0.351 8	0.227 4	0.216 8	0.216 8	0.238 1	0.238 1	0.205 3	0.196 0
24	0.304 8	0.259 8	0.376 2	0.270 9	0.248 9	0.227 4	0.270 9	0.175 6	0.238 1	0.270 9	0.259 8	0.227 4	0.316 3	0.270 9	0.227 4	0.259 8	0.185 7
25	0.238 1	0.259 8	0.328 0	0.227 4	0.206 3	0.227 4	0.293 3	0.259 8	0.304 8	0.316 3	0.175 6	0.248 9	0.206 3	0.227 4	0.227 4	0.238 1	0.206 3
26	0.259 8	0.259 8	0.282 0	0.185 7	0.227 4	0.248 9	0.270 9	0.282 0	0.304 8	0.248 9	0.259 8	0.227 4	0.248 9	0.270 9	0.293 3	0.282 0	0.270 9
27	0.248 9	0.293 3	0.248 9	0.238 1	0.304 8	0.259 8	0.328 0	0.293 3	0.293 3	0.282 0	0.227 4	0.259 8	0.216 8	0.304 8	0.282 0	0.270 9	0.282 0
28	0.238 1	0.282 0	0.259 8	0.227 4	0.293 3	0.248 9	0.339 9	0.238 1	0.282 0	0.316 3	0.216 8	0.165 5	0.206 3	0.206 3	0.270 9	0.282 0	0.270 9
29	0.282 0	0.351 8	0.282 0	0.270 9	0.293 3	0.316 3	0.316 3	0.259 8	0.304 8	0.339 9	0.259 8	0.227 4	0.206 3	0.185 7	0.227 4	0.304 8	0.293 3
30	0.328 0	0.401 2	0.351 8	0.248 9	0.293 3	0.293 3	0.339 9	0.259 8	0.304 8	0.339 9	0.328 0	0.248 9	0.293 3	0.227 4	0.206 3	0.238 1	0.227 4
31	0.316 3	0.339 9	0.339 9	0.216 8	0.259 8	0.216 8	0.328 0	0.293 3	0.364 0	0.328 0	0.227 4	0.216 8	0.216 8	0.216 8	0.216 8	0.248 9	0.259 8
32	0.293 3	0.206 3	0.270 9	0.259 8	0.351 8	0.328 0	0.238 1	0.165 5	0.206 3	0.216 8	0.293 3	0.282 0	0.259 8	0.304 8	0.259 8	0.293 3	0.304 8
33	0.351 8	0.304 8	0.304 8	0.339 9	0.339 9	0.270 9	0.270 9	0.259 8	0.376 2	0.339 9	0.282 0	0.293 3	0.248 9	0.293 3	0.248 9	0.238 1	0.364 0
34	0.339 9	0.316 3	0.293 3	0.304 8	0.304 8	0.282 0	0.304 8	0.270 9	0.364 0	0.376 2	0.270 9	0.216 8	0.259 8	0.282 0	0.216 8	0.270 9	0.282 0

（续表）

pop ID	18	19	20	21	22	23	24	25	26	27	28	29	30	31	32	33	34
1	0.737 3	0.728 8	0.745 8	0.788 1	0.762 7	0.779 7	0.737 3	0.788 1	0.771 2	0.779 7	0.788 1	0.754 2	0.720 3	0.728 8	0.745 8	0.703 4	0.711 9
2	0.720 3	0.728 8	0.711 9	0.737 3	0.745 8	0.779 7	0.771 2	0.771 2	0.771 2	0.745 8	0.754 2	0.703 4	0.669 5	0.711 9	0.813 6	0.737 3	0.728 8
3	0.703 4	0.694 9	0.745 8	0.737 3	0.762 7	0.745 8	0.686 4	0.720 3	0.754 2	0.779 7	0.771 2	0.754 2	0.703 4	0.711 9	0.762 7	0.737 3	0.745 8
4	0.762 7	0.771 2	0.754 2	0.813 6	0.805 1	0.788 1	0.762 7	0.796 6	0.830 5	0.788 1	0.796 6	0.762 7	0.779 7	0.805 1	0.771 2	0.711 9	0.737 3
5	0.728 8	0.737 3	0.771 2	0.796 6	0.720 3	0.754 2	0.779 7	0.813 6	0.796 6	0.737 3	0.745 8	0.745 8	0.745 8	0.771 2	0.703 4	0.711 9	0.737 3
6	0.728 8	0.771 2	0.737 3	0.796 6	0.754 2	0.771 2	0.796 6	0.796 6	0.779 7	0.771 2	0.779 7	0.728 8	0.745 8	0.805 1	0.720 3	0.762 7	0.754 2
7	0.813 6	0.805 1	0.737 3	0.762 7	0.754 2	0.737 3	0.762 7	0.745 8	0.762 7	0.720 3	0.711 9	0.728 8	0.711 9	0.720 3	0.788 1	0.762 7	0.737 3
8	0.822 0	0.779 7	0.762 7	0.822 0	0.847 5	0.847 5	0.839 0	0.771 2	0.754 2	0.745 8	0.788 1	0.771 2	0.771 2	0.745 8	0.847 5	0.771 2	0.762 7
9	0.771 2	0.745 8	0.711 9	0.754 2	0.796 6	0.796 6	0.788 1	0.737 3	0.737 3	0.745 8	0.754 2	0.737 3	0.737 3	0.694 9	0.813 6	0.686 4	0.694 9
10	0.762 7	0.805 1	0.703 4	0.694 9	0.737 3	0.703 4	0.762 7	0.728 8	0.779 7	0.754 2	0.728 8	0.711 9	0.711 9	0.720 3	0.805 1	0.711 9	0.688 4
11	0.737 3	0.762 7	0.728 8	0.771 2	0.762 7	0.796 6	0.771 2	0.839 0	0.771 2	0.796 6	0.805 1	0.771 2	0.720 3	0.796 6	0.745 8	0.754 2	0.762 7
12	0.762 7	0.771 2	0.788 1	0.813 6	0.771 2	0.805 1	0.796 6	0.779 7	0.796 6	0.771 2	0.847 5	0.796 6	0.779 7	0.805 1	0.754 2	0.745 8	0.806 1
13	0.711 9	0.754 2	0.754 2	0.796 6	0.771 2	0.805 1	0.728 8	0.813 6	0.779 7	0.805 1	0.813 6	0.813 6	0.745 8	0.805 1	0.771 2	0.779 7	0.771 2
14	0.745 8	0.771 2	0.737 3	0.813 6	0.771 2	0.788 1	0.762 7	0.796 6	0.762 7	0.737 3	0.813 6	0.830 6	0.796 6	0.805 1	0.737 3	0.745 8	0.754 2
15	0.745 8	0.822 0	0.771 2	0.813 6	0.805 1	0.788 1	0.796 6	0.796 6	0.745 8	0.754 2	0.762 7	0.796 6	0.813 6	0.805 1	0.771 2	0.779 7	0.806 1
16	0.751 2	0.762 7	0.711 9	0.788 1	0.795 6	0.813 6	0.771 2	0.788 1	0.754 2	0.762 7	0.751 2	0.737 3	0.788 1	0.779 7	0.745 8	0.788 1	0.762 7
17	0.813 6	0.805 1	0.737 3	0.813 6	0.805 1	0.822 0	0.830 5	0.813 6	0.762 7	0.754 2	0.762 7	0.745 8	0.796 6	0.771 2	0.737 3	0.694 9	0.754 2
18	****	0.788 1	0.737 3	0.728 8	0.737 3	0.720 3	0.762 7	0.745 8	0.762 7	0.703 4	0.745 8	0.711 9	0.745 8	0.737 3	0.754 2	0.711 9	0.686 4
19	0.238 1	****	0.779 7	0.737 3	0.813 6	0.762 7	0.805 1	0.788 1	0.754 2	0.745 8	0.754 2	0.754 2	0.771 2	0.796 6	0.745 8	0.737 3	0.762 7
20	0.304 8	0.248 9	****	0.822 0	0.779 7	0.762 7	0.737 3	0.703 4	0.737 3	0.694 9	0.771 2	0.771 2	0.805 1	0.762 7	0.678 0	0.737 3	0.796 6
21	0.316 3	0.304 8	0.196 0	****	0.805 1	0.855 9	0.796 6	0.762 7	0.728 8	0.737 3	0.779 7	0.830 6	0.830 5	0.788 1	0.686 4	0.779 7	0.805 1
22	0.304 8	0.206 3	0.248 9	0.216 8	****	0.847 5	0.788 1	0.771 2	0.720 3	0.762 7	0.805 1	0.788 1	0.805 1	0.779 7	0.779 7	0.771 2	0.762 7
23	0.328 0	0.270 9	0.270 9	0.155 6	0.165 5	****	0.839 0	0.788 1	0.771 2	0.762 7	0.805 1	0.788 1	0.805 1	0.762 7	0.728 8	0.754 2	0.779 7
24	0.270 9	0.216 8	0.304 8	0.227 4	0.238 1	0.175 5	****	0.779 7	0.745 8	0.754 2	0.779 7	0.745 8	0.779 7	0.737 3	0.737 3	0.728 8	0.771 2
25	0.293 3	0.238 1	0.351 8	0.270 9	0.259 8	0.238 1	0.248 9	****	0.881 4	0.788 1	0.796 6	0.813 6	0.745 8	0.805 1	0.788 1	0.762 7	0.771 2
26	0.270 9	0.282 0	0.304 8	0.316 3	0.328 0	0.259 8	0.293 3	0.126 3	****	0.771 2	0.813 6	0.745 8	0.745 8	0.754 2	0.754 2	0.711 9	0.737 3
27	0.351 8	0.293 3	0.364 0	0.304 8	0.270 9	0.270 9	0.282 0	0.238 1	0.259 8	****	0.839 0	0.754 2	0.686 4	0.745 8	0.779 7	0.771 2	0.745 8
28	0.293 3	0.282 0	0.259 8	0.248 9	0.216 8	0.216 8	0.248 9	0.227 4	0.206 3	0.175 6	****	0.830 5	0.779 7	0.805 1	0.754 2	0.745 8	0.771 2
29	0.339 9	0.282 0	0.259 8	0.185 7	0.238 1	0.238 1	0.293 3	0.206 3	0.293 3	0.282 0	0.185 7	****	0.864 4	0.778 1	0.737 3	0.779 7	0.805 1
30	0.293 3	0.259 8	0.216 8	0.185 7	0.216 8	0.216 8	0.248 9	0.293 3	0.293 3	0.376 2	0.248 9	0.145 7	****	0.839 0	0.703 4	0.779 7	0.806 1
31	0.304 8	0.227 4	0.270 9	0.238 1	0.248 9	0.270 9	0.304 8	0.216 8	0.282 0	0.293 3	0.216 8	0.238 1	0.175 6	****	0.762 7	0.822 0	0.796 6
32	0.282 0	0.293 3	0.388 7	0.376 2	0.248 9	0.316 3	0.304 8	0.238 1	0.282 0	0.248 9	0.282 0	0.304 8	0.351 8	0.270 9	****	0.771 2	0.745 8
33	0.339 9	0.304 8	0.304 8	0.248 9	0.259 8	0.282 0	0.316 3	0.270 9	0.339 9	0.259 8	0.293 3	0.248 9	0.248 9	0.196 0	0.259 8	****	0.839 0
34	0.376 2	0.270 9	0.227 4	0.216 8	0.270 9	0.248 9	0.259 8	0.259 8	0.304 8	0.293 3	0.259 8	0.216 8	0.216 8	0.227 4	0.293 3	0.175 6	****

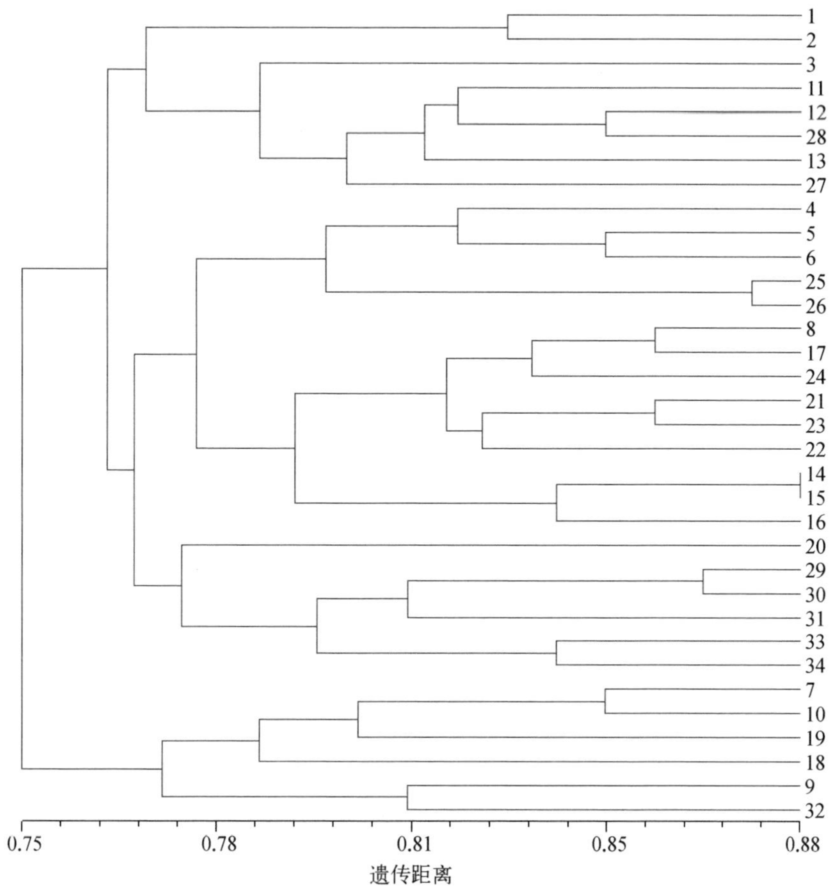

图 1－18　根据 AFLP 图谱的遗传距离所构建的刀鲚 UPGMA 聚类关系图

3. 遗传杂合度

以 3 对引物扩增结果计算种群的平均杂合度为 0.218 3，其中引物 E－AAC/M－CAT 组合扩增片段计算的杂合度最大，为 0.276 4，引物 E－AAC/M－CAC 组合扩增片段计算的杂合度最小，为 0.176 2。

1.5.2　利用 AFLP 技术分析鲚属鱼种群的遗传多样性和物种有效性

1. AFLP 的扩增结果及多态性分析

3 对选择性引物 E－AAC/M－CAC、E－AAC/M－CAT、E－ACT/M－CAG 在短颌鲚、刀鲚、湖鲚、凤鲚 4 个鲚属鱼类中检出位点数分别为 132、135、138、134，多态性位点百分比分别为 72.73%、71.85%、75.36%、72.39%。扩增

片段大小主要集中在200～1 500 bp。实验结果见表1－17。

表1－17　三对选择性引物扩增4种鲚属鱼类的检出的位点及多态性位点比例

引物组合	短颌鲚		刀　鲚		湖　鲚		凤　鲚		合　计	
	检出位点	多态性位点/%	检出位点	多态性位点/%	检出位点	多态性位点/%	检出条带	多态性位点/%	检出条带	多态性位点/%
E－AAC/M－CAC	45	33(73.33)	45	35(77.78)	46	35(76.09)	43	28(65.12)	179	131(73.18)
E－AAC/M－CAT	42	33(78.57)	44	32(72.73)	45	36(80.00)	44	33(75.00)	175	134(76.57)
E－ACT/M－CAG	45	30(66.67)	46	30(65.22)	47	33(70.21)	47	36(76.60)	185	129(69.73)
共检出条带	132	96(72.73)	135	97(71.85)	138	104(75.36)	134	97(72.39)		

3对引物中，E－ACT/M－CAG检出的条带最多，为185条，但多态性条带最少(69.73%)；E－AAC/M－CAT检出的条带最少，为175条，但多态性条带最多(76.59%)。多态性检测率为69.73%～76.59%。可见AFLP多态检出率较高，能提供丰富的遗传变异信息，是一种比较理想的检测遗传多样性的分子标记。引物组合E－AAC/M－CAT扩增的带谱如图1－19所示。

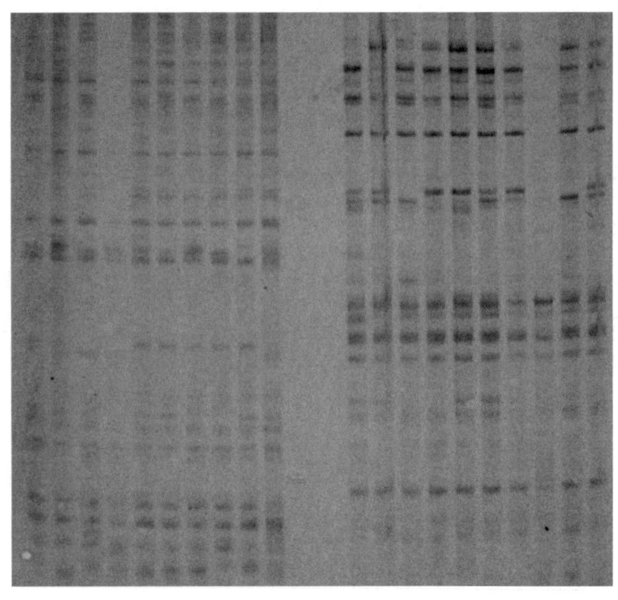

图1－19　引物组合E－AAC/M－CAT扩增的AFLP带谱图

左边10个泳道为凤鲚样本，右边是10个泳道为短颌鲚样本

2. 遗传多样性分析

以 3 对引物扩增结果计算种群的 Nei 遗传多样性指数和 Shannon 多样性指数，具体数据见表 1-18。鲚属鱼类 4 个种群的分析结果显示，湖鲚的 Nei 遗传多样性指数和 Shannon 多样性指数最高，分别为 0.274 2 和 0.407 3；刀鲚最低，分别为 0.231 5 和 0.353 0。鲚属鱼类 4 个种群的 Nei 遗传多样性指数为 0.231 5～0.270 4，Shannon 多样性指数为 0.353 0～0.407 3，4 个群体遗传多样性在同一水平上。

表 1-18　鲚属鱼类种群的 Nei 遗传多样性指数和 Shannon 多样性指数

指　标	短颌鲚	刀　鲚	湖　鲚	凤　鲚
Nei 遗传多样性指数	0.248 9	0.231 5	0.274 2	0.260 3
Shannon 多样性指数	0.374 8	0.353 0	0.407 3	0.388

3. 遗传距离及聚类分析

用 3 对引物的 AFLP 扩增结果计算得到，江苏省境内 4 种鲚属鱼类种群间遗传距离为 0.048 4～0.210 2。其中刀鲚与短颌鲚之间的遗传距离最短，为 0.048 4，短颌鲚与凤鲚之间的遗传距离最长，为 0.210 2(表 1-19)。

表 1-19　鲚属鱼类种群间的遗传距离

popID	短颌鲚	刀　鲚	凤　鲚	湖　鲚
短颌鲚	****	0.952 7	0.810 5	0.934 5
刀鲚	0.048 4	****	0.813 7	0.928 3
凤鲚	0.210 2	0.206 2	****	0.845 8
湖鲚	0.067 7	0.074 4	0.167 5	****

以遗传距离为基础，经 UPGMA 聚类分析，绘制亲缘关系。鲚属鱼类 4 个种群聚为 2 类，刀鲚、短颌鲚、湖鲚 3 个种群聚在一起，凤鲚单独聚为 1 个种群(图 1-20)。

1.5.3　基于 mtDNA 序列鉴别刀鲚和凤鲚

1. 实验条件设计

1) 引物设计

根据 GenBank 公布鲚属鱼类线粒体 DNA 序列，经同源性比对后，利用

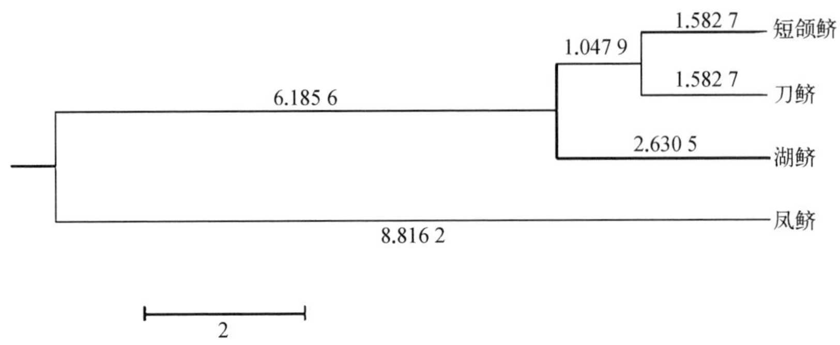

图 1-20　根据 AFLP 图谱的遗传距离所构建的鲚属鱼类 UPGMA 聚类关系图

Primer 5.0 软件辅助设计引物。

2）扩增引物

(1) 刀鲚(包括太湖湖鲚及短颌鲚)扩增引物名称及序列：

P1F：5′-CACATCGCCCGAGGACTA-3′

P1R：5′-ACTCCTGCAATGACGAATG-3′

刀鲚(包括太湖湖鲚及短颌鲚)扩增片段长度：约 1 220 bp。

(2) 凤鲚扩增引物名称及序列：

P2F：5′-GCCATATACTCTCCTTGGTGACA-3′

P2R：5′-GTAGGCTTGGGAATAGTACGA-3′

凤鲚扩增片段长度：约 280 bp。

3）P1F/P1R PCR 反应体系及反应条件

总反应体系为 30 μl，其中含 DNA 模板 1 μl(100 ng)，dNTPs 2 μl(各 2.5 mmol/L)，10×PCR 缓冲液 3 μl，正反向引物各 1 μl(10 μmol/L)，Taq DNA 聚合酶 0.2 μl(1 U)，无菌超纯水补足至 30 μl。扩增反应条件为：94℃ 5 min，94℃ 40 s，50℃ 35 s，72℃ 60 s，共 30 个循环，最后 72℃延伸 8 min。

4）P2F/P2R PCR 反应体系及反应条件

总反应体系为 30 μl，其中含 DNA 模板 1 μl(100 ng)，dNTPs 2 μl(各 2.5 mmol/L)，10×PCR 缓冲液 2.5 μl，正反向引物各 1 μl(10 μmol/L)，Taq DNA 聚合酶 0.2 μl(1 U)，无菌超纯水补足至 30 μl。扩增反应条件为：94℃ 5 min，94℃ 30 s，45℃ 30 s，72℃ 30 s，共 30 个循环，最后 72℃延伸 8 min。

2. DNA 提取

分别利用－20℃冻存的刀鲚(包括湖鲚和短颌鲚)、凤鲚肌肉，抽提获得总

DNA。核酸蛋白分析仪测量所提取 DNA 样品的 OD_{260}/OD_{280} 的值不小于 1.5，并进行电泳检测后，根据测得的浓度将 DNA 样品浓度稀释到 50 ng/μl，4℃保存。再以稀释的 DNA 为模板进行 PCR 扩增。

3. 引物 P1F/P1R 特异性扩增分析

以刀鲚(包括湖鲚和短颌鲚)、凤鲚 DNA 为模板，分别用 2 对引物对线粒体基因进行扩增，结果只有刀鲚(包括湖鲚和短颌鲚)、凤鲚扩增出 1 220 bp 左右的片段，凤鲚无条带，引物 P1F/P1R 的扩增结果如图 1-21 所示。

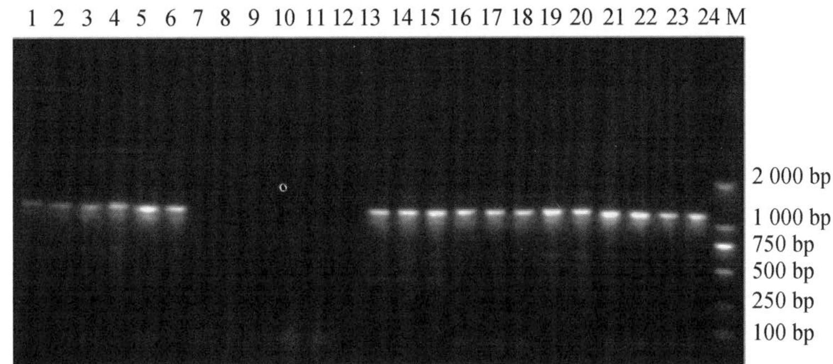

图 1-21　引物 P1F/P1R 的种质特异性扩增结果

第 1～6 泳道为刀鲚；第 7～12 泳道为凤鲚；第 13～18 泳道为湖鲚；第 19～24 泳道为短颌鲚。引物扩增片段长约为 1 220 bp

4. 引物 P2F/P2R 特异性扩增分析

以刀鲚(包括湖鲚和短颌鲚)、凤鲚 DNA 为模板，分别用 2 对引物对线粒体基因进行扩增，结果只有凤鲚扩增出 280 bp 左右的片段，其他鱼类无条带，引物 P2F/P2R 的扩增结果如图 1-22 所示。

5. 扩大样本量验证

引物 P1：刀鲚类群(包括刀鲚 40 尾、湖鲚 10 尾、短颌鲚 16 尾)出现 1 200 bp 左右的特征条带，刀鲚 66 尾，其中 57 尾有特征条带，即出现率 86.4%。

凤鲚 24 尾，24 尾全无条带，即出现率为 0%。

引物 P2：刀鲚类群(包括刀鲚 36 尾、湖鲚 10 尾、短颌鲚 16 尾)62 尾，有 52 尾未出现 280 bp 左右条带，出现率为 16.1%。

凤鲚 12 尾，全部出现 280 bp 左右的条带，即出现率为 100%。

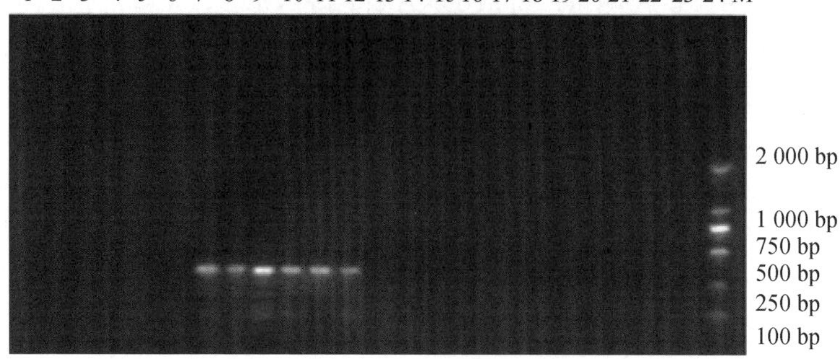

图 1-22　引物 P2F/P2R 的种质特异性分析结果电泳图

第 1～6 泳道为刀鲚；第 7～12 泳道为凤鲚；第 13～18 泳道为湖鲚；第 19～24 泳道为短颌鲚。引物扩增片段长约为 280 bp

1.5.4　刀鲚、短颌鲚的纵列鳞数、臀鳍数、幽门盲囊数及颌骨长度的变异情况

1. 颌骨长度变异分析

上颌骨较短是将短颌鲚区别于刀鲚的一个重要特征，也是其物种有效性的一个重要依据。本研究对 110 尾刀鲚、40 尾短颌鲚及 36 尾湖鲚的头长和上颌骨长进行测量，计算其上颌骨长/头长的值(表 1-20)。

表 1-20　刀鲚、湖鲚及短颌鲚上颌骨长/头长比较

样　品	测量数	上颌骨长/头长	最大值	最小值	变异系数
刀　鲚	110	1.125±0.091	1.423	0.934	8.01%
短颌鲚	40	0.981±0.095	1.167	0.750	9.77%
湖　鲚	36	1.022±0.045	1.133	0.882	4.55%

对刀鲚、短颌鲚及袁传宓等所命名的刀鲚定居型—湖鲚的上颌骨长/头长进行比较，虽然刀鲚上颌骨长/头长大于湖鲚和短颌鲚，但是其变异范围存在一定的交叉。刀鲚上颌骨的长度具有较大变异，上颌骨长与头长比值的变异幅度为 0.934～1.423，变异系数为 8.01%。短颌鲚上颌骨长/头长变异幅度为0.750～1.167，变异系数为 9.77%。其中湖鲚上颌骨长/头长的变异系数较小，说明鲚属鱼类上颌骨长不是一种稳定的特征，推测其受生态环境及生活习性影响较大—刀鲚与短颌鲚的生态分布较湖鲚更广一些，其上颌骨长/头长的变异也相对更大。

2. mtDNA *Cyt b* 基因序列分析

结合刀鲚定居型—湖鲚和凤鲚的相关序列，将所测定的刀鲚、短颌鲚和 2

个外群的 mtDNA *Cyt b* 基因序列进行比对，比对长度包括 1 148 个位点，其中有变异位点 238 个，简约信息位点 200 个。4 种鲚属鱼类 mtDNA *Cyt b* 基因序列碱基 A、T、C、G 平均含量分别是 27.2%、30.7%、27.1%和 15.0%，G+C 的含量为 42.1%。其中刀鲚、短颌鲚与湖鲚 G+C 含量基本相同，分别为 41.4%、41.5%和 41.6%。mtDNA *Cyt b* 基因序列的变异主要发生在三联密码子的第 3 个碱基上，符合蛋白质编码基因第 3 位点进化最快的一般规律。序列碱基变化主要为转换和颠换，转换明显高于颠换，平均转换颠换比为 2.11，说明序列突变还未达到饱和。总体而言，长江流域几种鲚属鱼类间的平均遗传距离较小，刀鲚、短颌鲚间的平均遗传距离为 0.002，小于刀鲚与湖鲚之间的遗传距离0.003，而湖鲚与短颌鲚之间的遗传距离仅为 0.001(表 1 - 21)(许志强等，2009)。

表 1 - 21　长江流域几种鲚属鱼类间的平均遗传距离

物　种	刀　鲚	短颌鲚	湖　鲚	凤　鲚
刀　鲚				
短颌鲚	0.002			
湖　鲚	0.003	0.001		
凤　鲚	0.004	0.003	0.004	
外　群	0.229	0.229	0.227	0.229

以鳀科鳀属的 *Engraulis encrasicolus* 和 *E. japonicus* 为外群进行系统发生分析，无论是 NJ 法、ML 法还是 MP 法，系统发生树的拓扑结构基本一致。其中凤鲚分化较早，推测其在进化上处于比较原始的地位，刀鲚、短颌鲚与刀鲚定居型—湖鲚之间构成多歧分枝，三者之间不能明确区分(图 1 - 23，图1 - 24)。

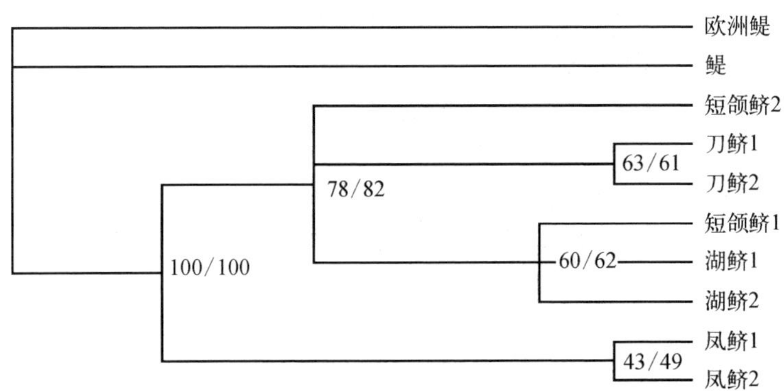

图 1 - 23　基于 *Cyt* b 序列构建的几种鲚属鱼类的 ML、MP 树

图中枝旁数字为依次表示 ML、MP 法的置信值

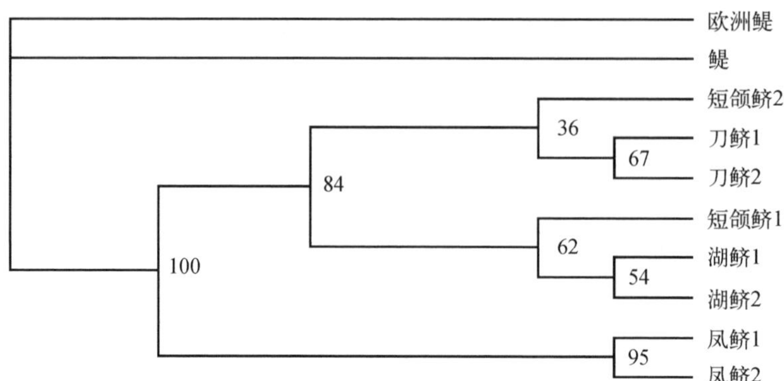

图 1-24　基于 *Cyt* b 序列构建的几种鲚属鱼类的 NJ 树

图中枝旁数字为依次表示置信值

1.5.5　基于线粒体 DNA D-Loop 序列分析养殖刀鲚与湖鲚遗传多样性

1. 线粒体 D-Loop 区段基因扩增结果

养殖刀鲚和湖鲚的 D-Loop 区段基因均能被清晰稳定地扩增，PCR 产物电泳图谱如图 1-25 所示，D-Loop 区段基因长度在 1 200 bp 左右。PCR 产物经回收后送测序，测出的序列参照 GenBank 中已有的刀鲚 D-Loop 区段序列（登录号为 NC_009579）经 Clastal X 比对分析，结果表明同源性都高达 99%以上，确定所得序列为刀鲚 mtDNA D-Loop 区序列。

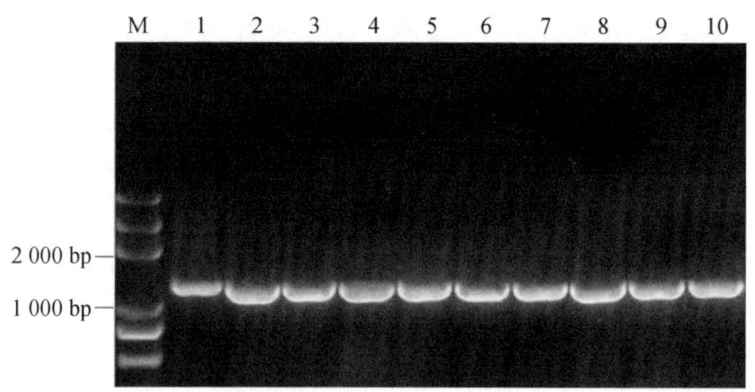

图 1-25　养殖刀鲚和湖鲚 mtDNA D-Loop 区 PCR 电泳图

M. DL2000 plus DNA marker；1～5. 养殖刀鲚；6～10. 湖鲚

养殖刀鲚和湖鲚 2 个群体 D-Loop 区段基因片段的 A、T、G、C 碱基组成分别为 33.3%、33.3%、14.2%、19.2%。其中，A 和 T 碱基组成为 66.6%，大于 C+G 的含量 33.4%。

2. 遗传多样性分析

通过序列分析，养殖刀鲚和湖鲚的 D－Loop 序列全长都有较大的变异，养殖刀鲚的长度在 1 210～1 252 bp，若以刀鲚（登录号为 NC_009579）D－Loop 序列全长 1 252 bp 为标准，则 11 尾养殖刀鲚中，只有 2 尾鱼序列长度没有变化，其他 9 个个体存在 1 bp、3 bp 或 38 bp 3 种片段的缺失；湖鲚的长度在 1 252～1 290 bp，8 尾湖鲚中有 3 个个体存在 38 bp 片段的插入。

在 2 个群体 19 尾个体中，共检测到变异位点（S）为 35 个，占全部序列的 2.79%，其中单一多态位点 14 个，简约信息位点 21 个。绘制碱基变异位点分布图，由图 1－26 可以看出，除了碱基在 100 以内的多态位点，其他多态位点十分一致，这与 D－Loop 区段基因具有一定的保守性和稳定性相符合。本研究共检测到 12 种不同的单倍型，单倍型多态性（h）为 0.924，核苷酸多样性（π）为 0.009 9，平均核苷酸差异数（K）为 4.154，遗传距离为 0.000 0～0.020 0，平均遗传距离为 0.015；养殖刀鲚、湖鲚与七丝鲚的（GenBank 登陆号 EF_419803）平均遗传距离分别是 0.052 8、0.053 7，而养殖刀鲚与湖鲚的平均遗传距离为 0.014 8，明显小于它们与七丝鲚平均遗传距离。由表 1－22 可以看出，养殖刀鲚的各遗传多样性参数稍高于湖鲚的，说明养殖刀鲚比湖鲚的遗传多样性要丰富（徐钢春等，2012）。

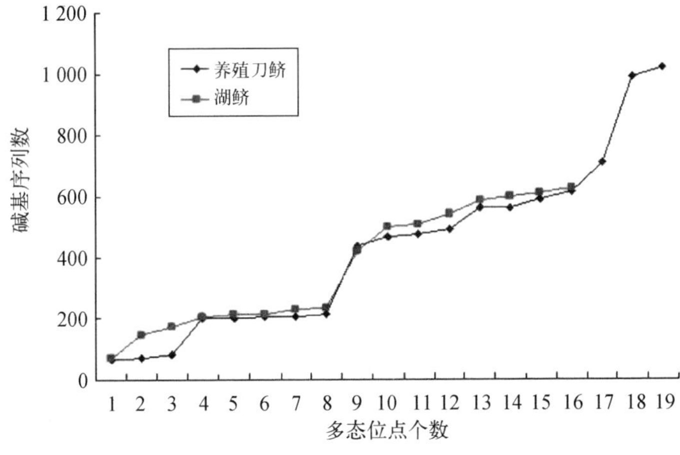

图 1－26　刀鲚 2 个群体多态位点序列分布图

表 1－22 养殖刀鲚和湖鲚 2 个群体遗传多样性参数

参　　数	池养刀鲚	湖　鲚
样本数	11	8
单倍型数	7	5
多态性位点数(单一位点/简约信息位点)	19(10/9)	16(14/2)
单倍型多样性指数	0.873	0.786
核苷酸多样性指数	0.005 5	0.003 6
平均核苷酸差异数	2.478	1.913

3. 分子系统树

以七丝鲚(GenBank 登录号 EF_419803)和刀鲚的 D－Loop 区段序列(GenBank 登录号 NC_009579)为参考，进行系统分析，结果显示，整个群体聚类成 2 大分支，七丝鲚为 1 大分支，养殖刀鲚和湖鲚聚一起组成另一大分支。在养殖刀鲚和湖鲚聚一起组成的分支中，养殖刀鲚和湖鲚又各自聚在一起，形成独立的单系类群(图 1－27)。

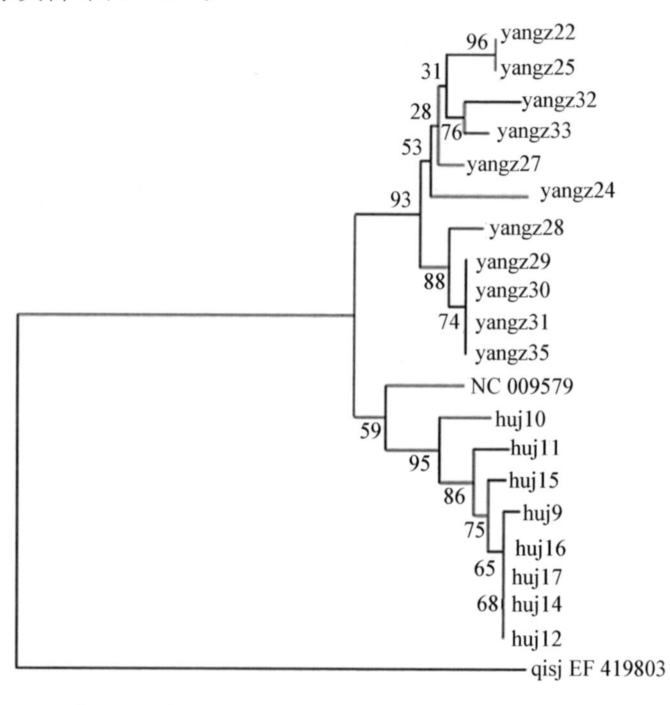

图 1－27 基于 D－Loop 区段序列构建的几种鲚属鱼类的邻接树

yangz. 养殖刀鲚；huj. 湖鲚；qisj. 七丝鲚

1.5.6　基于线粒体 *Cyt* b 序列洄游刀鲚、养殖刀鲚与湖鲚的遗传多样性

1. 扩增结果和序列分析

洄游刀鲚、养殖刀鲚和湖鲚的 *Cyt b* 基因均能被清晰稳定地扩增，从图 1-28 可以看出，PCR 产物长度在 1 200 bp 左右。PCR 产物经回收后送测序，测出的序列根据 GenBank 中已有的刀鲚的 mtDNA *Cyt* b 序列（登录号为 NC_009579）进行经 Clastal X 比对，结果表明同源性都高达 99%以上，确定所得序列为 mtDNA *Cyt* b 区序列。测序结果经校正、除去多余序列，所得的 22 个个体的 *Cyt* b 序列全长都为 1 141 bp。

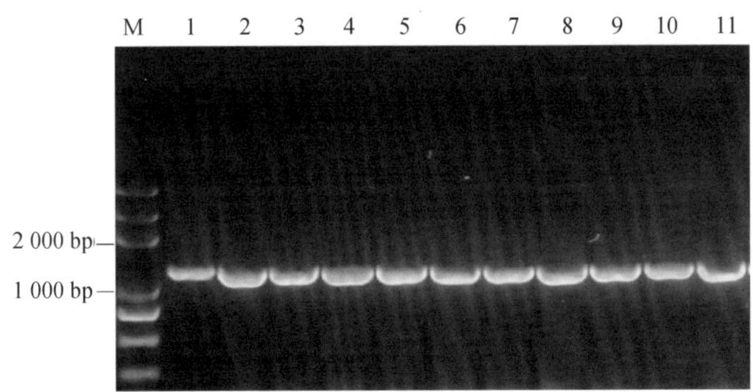

图 1-28　*Cyt* b 基因 PCR 产物电泳图

M. DL2000 plus DNA marker；1～11. 养殖刀鲚

序列分析结果表明，3 个群体细胞色素 b 基因片段的 A、C、G、T 碱基组成分别为 30.6%、27.9%、14.4%、27.1%。其中，A 和 T 碱基组成为 58.5%，大于 C+G 的含量(41.5%)。从碱基组成可以看出，细胞色素 b 表现出很强的碱基组成偏向性，即在 A、C、G、T 四种碱基中，G 的含量明显低于其他 3 种碱基的含量(表 1-23)。

表 1-23　刀鲚 3 个群体 *Cyt* b 碱基组成比例

种　群	A	C	G	T
洄游刀鲚	30.73%	14.50%	27.00%	27.78%
养殖刀鲚	30.63%	14.30%	27.05%	28.04%
湖　鲚	30.67%	14.50%	27.03%	27.83%

2. 遗传多态性和遗传差异性的分析

通过序列比对，在 3 个群体 22 个个体中，共检测到变异位点(S)为 18 个，占全部序列的 1.58%，见表 1-24，其中单一多态位点 9 个，简约信息位点 9 个。共检测到 12 种不同的单倍型，单倍型多态性(h)为 0.922。核苷酸多样性(π)为 0.004 1，平均核苷酸差异数(K)为 4.714，个体间的 Kumar 遗传距离为 0.000 0～0.009 7，平均遗传距离为 0.004 2。洄游刀鲚、养殖刀鲚和湖鲚各群体的 *Cyt b* 基因的单倍型数、单倍型多态性、序列的变异位点等遗传多样性参数见表 1-25。从表 1-25 可以看出，刀鲚的洄游和养殖群体的核苷酸多样性和 Kumar 遗传距都比湖鲚要高，其他参数则差异较少。3 个群体间的遗传距离见表 1-26，养殖刀鲚与洄游刀鲚和湖鲚的遗传距较大，而洄游刀鲚与湖鲚的遗传距很小(魏广莲等，2012)。

表 1-24　刀鲚 3 个群体线粒体 DNA *Cyt b* 基因变异位点分布

	0 0 1 4	0 0 4 5	0 0 4 9	0 0 7 1	0 1 6 1	0 1 8 8	0 2 0 3	0 2 5 1	0 2 9 3	0 4 1 3	0 4 3 6	0 4 6 4	0 5 2 1	0 6 8 0	0 8 5 7	0 9 8 9	1 0 0 4	1 0 4 3	1 0 6 7	1 1 1 2	1 1 2 3	1 1 3 2
009579-1	C	C	G	G	A	T	C	A	T	G	G	A	G	C	A	G	G	A	T	T	T	G
cy29	T	.	.	.	G	.	T	T	C	A	.	.	A	T	.	T	A	G	.	.	.	.
cy6	T	.	.	.	G	.	T	T	C	.	.	.	.	T	.	.	A	G	.	.	.	.
cy7	T	.	.	.	G	.	T	T	C	.	.	.	.	T	.	.	A	G	.	.	.	.
cy16	T	.	.	.	G	.	T	T	C	.	.	.	.	T	.	.	A	G	.	.	.	.
cy17	T	.	.	.	G	.	T	T	C	.	.	.	.	T	.	.	A	G	.	.	.	.
cy21	T	.	.	A	G	.	T	T	C	A	.	.	A	T	.	.	A	G	.	.	.	.
cy31	T	.	.	A	G	C	T	T	C	A	.	.	A	T	.	.	A	G	.	.	.	.
cy36	T	T	.	.	G	.	T	T	C	.	.	.	.	T	.	.	A	G	.	.	.	T
cy40	T	.	.	.	G	.	T	T	C	.	T	.	.	T	.	.	A	G	.	.	.	.
cy44	T	.	.	A	G	.	T	T	C	A	.	.	.	T	.	.	A	G	.	.	.	.
cy45	T	.	.	A	G	.	T	T	C	A	.	.	.	T	.	.	A	G	.	.	.	.
hj20	.	.	.	.	.	C	.	T	C	.	.	.	.	T	.	.	A	.	.	.	.	.
hj23	.	.	.	.	.	C	.	T	C	.	.	G	.	T	.	.	A	.	.	.	.	.
hj24	.	.	.	.	.	.	.	T	C	.	.	.	.	T	.	.	A	.	.	.	.	.
hj25	.	.	.	.	.	C	.	T	C	.	.	G	.	T	.	.	A	.	.	.	.	.
hj27	.	.	A	.	.	.	.	T	C	.	.	.	.	T	.	.	A	.	.	.	.	.

（续表）

	0	0	0	0	0	0	0	0	0	0	0	0	0	0	0	0	1	1	1	1	1	1
	0	0	0	0	1	1	2	2	2	4	4	4	5	6	8	9	0	0	0	1	1	1
	1	4	4	7	6	8	0	5	9	1	3	6	2	8	5	8	0	4	6	1	2	3
	4	5	9	1	1	8	3	1	3	3	6	4	1	0	7	9	4	3	7	2	3	2
hj28	.	.	.	.	.	C	.	T	C	.	.	G	.	T	.	.	A	.	.	.	.	.
hj29	.	.	.	.	.	C	.	T	C	.	.	.	.	T	.	.	A	.	.	.	.	.
ys17	.	.	.	.	.	C	.	T	C	.	.	.	.	T	.	.	A	.	.	.	.	.
ys18	.	.	.	.	.	.	.	T	C	.	.	.	.	T	T	.	A	.	.	.	.	.
ys20	.	.	.	.	.	C	.	T	C	.	.	.	.	T	.	.	A	.	.	.	.	.
ys22	.	.	.	.	.	C	.	T	C	.	.	.	.	T	.	.	A	.	A	A	A	.

注：cy. 养殖刀鲚；hj. 湖鲚；ys. 洄游刀鲚

表 1－25　刀鲚 3 个群体遗传多样性参数

参　　数	洄游刀鲚	养殖群体	湖　鲚
样本数	4	11	7
单倍型数	3	6	4
多态位点数(单一多态位点/简约信息位点)	5(5/0)	8(5/3)	3(1/2)
单倍型多态性指数	0.833	0.836	0.813
核苷酸多样性指数	0.002 2	0.002 2	0.001 2
平均核苷酸差异数	2.500	2.509	2.509
Kumar 遗传距离	0.000 0～0.004 4	0.000 0～0.004 4	0.000 0～0.002 6

表 1－26　刀鲚 3 个群体的平均遗传距离

	养殖刀鲚	湖　鲚
养殖刀鲚		
湖鲚	0.006 1	
洄游刀鲚	0.006 5	0.001 7

3. 分子系统树

以鳀科鳀属的 *Engraulis japonicus* 和 *Engraulis encrasicolus* 为外群，并以凤鲚和刀鲚的 mtDNA *Cyt* b 区序列（登录号分别为 HM_219220 和 NC_009579）为参考，采用 Mega 3.1 软件进行分析，系统树分支的置信度采用自引导法（bootstrap analysis，BP）重复检测（图 1－29），设置为 1 000 次重复。结果显示，凤鲚和洄游刀鲚、养殖刀鲚、湖鲚明显分为 2 支，养殖刀鲚与洄游刀鲚和湖鲚一起组成的单系群体中的 2 个小分支。

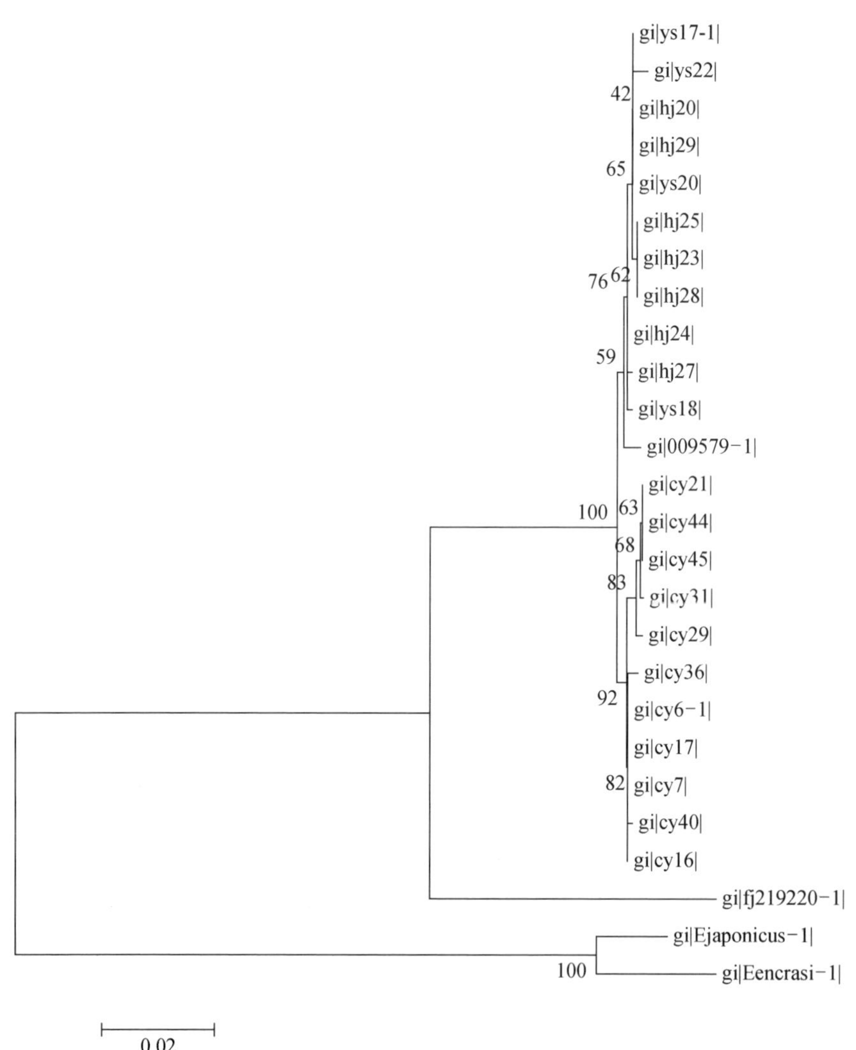

图 1-29　基于 *Cyt* b 序列构建的几种鲚属鱼类的邻接树

cy. 养殖刀鲚；hj. 湖鲚；ys. 洄游刀鲚；fj. 凤鲚

1.6　生态习性及行为特征

1.6.1　地理分布

长江刀鲚的历史分布区域很广，在长江流域东经 111°56′01″～122°08′09″；北纬 28°26′50″～33°38′04″的范围内均有分布。20 世纪七八十年代刀鲚的分布区域为：东起河口，沿长江干流西至洞庭湖；另有两个分支，一支顺着京杭运河向北可至高宝湖、骆马湖及洪泽湖（图 1－30），另一支沿东海沿岸路经启东、吕泗、弶港、射阳、赣榆，进入斗龙港、东台、新洋河，抵达高宝湖、骆马湖及洪泽湖。具体刀鲚出现的区域如下：

上海市：崇明、川沙、横沙、南汇。

江苏省：赣榆、射阳、斗龙港、东台、弶港、启东、吕泗、寅阳、向阳、头兴港、浒浦、南通、江阴、江都、瓜洲、镇江、划子口、南京、江浦、高宝湖、洪泽湖、骆马湖。

安徽省：马鞍山、当涂、芜湖、铜陵、枞阳、安庆、华阳、东流、小孤山、皖河、八里湖、淮河。

江西省：彭泽、湖口、九江、鄱阳湖、赣江口。

湖北省：黄冈、武汉。

湖南省：洞庭湖。

至 20 世纪 90 年代末，随着刀鲚资源的日趋稀少，其分布区域急剧萎缩（图 1－30），长江干流上湖北、湖南、江西三省的刀鲚渔汛相继消失，鄱阳湖中存在较大的鲚鱼群体，但主要为短额鲚；九江、湖口尚有小部分刀鲚，但数量十分稀少，没有捕捞价值。安徽省内的刀鲚渔汛规模也大幅缩减，江苏北部沿海水域至洪泽湖已难觅刀鲚踪迹。在尚能形成渔汛的水域，其资源密度也大幅下降。

1.6.2　生殖洄游

刀鲚具有典型的生殖洄游特性，每年初春刀鲚陆续从海洋中进入长江，由东向西开始生殖洄游。在刀鲚洄游早期，经解剖发现，几乎每尾刀鲚的鳃上均有上棒颚鳋寄生虫，体腔内均有简单异尖线虫幼虫。刀鲚进入长江后，由于环境发生了很大的变化，咸水逐步过渡为淡水，使原本寄生在鳃上的上棒颚鳋寄生虫逐渐脱落，在安徽芜湖以西江段，刀鲚鳃上已不再出现上棒颚鳋寄生虫。因此，可以根据刀鲚鳃上出现上棒颚鳋寄生虫的百分率推断出刀鲚入江时间的长短。而简单异尖线虫幼虫因其寄生在体腔内，受外界环境影响较小，在整个入江时期体内均可发现（袁传宓，1987）。

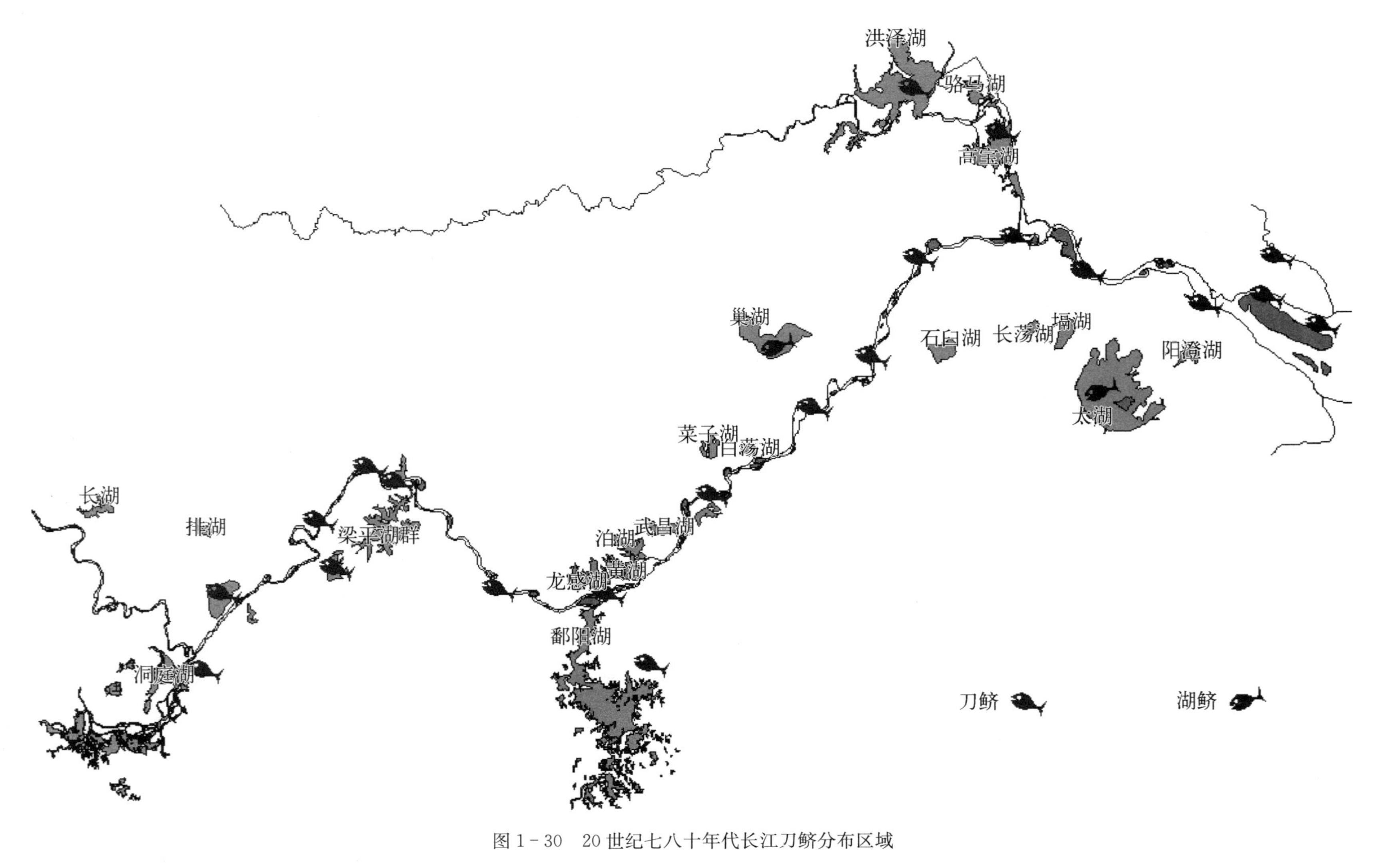

图 1-30　20 世纪七八十年代长江刀鲚分布区域

1.6.3　洄游时间

长江下游渔业资源监测站 1990～2005 年定置张网监测结果表明，长江刀鲚的上溯并不集中在一个时间段内，2～11 月张网渔获中均有刀鲚出现。因此长江刀鲚渔汛实际是指洄游群体相对较大，时间较集中的那个阶段。但从刀鲚资源增殖保护的角度而言，该阶段并不是最佳捕捞阶段。在渔汛早期，参加洄游的均为生殖群体，历史记载和实际监测结果均证明这段时间在每年的 2 月下旬至 4 月上旬，但确切的产卵期却尚难定论。近年来调查发现，刀鲚真正产卵的时间与历史记载(3～4 月)差异较大。经解剖调查发现，2000～2005 年 2 月下旬至 4 月，长江干流湖口以下江段均未能发现成熟刀鲚，雌体性腺发育基本处于Ⅱ～Ⅲ期，卵巢中的卵粒均无法辨认。至 5 月中旬，长江下游江段才陆续发现成熟亲本。因此，目前刀鲚的繁殖期与历史报道相比出现明显的延迟。长江下游江段全年张网渔获中均会出现刀鲚，但 6 月以后出现的刀鲚以产卵后的个体为主，而在 5～6 月，刀鲚群体则是一个混杂群体，在同一江段上会出现产卵后和待产卵两个群体(表 1－27)。

表 1－27　历史上刀鲚上溯群体与降海群体出现时间与密度

月份	江苏沿海	崇明	江苏	安徽	江西	湖南
1	↑**	↑**	—	—	—	—
2	↑**	↑**	↑**	↑*	—	—
3	↑***	↑***	↑***	↑*	—	—
4	↑↓***	↑↓***	↑↓***	↑↓**	↑*	↑*
5	↑↓***	↑↓***	↑↓***	↑↓***	↑↓**	↑↓*
6	↑↓***	↑↓***	↑↓***	↑↓***	↑↓**	↑↓**
7	↑↓**	↑↓***	↑↓**	↑↓**	↑↓**	↑↓*
8	↑↓**	↑↓**	↑↓**	↑↓*	↑*	↑*
9	↑↓**	↑↓**	↑↓**	↓*	↓*	↓*
10	↑↓**	↑↓**	↑↓**	↓*	↓*	↓*
11	↑↓**	↑↓**	↓*	↓*	—	—
12	↑↓**	↑**	—	—	—	—

注：“↑”表示上溯产卵群体；“↓”已产完卵的“回头刀鲚”；“*”表示密度稀疏程度。

由表 1－28 可见刀鲚上溯群体的出现，下游早于中游。降海群体就较复杂，历史记载长江中游产卵群体到达晚，“回头刀鲚”出现也晚，因此认为“回头刀鲚”下游早于中游。但根据近年来监测表明，“回头刀鲚”的出现，中下游无明显时间差。

表 1-28　2000～2005 年刀鲚上溯群体与降海群体出现时间与密度

月份	江苏沿海	崇明	江苏	安徽	江西	湖南
1	—	—	—	—	—	—
2	—	↑*	—	—	—	—
3	↑*	↑*	↑*	—	—	—
4	↑↓*	↑↓*	↑↓*	↑↓*	↑↓*	—
5	↑↓*	↑↓*	↑↓*	↑↓*	↑↓*	—
6	↑↓*	↑↓*	↑↓*	↑↓*	↑↓*	
7	↓*	↓*	↓*	↓*	—	—
8	—	↓*	↓*	↓*	—	—
9	—	↓*	↓*	—	—	—
10	—	↓*	↓*	—	—	—
11	—	↓*	—	—	—	—
12	—	—	—	—	—	—

注："↑"表示上溯产卵群体；"↓"已产完卵的"回头刀鲚"；"*"表示密度稀疏程度。

1.6.4　洄游路线

对照图 1-30 和图 1-31 可见，刀鲚的洄游路线近年来缩短了一半以上，有些洄游通道甚至被阻断，如江苏沿海北部洄游线路 1（寅阳—吕泗—弶港—东台—高宝湖）、洄游线路 2（寅阳—吕泗—弶港—新岸河—高宝湖）、洄游线路 3（扬中、六圩—京杭运河—苏北灌溉总渠—洪泽湖）均已消失。洄游路线的长短取决于每年刀鲚产卵群体的大小、沿途的捕捞强度、途经水域的水环境质量，以及沿途的气候和水文条件。气候和水文条件不是突变因素，在历史年份虽有变化，但总体上是一个相对稳定的因素。刀鲚资源本已呈持续下降的趋势，繁殖群体在洄游途中又被大量捕获，造成刀鲚洄游亲体在安徽及以上江段分布十分稀疏，加之水域生态环境持续恶化，因而刀鲚上溯寻找产卵场变得相当困难。正是由于刀鲚洄游路线的长短及产卵场规模与洄游亲体的数量成正比，由此分析江苏北部沿海刀鲚洄游路线消失的关键问题是亲体数量不足，加之洄游通道中建闸筑坝及通道水域环境质量下降，造成洄游群体无法逾越，或是形成回避，这是刀鲚近年来分布区域萎缩的主要原因。

1.6.5　洄游成因

鱼类生殖洄游的目的是为了寻找一个敌害生物对子代危害最小、饵料最丰

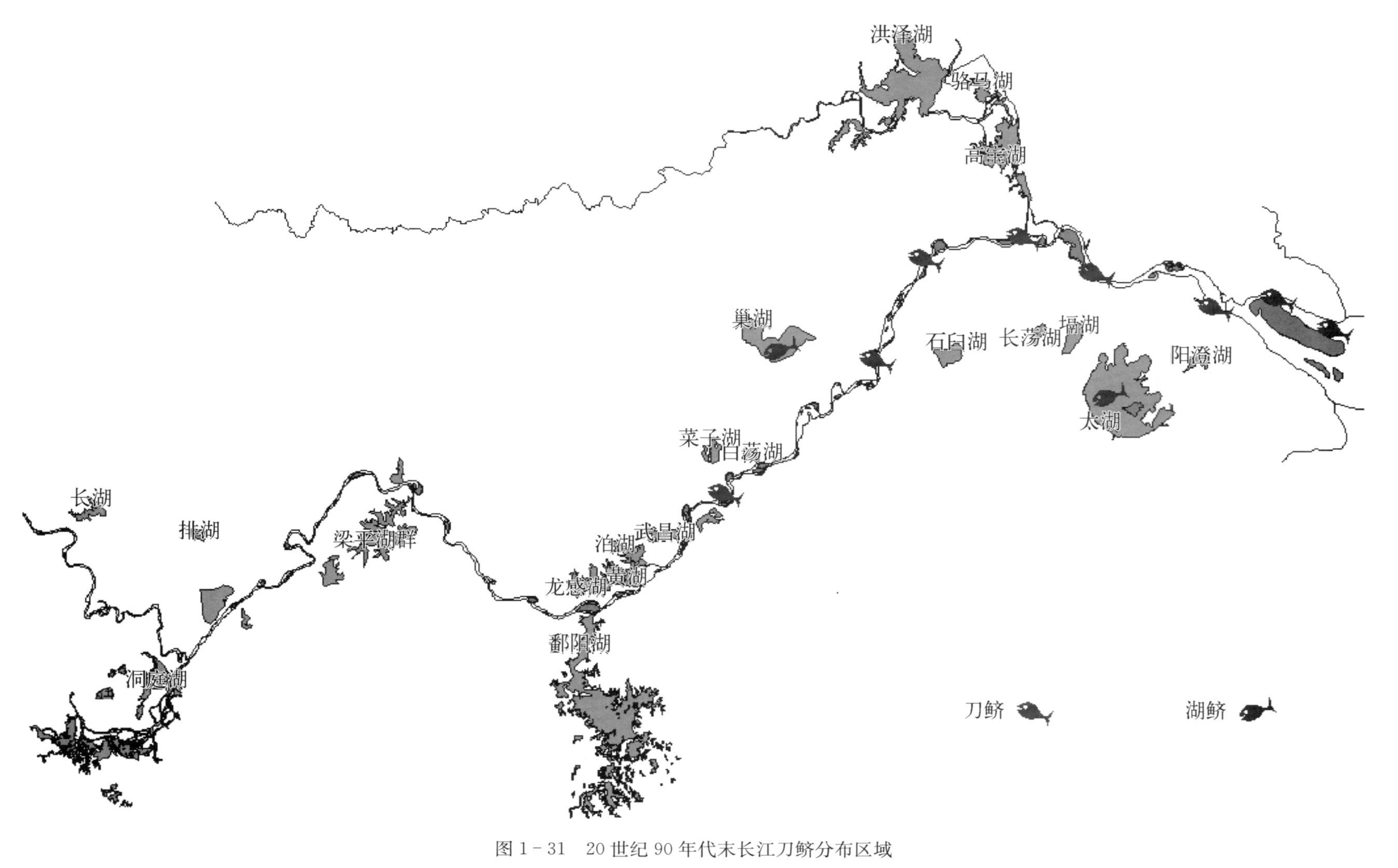

图1－31 20世纪90年代末长江刀鲚分布区域

盛、水文气象条件稳定而又适宜的环境。刀鲚选择在淡水中繁殖的原因可能有以下几点：① 刀鲚产浮性卵，卵小而薄，而淡水的渗透压低于海水，相对适宜鱼卵发育和存活；② 出膜鱼苗体质嫩弱，其体形决定了它流动能力较差，而淡水中一些湖汊、港湾水面较平稳，饵料生物也较丰富；③ 淡水中的敌害生物较海水要少，利于鱼苗的早期生长发育。刀鲚的洄游习性在适应自然条件的长期作用下，逐渐形成了一种遗传特性被保存下来。自然条件下刀鲚繁殖条件的量化指标目前还没有系统研究，人工繁殖研究已取得突破，通常来讲盐度、水温、径流量是主要的影响因子(表 1-29)。

表 1-29　长江口盐度、水温、径流量与刀鲚捕捞量的比较

项　目	月　份	1973 年	1974 年
盐度/‰	1	17.8	20.6
	2	15.7	19
	3	11.9	15.9
水温/℃	1	6.1	6.0
	2	7.4	4.7
	3	9.2	6.7
径流量/(m^3/s)	1	14 000	8 820
	2	14 900	12 600
	3	19 000	10 600
刀鲚捕捞量/万 kg		39.12	24.00

第2章 长江刀鲚的资源监测

2.1 长江刀鲚的经济价值

刀鲚在渔汛早期未产卵前价格最高，肉质营养也最好。渔汛中后期营养价值下降，价格也迅速回落。就洄游水域而言，上海和江苏江段相对接近，安徽江段相对较低(表2-1)。

表2-1 各江段刀鲚的收购单价(元/500 g)

年 份	阶段	上海	江苏	安徽	江西	湖南	湖北
1970～1980	早期	0.8～1.0	0.8～1.0	0.5	鸡、鸭、猪饲料	鸡、鸭、猪饲料	鸡、鸭、猪饲料
	中期	0.3	0.3～0.5	0.3			
	后期	0.3	0.2～0.4	0.2			
1981～1990	早期	2.2.5	2～2.5	1.5	鸡、鸭、猪饲料	鸡、鸭、猪饲料	鸡、鸭、猪饲料
	中期	1.5	1～2	1			
	后期	1.0	0.5～1.2	0.5			
1991～2000	早期	20～40	30～40	22	无捕捞价值	无捕捞价值	无捕捞价值
	中期	20～25	20～30	15			
	后期	15～25	15～25	10～15			
2001～2005	早期	≥1 200	≥1 200	≥800	无捕捞价值	无捕捞价值	无捕捞价值
	中期	100～200	100～200	100			
	后期	60	50～80	30～50			

2.2 长江刀鲚捕捞量变动

2.2.1 历史调查(2007年之前)

关于长江刀鲚的历史捕捞量一直缺乏权威统计，现根据长江下游渔业资源监测站的调查数据并结合相关研究报道(袁传宓，1988；张敏莹等，2005)分三个阶段进行分析描述。

第一阶段(1970～1980年)。刀鲚捕捞主要集中在江苏、安徽、上海两省一市,江西、湖南、湖北有零星捕捞量,但无专门的统计,历史资料估算江西、湖南、湖北三省的刀鲚年均捕捞量在250～400 t。20世纪70～80年代各省市刀鲚年均捕捞量依次为：安徽省904 t、江苏省1 821 t、上海市179 t(表2-2)。其中历史捕捞量最高的1973年,各江段刀鲚年总捕捞量累计约为4 142 t。

表2-2　20世纪70年代各江段全汛总捕捞量(t)

站点	1970年	1971年	1972年	1973年	1974年	各省年均
江苏	1 315	1 185	2 175	2 700	1 730	1 821
安徽	910	836	870	1 052	853	904
上海	*	*	165	390	240	179

注：*为数据短缺。

第二阶段(1990～1999年)。江苏省年均总捕捞量为857.5 t,仅占20世纪70年代捕捞水平的47.09%;安徽省年均总捕捞量为382.5 t,仅占70年代捕捞水平的42.31%;上海市年均总捕捞量为130 t,仅占70年代捕捞水平的73%。90年代各省市刀鲚捕捞量均大幅下滑,安徽省的安庆、池州、无为单船日均捕捞量已下降至1.24 kg,且通常要在4月下旬才能捕到刀鲚,而4月下旬刀鲚的经济价值已远不如初期,尤其在90年代刀鲚的价格并不是很高,渔民的渔获价值还不及柴油及劳力支出。刀鲚洄游与分布区域的萎缩在90年代已经显现(表2-3),1990～1999年下游监测站的定置张网中刀鲚渔获比例数据也可印证这一点：安徽江段张网中的刀鲚渔获比例逐年下降(图2-1),该期间除南京江段外,其他各江段汛期单船日均捕捞量基本在10 kg以下(图2-2)。

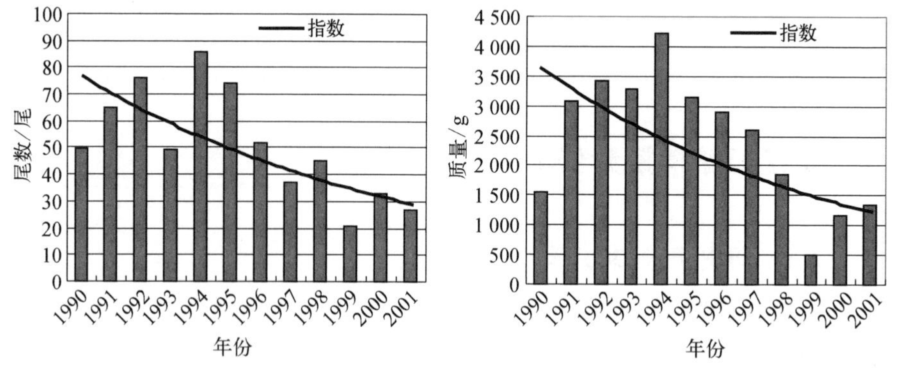

图2-1　安庆江段单顶张网全年渔获中刀鲚出现的尾数与质量

表 2-3　90 年代各江段单船全汛总捕捞量(kg)

站点	年份											分省年均单船捕捞量/kg	分省年总捕捞量/t
	1990	1991	1992	1993	1994	1995	1996	1997	1998	1999	年均		
南京	*	*	516	*	2 351	3 653	1 759	752	1 278	1 300	1 658.5	发证 1 250 张	857.5
南通	474	*	940	296	282	395	614	181	285	562	447.7		
镇江	334	*	*	*	*	528	777	114	92	316	360.2	685.7	
江阴	190	*	*	123	*	199	251	247	331	595	276.6		
和县	1 600	1 200	1 000	8 00	600	550	500	400	350	380	738	发证 563 张 + 482 张**	382.5
枞阳	640	630	610	590	560	530	500	460	420	420	536		
东至	900	900	840	840	960	800	640	480	400	210	697		
无为	10	10	11	12	12	12	15	15	15	15	12.7		
池州	75	75	74	74	74	74	74	74	74	74	74.2	366	
安庆	170	125	140	120	135	170	140	90	120	160	137		

注：** 1990～1999 年，安徽省内有些江段没有发放捕捞证，因此实际捕捞由平均发证数 482 张和额外的年均无证捕捞船 563 条两部分组成。* 为数据短缺。

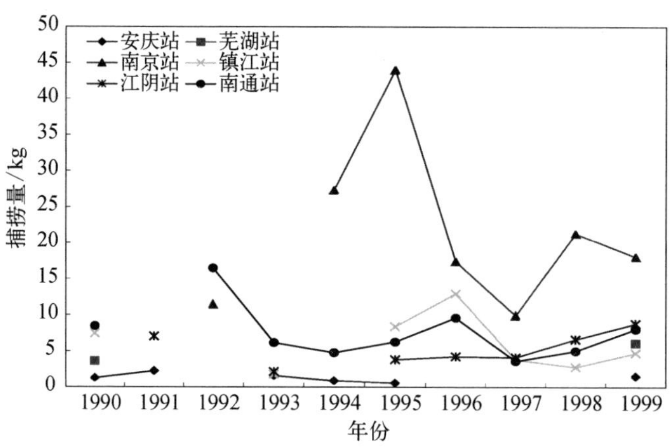

图 2-2　1990～1999 年各江段刀鲚汛单船日均捕捞量变化

第三阶段(2001～2005 年)。安徽省、江苏省、上海市刀鲚汛期捕捞量分别为 138 t、408 t 和 118 t，分别占 20 世纪 90 年代捕捞量的36.8%、47.58%和90.77%，呈继续下滑的趋势。与 70 年代比较，分别占 15.27%、22.41%和65.92%(表 2-4)。安徽省多数江段单船日均捕捞量仅为 1～2 kg，部分捕捞日甚至为空网。

表 2-4　2001～2005 年刀鲚监测数据汇总

项　　目		2001 年	2002 年	2003 年	2004 年	2005 年	年均值
安徽江段单船汛期捕捞量/kg	马鞍山	*	110	90	75	60	
	和县	290	200	70	100	110	
	枞阳	420	400	350	330	310	
	芜湖	650	570	70	46	66	
	池州	70	50	50	50	50	
	东至	200	180	120	100	60	
	铜陵	*	40	30	21	16	
	安庆	150	180	100	70	200	
	望江	*	158	130	70	30	
	无为	30	30	40	40	40	
安徽单船均产/kg		258.57	191.8	105	90.2	94.2	147.95
全省发放捕捞证/张		951	938	932	945	904	934
安徽年总产/t		245.90	179.91	97.86	85.24	85.16	**138**

（续表）

项　　目		2001 年	2002 年	2003 年	2004 年	2005 年	年均值
江苏江段单船汛期捕捞量/kg	南京	3 671.85	*	*	*	*	
	南通	252.3	110	90	97.5	107.5	
	镇江	351.75	71.63	12.34	221.99	279.58	
	江阴	575.45	*	37.43	*	*	
	常熟	*	240.7	*	*	*	
江苏单船均产/kg		1 212.84	140.78	46.59	159.75	193.53	350.70
全省发放捕捞证/张		1 250	1 020	1 020	965	923	1 035.6
江苏年总产/t		1 516.05	143.59	47.52	154.16	178.64	**408**
上海江段单船汛期捕捞量/kg	崇明	1 416.00	266.98	28.46	237.43	177.43	
	宝山	1 112.23	495.75	43.00	214.29	70.46	
上海单船均产/kg		1 264.11	381.37	35.73	225.86	123.95	406.20
发放捕捞证/张		271	390	469	273	162	313
上海年总产/t		342.57	148.73	16.76	61.66	20.08	**118**

注：* 为数据短缺。

就地理位置而言，刀鲚捕捞量下降幅度表现为安徽＞江苏＞上海（图 2－3），出现这一现象的原因一方面是刀鲚资源量锐减，另一方面则是刀鲚洄游过程中的区位关系差异。因此刀鲚资源的枯竭率先从上游江段表现出来。长江刀鲚不同年代各省市的捕捞量见表 2－5。

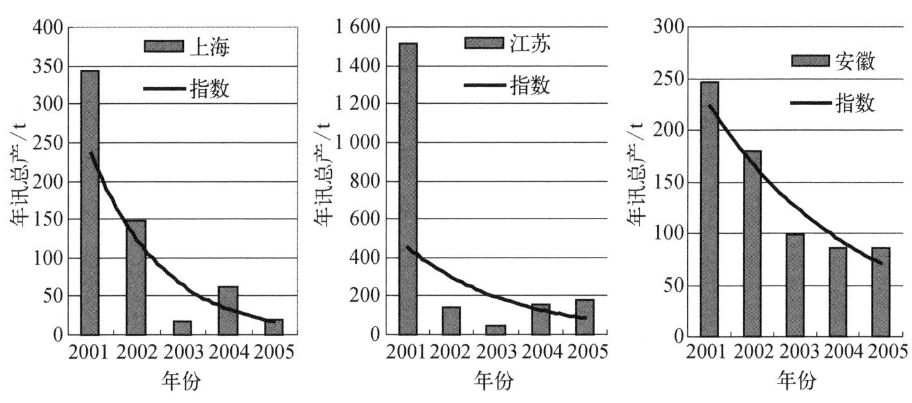

图 2－3　2001～2005 年各江段刀鲚汛期总捕捞量

表 2－5　长江刀鲚各阶段年均捕捞量

江　段	各省市刀鲚捕捞量/t		
	1970～1980 年	1990～1999 年	2001～2005 年
上　海	179	130	118
江　苏	1 821	857.5	408
安　徽	904	382.5	138

2.2.2　现状调查(2008 年至今)

1. 汛期单船指标

2007～2013 年，长江下游安徽江段刀鲚汛期单船全汛平均作业天数变幅为 22～26 天，单船全汛平均捕捞量变幅为 29.8～191.9 kg，单船全汛平均产值变幅为 3 074～7 480 元，收购均价变幅为 19.9～250.6 元；江苏江段刀鲚汛期单船全汛平均作业天数变幅为 28～50 天，单船全汛平均捕捞量变幅为 36.5～207.5 kg，单船全汛平均产值变幅为 33 746～66 092 元，收购均价变幅为 269.7～1 058.2 元；上海江段刀鲚汛期单船全汛平均作业天数变幅为 22～34 天，单船全汛平均捕捞量变幅为 46.1～593.2 kg，单船全汛平均产值变幅为 18 913～185 023 元，收购均价变幅为 121.0～1 667.1 元。调查期内，刀鲚各项捕捞指标峰值出现于 2010 年，其后呈下滑趋势；刀鲚捕捞单价的峰值则出现于 2012 年(表 2－6)。

表 2－6　长江下游及长江口刀鲚汛期单船捕捞指标

年份	作业江段	单船全汛平均作业天数/d	单船全汛平均捕捞量/kg	单船全汛平均产值/元	均价/(元/kg)
2007	江苏	50	143.9	66 092	459.3
	上海	26	159.4	37 014	232.2
2008	安徽	25	30.9	3 074	99.6
	江苏	33	64.1	33 746	526.5
	上海	30	62.9	34 412	547.3
2009	安徽	24	191.9	3 819	19.9
	江苏	35	110.2	36 698	333.0
	上海	22	156.2	18 913	121.0
2010	安徽	26	93.9	5 360	57.1
	江苏	42	207.5	55 948	269.7
	上海	34	593.2	79 330	212.8

（续表）

年份	作业江段	单船全汛平均作业天数/d	单船全汛平均捕捞量/kg	单船全汛平均产值/元	均价/(元/kg)
2011	安徽	23	38.1	4 815	126.4
	江苏	29	36.5	38 626	1 058.2
	上海	25	94.9	77 758	819.4
2012	安徽	22	30.8	5 355	173.9
	江苏	28	42.0	42 376	1 009.0
	上海	28	46.1	76 851	1 667.1
2013	安徽	25	29.8	7 480	250.6
	江苏	30	74.3	54 582	734.9
	上海	32	233.9	185 023	790.9

2. 刀鲚渔汛特征

1）渔汛与时间的关系

根据长江口水域 2010～2012 年持续调查数据研究刀鲚渔汛表现出现的基本特征。2010～2012 年长江口刀鲚发汛时间最早为 2 月 23 日（2011 年），最晚为 3 月 5 日（2010 年），整个渔汛期结合潮汛特征可以分为 4～5 汛（表 2-7），其中第 3 汛和第 4 汛为旺汛期，对应时间为 3 月末至 4 月中旬。旺汛期的捕捞量比例和日均捕捞量均显著高于其余各汛，且各年份最高日捕捞量均出现于这一阶段，其中最早出现于 4 月 7 日（2010 年），最晚出现于 4 月 24 日（2011 年）。初汛期（第 1 汛和第 2 汛）捕捞量比例最高为 19.06%（2010 年），最低为 10.32%（2012 年）；旺汛期（第 3 汛和第 4 汛）捕捞量比例最高为 82.62%（2012 年），最低为 60.96%（2011 年）（刘凯等，2012）。

表 2-7　长江口刀鲚渔汛特征（2010～2012 年）

年份	渔汛阶段	捕捞量比例/%	日均捕捞量/(kg/d)	最高日捕捞量/kg	平均水温/℃
2010	第 1 汛 3.05～3.14	3.85	4.4	10.0	6.3
	第 2 汛 3.19～3.28	15.21	17.4	91.3	11.0
	第 3 汛 4.02～4.11	45.99	47.0	206.5	12.9
	第 4 汛 4.17～4.25	34.95	40.1	117.5	14.8
2011	第 1 汛 2.23～3.01	3.38	0.5	2.8	7.0
	第 2 汛 3.08～3.18	11.03	1.0	3.0	8.8
	第 3 汛 3.23～3.31	28.01	3.1	6.0	10.4
	第 4 汛 4.07～4.15	32.95	3.7	10.0	13.3
	第 5 汛 4.23～4.27	24.63	7.7	18.9	15.4

（续表）

年份	渔汛阶段	捕捞量比例/%	日均捕捞量/(kg/d)	最高日捕捞量/kg	平均水温/℃
2012	第 1 汛 2.29～3.04	1.53	0.3	1.2	5.7
	第 2 汛 3.12～3.19	8.79	1.0	3.9	8.4
	第 3 汛 3.27～4.04	20.57	2.1	7.1	11.4
	第 4 汛 4.11～4.19	62.05	6.9	25.0	13.8
	第 5 汛 4.26～5.02	7.06	3.2	6.5	18.9

2）渔汛与渔获规格的关系

调查期内刀鲚汛期渔获规格与发汛时间和发汛阶段的关系并不十分密切，但总体上表现为渔汛早期阶段大规格个体的渔获质量比例较高，随着清明前后水温明显回升，中等规格个体的比例呈上升趋势（表 2－8）。

表 2－8　长江口刀鲚汛期 3 种规格渔获质量比例（2010～2012 年）

年份	渔汛时期	大刀鲚比例/%	中刀鲚比例/%	小刀鲚比例/%
2010	第 1 汛 3.05～3.14	71.96	22.69	5.35
	第 2 汛 3.19～3.28	74.74	19.72	5.54
	第 3 汛 4.02～4.11	68.22	27.37	4.42
	第 4 汛 4.17～4.25	69.18	26.27	4.55
2011	第 1 汛 2.23～3.01	53.57	27.86	18.57
	第 2 汛 3.08～3.18	55.89	31.52	12.59
	第 3 汛 3.23～3.31	48.52	37.36	14.12
	第 4 汛 4.07～4.15	63.58	25.57	10.85
	第 5 汛 4.23～4.27	69.06	29.85	1.08
2012	第 1 汛 2.29～3.04	47.83	48.91	3.26
	第 2 汛 3.12～3.19	79.99	19.34	0.68
	第 3 汛 3.27～4.04	68.41	23.81	7.78
	第 4 汛 4.11～4.19	71.03	22.69	6.27
	第 5 汛 4.26～5.02	71.68	19.15	9.17

3）汛期捕捞量

2008～2013 年长江下游安徽江段刀鲚汛期捕捞量变幅为 21.1～145.8 t，均值为 50.9 t；江苏江段捕捞量变幅为 25.9～101.3 t，均值为 58.1 t；上海江段捕捞量变幅为 5.8～74.1 t，均值为 25.0 t。长江下游及长江口刀鲚汛期总捕捞量变幅为 57.5～251.4 t，均值为 134.0 t（图 2－4）。

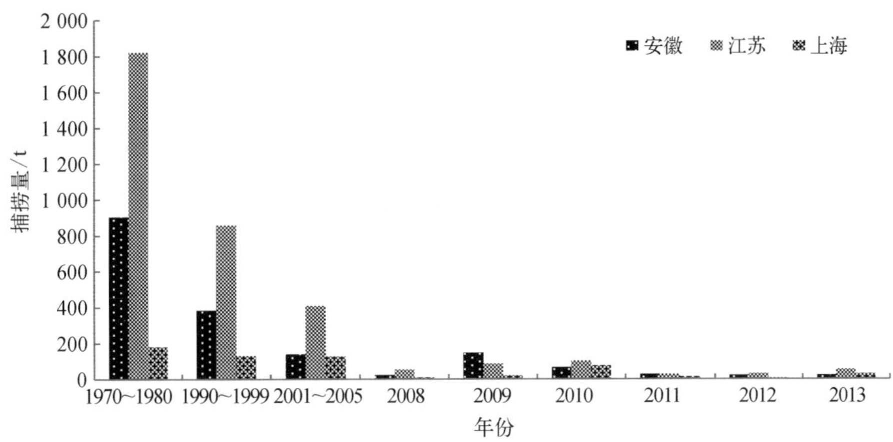

图 2－4　长江下游及长江口各江段刀鲚汛期捕捞量年间变化

刀鲚捕捞量自 20 世纪 70 年代至今呈持续下降的趋势，2008～2013 年在低水平大幅波动，高点出现于 2009～2010 年，低点出现于 2012 年。2008～2013 年长江下游及长江口刀鲚汛期总捕捞量均值与 2001～2005 年均值相比下降了 80.10％，相比 20 世纪 90 年代均值下降了 90.22％，相比 20 世纪 70 年代均值下降了 95.39％。

第3章　长江刀鲚耳石微化学技术

20世纪80年代起，利用水生动物硬组织中微量元素作为生物指示物，来研究未知的生态学难题的工作引人注目。和软组织一样，水环境中的微量元素亦在硬组织[如鱼类的鳞、耳石(otolith)、骨板，哺乳动物的牙齿、骨]中沉积并长期保存。以河海洄游性鱼类为例，其不同的发育阶段生活环境截然不同。伴随着不同的生活和洄游履历，耳石中保存的元素的积累类型(亦称为元素"指纹")亦不相同。利用新近出现的具有"普遍适用性"、"非负荷"、"全生活史监测"的先进技术[如电子探针分析仪(electron probe microanalyses, EPMA)等]来研究这些"指纹"的特性，我们有可能破译鱼类用元素写的"简历"，从而"复原"其生活史和追溯其洄游履历。此类研究中分析得最多的可能是元素锶(Sr)和钙(Ca)。海水中的锶的浓度约为8 mg/L，比淡水中的浓度要高100多倍。洄游鱼类耳石中锶的浓度或者锶和钙的浓度比与洄游过程中环境的变化十分一致(新井崇臣，2002)。这种特性的利用可能是目前研究洄游鱼类"履历"的最好方法。这类研究的一个典型的例子是鳗科的鳗鱼类[特别是日本鳗鲡(*Anguilla japonica*)]。目前，元素"指纹"的研究还被用在判别不同的种群(甚至来自不同的繁殖和亚繁殖群)(Rooker et al., 2002)、种群结构组成(Gillanders, 2001)和资源种群的管理等方面(Ashford et al., 2006)。日本鳗鲡的繁殖地在太平洋的马里亚纳群岛以西水域(Tsukamoto, 1992)。生活史要经过5个时期：海洋水域的卵期和柳叶鳗(Letocephali)期，在沿岸或河口水域变态后成为玻璃鳗(glass eel)期。在随后的线鳗(elvers)期里溯河进入淡水。因体色变黄称为黄鳗(yellow eel)期，并留在淡水中生长。性成熟时体色变成银色，被称为银鳗(silver eel)期，开始降海繁殖洄游(Kotake et al., 2003)。然而，这些洄游生态的特征，传统的调查方法无法确切研究。耳石的显微结构和Sr：Ca值的比较研究发现，柳叶鳗的耳石中无法记录到类似于玻璃鳗耳石中所报道的日轮宽度激增，Sr∶Ca 值激减的现象。因此，该现象的持续过程，可认为是变态期的标志（新井崇臣，2002）。相同方法的研究指出，鳗科 18 种鱼类都可能起源于热带水域。像现在的温带种（如日本鳗鲡）那样向温带水域进行生长洄游的种类，其大规模洄游的方式亦起源于热带种类的局部水域小规模的洄游方式（新井崇臣，2002）。Tsukamoto 等（1998）对欧洲和日本种群鳗鱼的耳石中 Sr∶Ca 值的研究发现，黄鳗期和银鳗期的个体甚至没有进入过淡水。从而突破了只存在降海生活的“河鳗鱼（river eel）”的传统的学术观点，首次报道了“海鳗鱼（sea eel）”的存在。Tsukamoto 和 Arai（2001）更发现，还存在着仅在河口水域生活，一生中可多次往返于海水和淡水环境的“河口鳗鱼（estuarine eel）”。这些微量元素“指纹”的研究让我们能够较为准确地了解洄游鱼类的洄游生态及其进化特点，也让我们认识到鱼类的洄游研究必须考虑洄游方式的多样性。有理由相信洄游鱼类硬组织中微量元素“指纹”的研究具有广泛的应用前景。

鱼类左右内耳的膜迷路内，各存在着一块明显的起平衡和听觉作用的“石”状硬组织，被称为“耳石”，其成分主要为 $CaCO_3$。耳石微量元素的微化学研究，给我们提供了一种新的、可较为准确地了解到洄游鱼类的洄游生态及其进化特点，以及洄游方式多样性的方法。我国解玉浩等（2001）最早对有明银鱼（*Salanx ariakensis*）耳石做过相关研究尝试。确认 Sr 和 Ca 浓度比值急剧变化与有明银鱼江海洄游活动密切相关。长江水系约有 350 种鱼类（曹文宣，2011），其下游江段约占 1/3，以洄游鱼类为主（柯福恩等，1993）。长江口水域的鱼类资源非常丰富。既有河口性鱼类，又有淡水性鱼类，且有海水性或沿岸性鱼类，还有江海洄游性鱼类。以九段沙湿地水域为例，记录到的 100 多种鱼类中河口性鱼类被认为有约 44 种，淡水性鱼类有约 26 种，海水性或沿岸性鱼类有约 52 种，江海洄游性鱼类有约 9 种（唐文乔等，2003）。长江重要经济和保护鱼类中有很多是洄游种类，如刀鲚、中华鲟、鲥、鳗鲡、凤鲚、银鱼、河鲀等。由于过度捕捞、水质污染、水利工程等原因，迄今这些鱼类或基本灭绝，或资源量锐减。这不仅破坏了长江生态系统的生物多样性，也威胁到长江渔业的发展。准确了解目前这些长江洄游鱼类的群体组成、生活史过程中的生境变化非常困难。

3.1 刀鲚耳石形态特征

鱼类形态学除了是记录和描述鱼体外形的一种分析方法外，一直以来也是讨论群体或者种群关联性的重要方法。从早先的传统数据(如体长、体高)等测量比较(袁传宓等，1976，1980；Loewen et al.，2009)，到后来的形态抽象方法(框架法等)的应用(Cheng and Han，2004；Drinan et al.，2012；王丹婷等，2012；Tobler and Bertrand，2014)，无一不是为了讨论种群或群体结构而努力。但是鱼体形态由于受到鱼体本身的生理状况，如性别、发育阶段、肥满度等问题的制约，使得个体差异和变异较大。这些限制让科研工作者迫切需要找到其他能够规避以上缺陷的解决方法。鱼类硬组织耳石便是一种很好的研究对象。耳石随着鱼体生长，其一些特征，如除在极端条件下很少发生再吸收(Mugiya and Uchimura，1989)，形成后比较稳定等使得其成为很好的研究对象。

和其他硬骨鱼类一样，刀鲚具有 3 对耳石：矢耳石、星耳石和微耳石(图 3-1)。其中矢耳石最大，其形态特征顺时针依次为背侧凸起、主凹槽、腹侧凸起、基叶、主间沟和翼叶(图 3-2)。

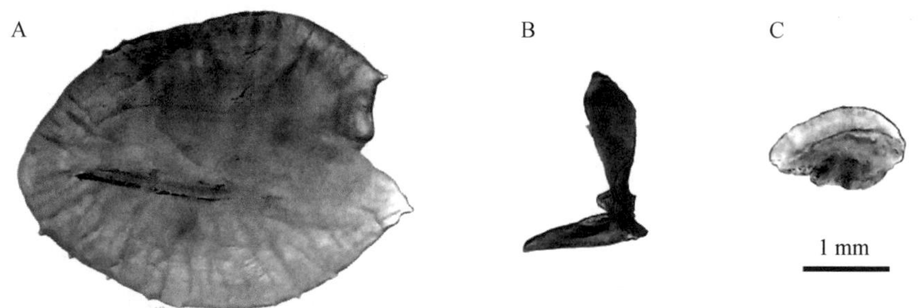

图 3-1　刀鲚矢耳石(A)、星耳石(B)和微耳石(C)的外部形态

耳石基叶的尺寸最能反映刀鲚不同种群的特征。比较不同种群，刀鲚耳石形态的主要特征表现为刀鲚耳石较窄，基叶与翼叶比例相近；短颌鲚耳石形态的主要特征表现为短颌鲚耳石较刀鲚要宽，但是依旧要比凤鲚和七丝鲚要窄，翼叶十分不明显；凤鲚耳石形态的特征主要表现为耳石向背侧和腹侧隆起，耳石整体表现较宽；七丝鲚耳石形态的特征主要表现为耳石形态向背侧后端方向隆起突出，使得其背顶点较凤鲚向耳石后端移动，从而导致虽然七丝鲚耳石翼

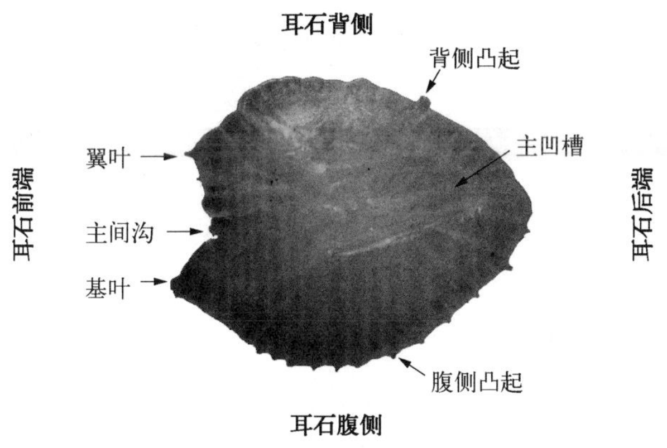

图 3－2　刀鲚矢耳石近轴面形态特征

叶并不明显，但依旧有最长的翼叶长度参数。通过对我国鲚属鱼类耳石形态特征的进一步比较发现，刀鲚和短颌鲚较刀鲚与凤鲚和七丝鲚之间要近，表现为种内差异要小于种间差异。比较本研究中刀鲚不同群体间耳石形态学的差异，发现舟山水域、黄海南部、鄱阳湖水域及东营水域的刀鲚耳石形态差异较小，说明其分化并不明显；然而盘锦刀鲚与以上 4 个水域的刀鲚区分明显，表现出较独有的特征。说明来自辽河口的盘锦刀鲚和以上 4 个水域的刀鲚群体之间关联性较弱。除此之外，耳石形态显示珠江凤鲚和瓯江凤鲚群体间差异要较珠江凤鲚和珠江七丝鲚间差异明显，根据聚类结果显示两凤鲚群体间关联性较弱（图 3－3）。

和鱼鳞相似，鱼类耳石随着鱼体的生长也会形成特异的生长轮，通过透明或者研磨切割等手段可以显现出明暗交接或者疏密相隔的特征轮纹（Buckmeier et al.，2012；Duffy et al.，2012；Beckman and Howlett，2013；Rude et al.，2013）。通过分析这种特征轮纹可以比鱼鳞更有效地获得鱼体的年龄数据（Secor et al.，1991）。

除了用于纪年的年轮，耳石上还存在一种更为微观的能够反映鱼体日龄的结构，被称为“日轮”。自 Brothers 等（1976）在一些幼鱼个体的耳石上首次发现了日轮的存在以来，日轮结构已被广泛用于鱼类早期生长等的特征研究（Parkinson et al.，2012；Rehberg-Hass et al.，2012；Bouchard et al.，2013；Contreras et al.，2013；Dodson et al.，2013；Jabeur et al.，2013；Vinagre et al.，2013；Ayyildiz et al.，2014；Huang et al.，2014；Palacios-Fuentes

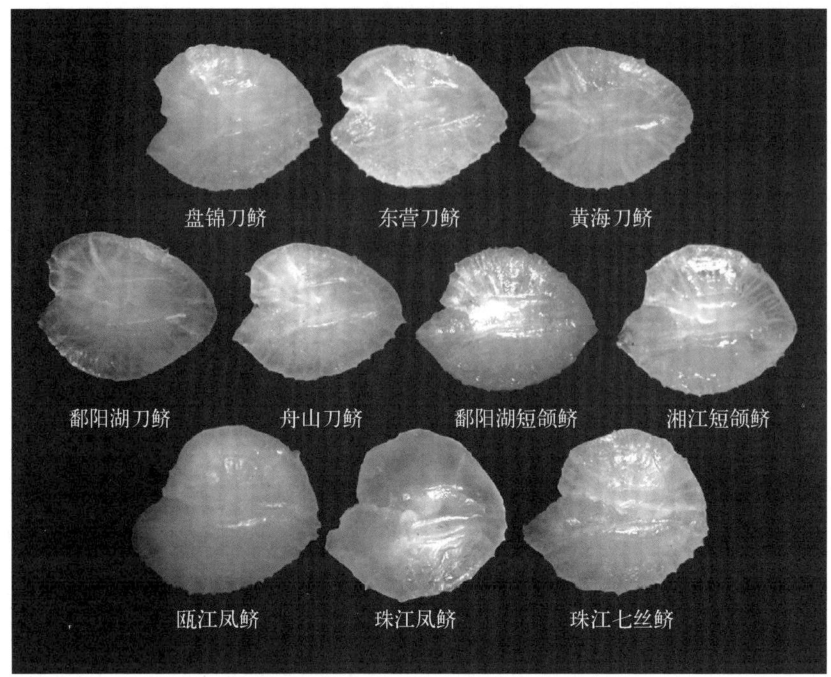

图 3-3　刀鲚、短颌鲚、凤鲚和七丝鲚的矢耳石

et al.，2014；Takahashi et al.，2014）。

耳石轮纹研究除了在推算鱼体年龄和日龄上具有重要作用外，其上的环纹与不同生理阶段，特别是一些特殊的生理阶段，如开口摄食、变态发育等有着密切联系。集合两者的结果，人们可以有效地推算出鱼体不同生理阶段转变的时间，从而为了解鱼体生理条件的变化，生长发育的转变提供了十分有效的分析和研究方法（Morales-Nin et al.，1998；Moyano et al.，2012）。

相比与其他鱼类耳石，刀鲚耳石的年轮在不同的碾磨方向上有一定的差异性。具体表现为其在碾磨前部分矢耳石可以在肉眼下观察到矢状面上明带和暗带相间的生长年带（袁传宓等，1978），而在碾磨后，这种明、暗相间的特征变得难以观察，相应矢状面的轮纹特征也不清楚，需要经过酸蚀处理才能获得较为清晰的年轮照片（图 3-4）。与之相比，从矢耳石的横截面通过周期性的"直-弯生长模式"可以较为简便及准确地判别刀鲚的年轮（黎雨轩等，2010）。黎雨轩等（2010）利用这种方法，分析了长江口刀鲚的年龄组成（0～4 龄），其中以 1 龄和 2 龄为主，表现为严重的低龄化。相较于成鱼耳石的年轮特征，刀鲚仔稚鱼耳石的研究主要集中于日轮的推算。根据于长江口碎波带所捕获的刀鲚仔稚鱼日龄组成,葛珂珂和钟俊生(2010)发现长江刀鲚孵化期应在 5 月 23 日至 10 月 4 日,高峰集中在 5 月末至 8 月上旬。不过由于目前对于刀鲚早期生活史所知甚少,关于刀鲚仔稚鱼耳石第一日轮形成的时间尚无明确报道,但今后随着刀鲚人工繁育和养殖工作的一系列突破,相应的瓶颈难题有望被有效解决。

图 3－4　刀鲚耳石横截面(左)和矢状面(右)上年轮

矢状面经 5% EDTA 酸蚀处理

除此之外,结合耳石不会被重吸收且较为稳定的特点,也有人通过控制一些外界条件(如水温等)以达到改变仔稚鱼日轮的形成(刘伟等,2013),从而作为个体标记,这也较其他如化学标记(付自东等,2005)等更为方便,且危害更小。

3.2　刀鲚耳石微化学

3.2.1　耳石微化学

溯河、降河和河口洄游性鱼类可以灵活地利用淡水、半咸水和海水环境(新井崇臣,2002;McDowall, 2009)。这些不同盐度水环境间的许多微量元素组成差异很大,且生物地球化学行为及生物效应也各有特点(De Pondual and Geffen, 2002)。鱼类从水环境中吸收的微量元素可以在硬组织(如耳石)中沉积并长期保存。因此,伴随着不同的生活和洄游履历,耳石中元素的积累可留下栖息水环境中相应元素差异特征的“指纹”(fingerprint,即元素的各种积累类型)。对这些“指纹”进行深入研究,可以恢复、重现和掌握大量水生动物生态学、生理学等方面的信息及其时空变化过程。基于这种原理近些年来在国际上飞速发展的研究鱼类耳石环境元素“指纹”的工作就被称为是耳石微化学(otolith microchemistry)研究,有着非常独特而重要的鱼类资源学和保护生物学的研发价值(Thorrold et al., 2001; De Pondual and Geffen, 2002; Di Franco et al., 2011)。可以想见,这种集水产学、生物学、地球化学、分析化学等学科交叉优势为特征的耳石微化学研究,同样可以为有效解答上述目前仍困扰学术界我国鲚属鱼类的那些生态学难题提供一个既具有创新性,又有针对性的研究手段。

3.2.2 耳石微化学的测定技术

20 世纪 80～90 年代,科学家注意到耳石化学组成截然不同的海、淡水中的一些特征性元素(特别是锶、钙、钡、锰)能被很好地保存在鱼类的耳石中,不被代谢。耳石从鱼卵孵化时便开始形成,随着鱼体的不断生长,环境元素也在逐渐变大的耳石中不断沉积;一旦生境改变,耳石中沉积的元素就会发生相应的改变,从而形成基于生境的特征性元素/稳定同位素环境指纹(即微化学指纹);利用电子探针、激光烧蚀 ICP－MS、稳定同位素质谱仪等精密分析手段就可将上述指纹定量化、图像化。可以想见,鱼类耳石环境微化学指纹分析技术具有传统方法所没有的优点。不仅如此,由于不同季节鱼体生长会有快慢,耳石物质的沉积速率也会出现季节差。这样周而复始,在耳石上就会出现相应的年轮。即使仅能捕到成鱼,只要将其耳石上的环境指纹和年轮信息综合分析,也能有效地掌握其一生的空间生境和时间生活史动态。

随着鱼类的发育和生长,其所经历过水环境中的元素/稳定同位素会依次沉积、固定于耳石自核心到边缘的不同位置,而相关生活环境中的代表性元素和同位素组成可以通过其绝对含量及比值等指标来反演和重建。以元素 Sr 和 Ca 为例,Secor 等(1995)曾经总结过“$(Sr/Ca)\times10^3$”(简称 Sr/Ca 值,下同)与水体盐度的规律,发现不同鱼类之间 Sr/Ca 值与水体盐度关系会有一定差异。笔者进一步对迄今国内外研究过的洄游性鳗形目、金眼鲷目、鲱形目、鲤型目、鳕形目、刺鱼目、鲻形目、胡瓜鱼目、鲈形目、鲑形目、杜父鱼目鱼类耳石的归纳和总结表明，对于不同种类的洄游性鱼类，其与不同盐度的海、淡水对应的数值不尽相同，且总体上淡水、河口半咸水和海水之间所对应耳石相关部分的比值极其显著($P<0.01$)(图3-5)。这种不同生境的差异性非常稳定，不会因不同国家的研究者，利用不同的分析仪器，针对不同的鱼类而改变。综合上述各种鱼类的结果可以归纳出，鱼类耳石中可以与海水、河口半咸水和淡水对应的Sr/Ca值的平均值依次为：海水8.4±4.6，河口半咸水5.6±1.1，淡水2.6±1.5(Yang et al.，2011)。

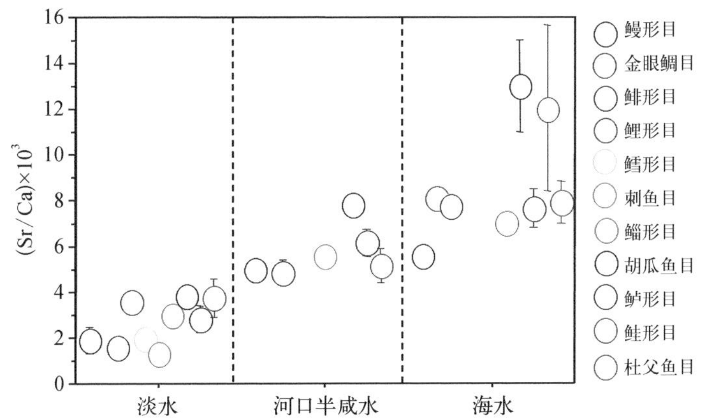

图3-5　洄游性鱼类耳石中对应淡水、河口半咸水和海水生境Sr/Ca值的差异含鳗形目、金眼鲷目、鲱形目、鲤形目、鳕形目、刺鱼目、鲻形目、胡瓜鱼目、鲈形目、鲑形目、杜父鱼目鱼类(后附彩图)

3.2.3　刀鲚耳石微化学的特征

Yang等(2006)对刀鲚的陆封群体太湖湖鲚耳石的Sr浓度进行了研究，其低的Sr浓度显示这些个体全部生活史均在淡水生境中完成，并且耳石中的Sr浓度不受湖水温度环境(夏天可达32.3℃，而冬天可低至2.0℃)条件变化的影响。太湖湖鲚耳石的Sr浓度和Sr/Ca与其淡水生活史有关，所以耳石中Sr图像化分析中的蓝色区域(低Sr区)可以被用做淡水环境的标志物。与之相对照，长江刀鲚耳石Sr/Ca值和Sr分布图显示出，在耳石中部(从核心到360～980 μm远处)有非常明显的低Sr/Ca值或低Sr蓝色区。这证实了这些长江刀鲚的溯河习性，即在淡水中产卵并在淡水生境中生活相当长的一段时间。紧挨着耳石中心蓝色区域的有绿色或黄色等不同的Sr分布模式，显示出长江刀鲚个体随后会向有较高盐度的河口迁移。在耳石的最外层,个体之间存在有蓝色、绿色、黄色或红色等各种环。这就表明长江刀鲚在淡水阶段后,会以不同的模式在河口半咸水和高盐海水环境中活动。刀鲚耳石微化学的特征与刀鲚溯河洄游性情况相一致,表现为孵化和早期生活都需要在淡水中完成(第 1 阶段,Sr/Ca 值小于 3,核心处蓝色区),待发育到一定程度后进入半咸水区域(第 2 阶段,Sr/Ca 值大于 3 小于 7,绿色至黄色区)甚至是盐度较高的外海水域(Sr/Ca 值大于 7,红色区)进行过冬和肥育,最后从外海回来并上溯进入淡水(如长江)环境繁殖(图 3-6)。

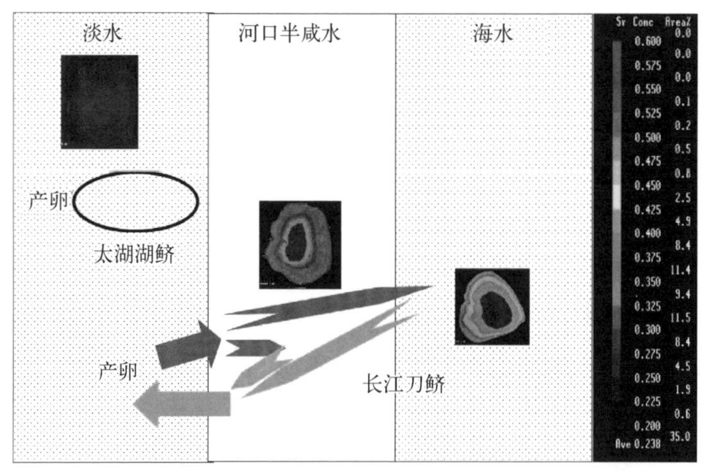

图 3-6 陆封和溯河洄游型刀鲚耳石微化学的特征(后附彩图)

3.3 刀鲚耳石微化学技术的应用

3.3.1 生境履历的重建

近年来,笔者利用耳石环境指纹技术开展了一系列有关"长江三鲜之首"刀鲚生态学的研究,破解了许多谜团:如证实了这种体长一般只有 30 cm 左右的小型鱼类竟然能历经千辛万苦和克服逆流险阻,溯江 800 km 进入鄱阳湖产卵繁殖;确定了自江入海的个体甚至可以远游到离海岸线 300 km 的黄海水域栖息生长;推翻了短颌鲚仅淡水生活,没有溯河个体,以及长颌鲚必定溯河洄游,没有淡水定居个体的传统观点;获得了判别不同经济价值"江刀"(即溯河洄游)、"湖刀"(即淡水生活)、"海刀"(即海水栖息)的耳石生境履历图谱(图 3-7)等。这些突破可为刀鲚的人工繁育、种质资源评价、生境保护、渔业管理和水产品质量安全等提供难得的理论依据,客观的技术手段和创新的保护理念。以此为基础,相信耳石环境指纹技术一定会为我国众多名贵、经济、珍稀鱼类的养护和资源可持续利用做出重大的贡献。

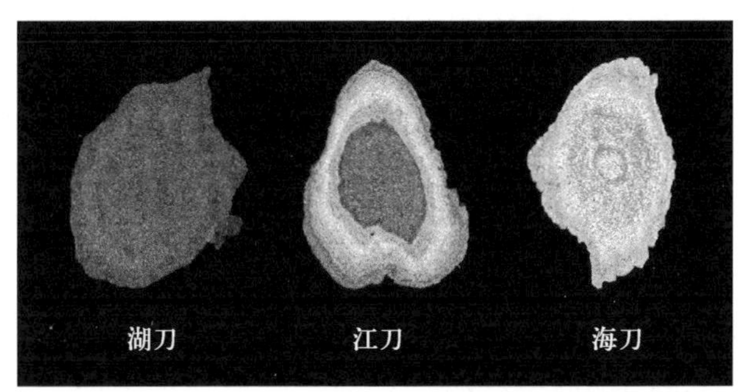

图 3-7　"江刀"、"湖刀"和"海刀"的洄游生境履历

3.3.2　溯河洄游型和淡水定居型刀鲚资源的判别

随着刀鲚资源量的锐减,刀鲚种群在长江流域内的分布已经发生了巨大的变化。但是由于长江流域内淡水定居生态型种群的存在,使得对于溯河洄游资源的精确调查和准确评估都十分困难。其中鄱阳湖就是这样一个例子。为了客观确认溯河洄游群体是否还会进入鄱阳湖水域,我们利用 X 射线电子探针微区分析(EPMA)技术研究了鄱阳湖内星子水域所捕获到的 2 尾刀鲚个体(分别为上颌骨长于头长个体和上颌骨短于头长个体)矢耳石的锶、钙元素特征。根据定量线分析结果,上颌骨较长的个体(PYCE05)锶钙比值($Sr/Ca \times 10^3$)有明显的波动,表现为两个差异显著的分别对应于淡水生活史的低值(1.82 ± 0.50),以及对应于海水生活史的高值(5.79 ± 0.91)阶段($P < 0.01$,Mann-Whitney U-test),反映出该个体溯河洄游的"履历";与之相比上颌骨较短的个体(PYCB02)的耳石锶钙比值则一直稳定在较低的水平(1.66 ± 0.54),说明其应当属于淡水定居型群体(图 3-8)。相应的耳石锶元素面分布分析结果也支持这样的结论,反映出两者生境履历上的巨大差异(图 3-9)。这两种截然不同的耳石微化学特征类型,首次直观地反映了溯河洄游型和淡水定居型刀鲚个体生境履历上的巨大差异,可以作为区别两类生态型个体的客观标准。上述结果

也证实了在距长江口 800 km 以远的鄱阳湖水域中同时存在两类生态型刀鲚的分布。需要注意的是，鄱阳湖星子县水域与长江口相距 850 km，而据有关鄱阳湖渔获的报道（钱新娥等，2002；张燕萍等，2008）此地所捕获到的溯河洄游个体 PYCE05 很有可能是洄游至此尚未产卵的亲鱼（同期所捕获雌性刀鲚个体卵巢可见清晰卵粒，目测性腺成熟度为Ⅲ～Ⅳ期），这说明目前鄱阳湖内应该存在溯河洄游型刀鲚的产卵场（姜涛等，2013）。

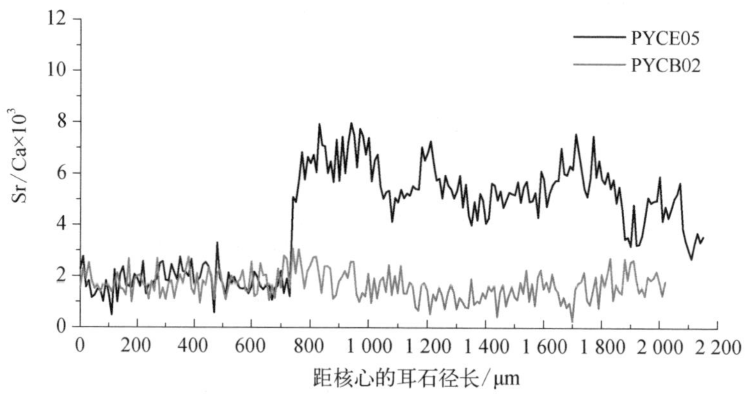

图 3-8　鄱阳湖星子水域刀鲚耳石 Sr/Ca 值的定量线分析（姜涛等，2013）

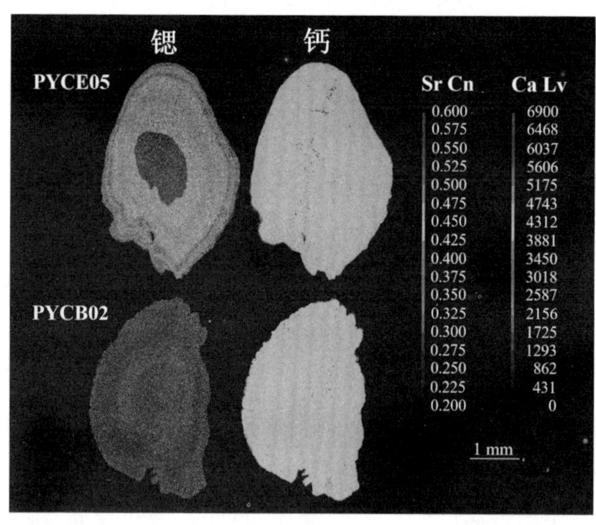

图 3-9　鄱阳湖星子水域刀鲚耳石 Sr 和 Ca 含量面分布（姜涛等，2013）（后附彩图）

从鄱阳湖两类刀鲚个体的生活史类型来看，短颌刀鲚（上颌骨较短的个体）与长颌刀鲚（上颌骨较长的个体）具有明显的差异。前者表现为持续的淡水定居习性，而后者表现为典型的溯河洄游习性。然而，考虑到长江流域内短颌刀鲚和长颌刀鲚多存在混栖，那么是否所有的短颌刀鲚均为传统意义上所认为的淡水定居型个体呢？为了解决这一问题，同时也为确证在刀鲚洄游季节长江内短颌刀鲚是否也存在江海洄游个体，笔者利用相同的分析方法（EPMA）研究了于 2013 年 4 月在长江靖江段水域所捕获的 1 尾短颌鲚（XGC－A）及 1 尾长颌鲚（XGC－B）个体的矢耳石锶、钙元素微化学特征。根据线定量分析的结果，本研究中的长颌鲚和短颌鲚个体的锶钙比值均存在显著的波动，与确认是江海洄游型长江刀鲚矢耳石微化学特征相比对，发现两者均有分别对应于淡水生活史的低值阶段（1.59±0.80、1.55±0.74），以及对应于海水生活史的高值阶段（4.38±1.33、3.56±0.94）（图 3－10），反映了两者均具有溯河洄游的履历。相应的耳石锶元素面分布分析结果也验证了这一结果（图 3－11）。这也是首次直观证实目前长江中所分布的短颌鲚个体中存在有参与江海洄游的个体（徐钢春等，2014）。这也反映出传统上利用上颌骨长度来判别刀鲚是否洄游经验的不足，有可能导致错判；而耳石微化学的判别方法更为准确和可靠。

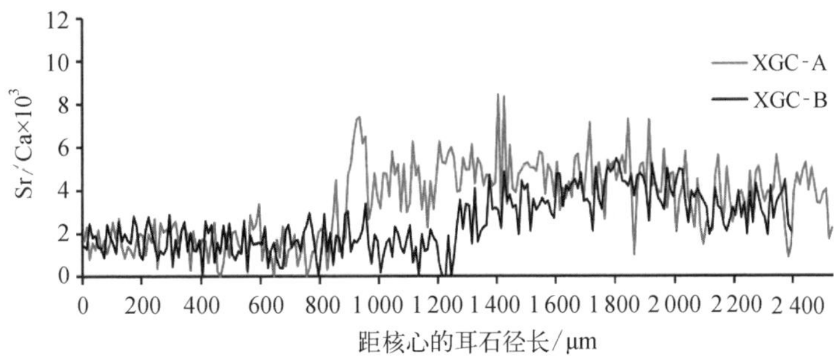

图 3－10　长江靖江段短颌鲚（XGC－A）和长颌鲚（XGC－B）耳石 Sr/Ca 值的定量线分析（徐钢春等，2014）

3.3.3　种群关联性的确定

种群关联性一直是渔业资源评估和可持续利用的重点及难点之一。所谓“关联性”是指海洋鱼类种群中，不同地理群体间个体的交流（Cowen et al.，2000）。当然同一概念也被用于生境履历复杂、栖息范围较广的洄游性鱼类研究中（Tulp et al.，2013；Hughes et al.，2014）。然而由于一些技术手段的限制［如分子遗传水平需要较长时间才会产生足够的差异（Thorrold et al.，2001）］，

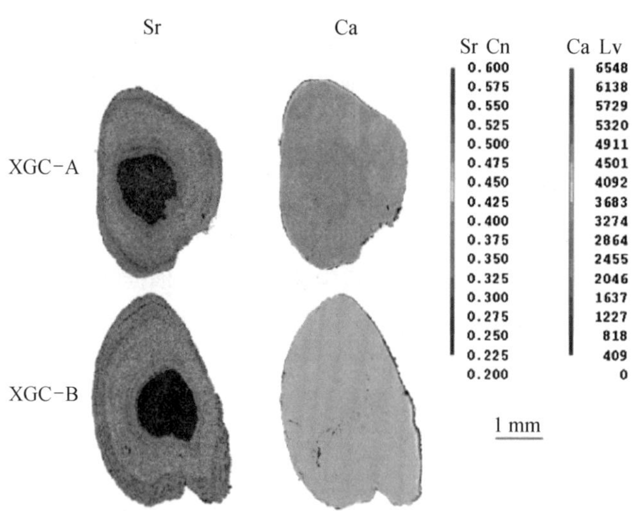

图 3-11　长江靖江段短颌鲚(XGC-A)和长颌鲚(XGC-B)耳石 Sr 和 Ca 含量的面分布(徐钢春等,2014)

使得在群体关联性的问题上一直缺少深入地了解。所幸的是,随着耳石微化学研究的发展,利用耳石微化学特征可以反演其生境履历特征,进而成功分析种群内不同群体结构及关联性(Thorrold et al.,2001; Forrester and Swearer,2002; Gillanders,2002; Longmore et al.,2014)。在对我国长江口附近黄海南部海区的刀鲚耳石微化学分析中,我们发现耳石锶钙比值的结果中多数个体具有在靠近核心处有一段稳定低值区(<3)(图 3-12),且多数个体均在接近 1 冬龄时离开淡水进入河口半咸水生活(图 3-13)(Jiang et al.,2012)。与此同时,同一群体内部个体间生境履历也存在差异,可以分为“近岸型”和“远岸型”两个类型,反映了刀鲚个体在海洋生活中复杂的洄游模式和频繁的个体交流。黄海南部这 3 个群体间如此相似的洄游履历特征,以及群体内个体复杂的洄游模式,令我们推测其存在关联性。加之与长江口距离较近这一情况,这些群体中很有可能有来自长江的个体。

有鉴于此,笔者进一步对我国自南向北 5 个不同河口水域(分别为瓯江口水域、舟山金塘镇水域、舟山东霍山水域、长江口水域、黄河口水域)刀鲚群体进行了耳石微化学研究。结果发现,这几个刀鲚群体间生境履历不尽相同(Jiang et al.,2014)。具体表现为除舟山东霍山水域存在部分河口型个体,其余个体均为典型的溯河洄游型个体(图 3-14)。除此之外,通过比较耳石核心低锶钙

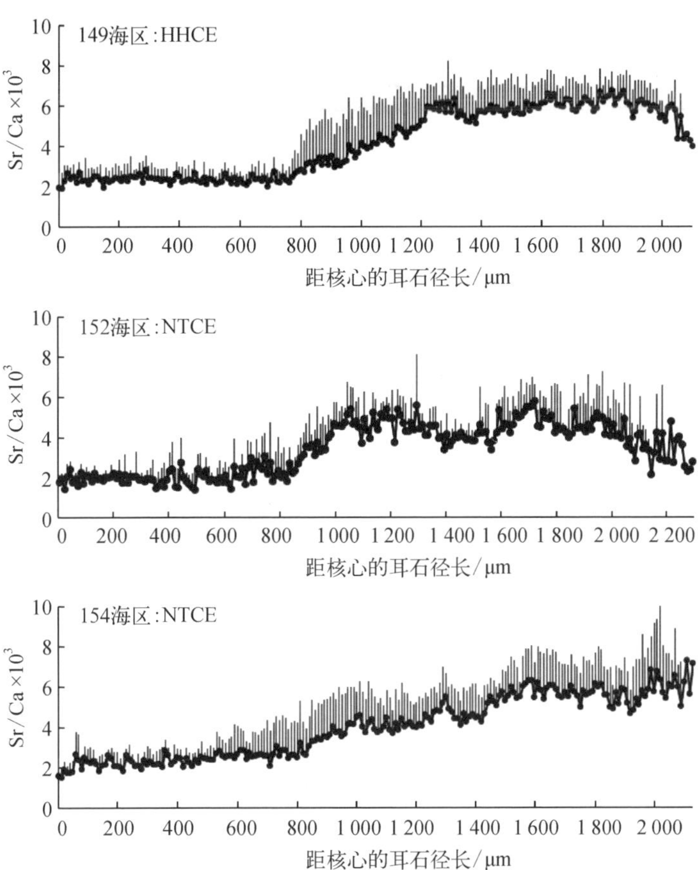

图 3-12　黄海 3 个不同海区刀鲚耳石定量线分析

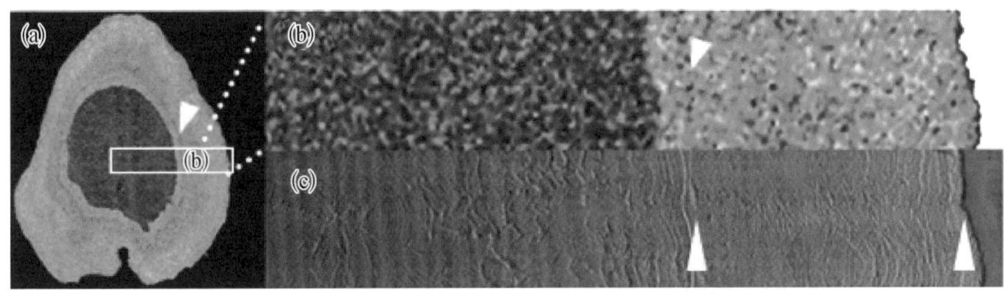

图 3-13　由 X 射线微分析所得到的二维 Sr 元素浓度面分布图和刀鲚耳石矢状面上年轮的关系(后附彩图)

(a) 整个耳石上 Sr 元素浓度面分布分析结果(箭头所指为第 1 个蓝色环);(b) 从耳石核心至边缘的 Sr 元素分布情况(箭头所指为第 1 个蓝色环);(c) 反射光下耳石照片(箭头所指为年轮);(b)为(a)中方框区域的放大图;(b)和(c)为同一耳石上的相同区域(Jiang et al.,2012)

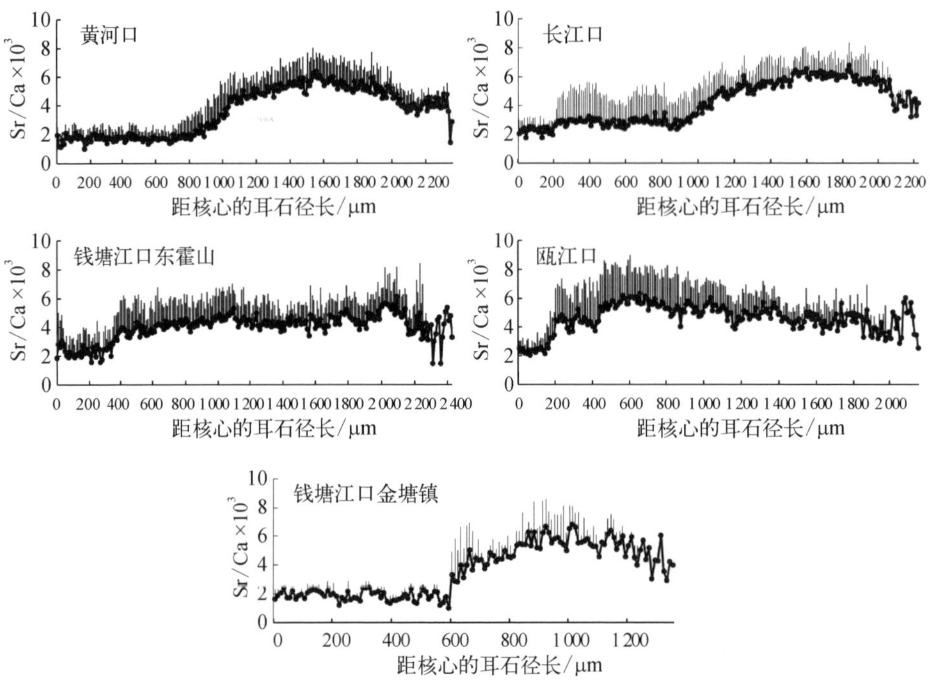

图 3-14　不同群体[黄河口、长江口、舟山金塘镇水域(钱塘江口)、舟山东霍山水域(钱塘江口)、瓯江口]刀鲚耳石定量线分析

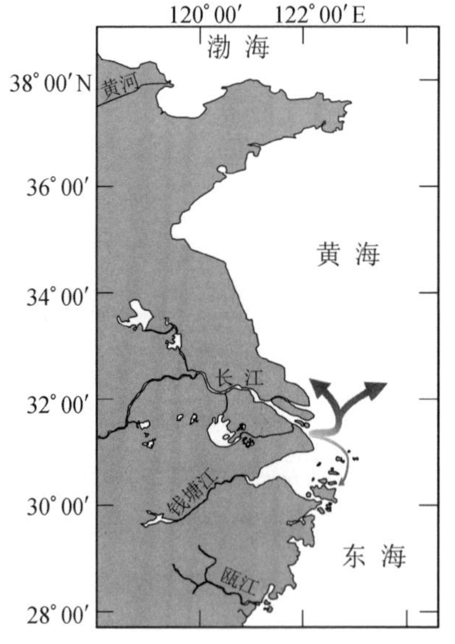

图 3-15　长江刀鲚入海的模式图

箭头显示刀鲚进入各海区可能的数量和方向

比值区大小，我们发现这几个不同水域间存在明显的差异。为了能够更好地归纳和比较这种差异，我们建立了淡水系数(F_C)这样一个概念：

$$F_C = \frac{L_f}{L_T}$$

式中，L_f为从耳石核心开始一直保持锶含量或锶钙比值低值区域的半径长，换言之，对应于核心蓝色区域的大小范围；L_T为耳石从核心到边缘总分析半径的长度。其中分布靠北的黄河口、长江口、舟山金塘镇水域个体耳石的淡水系数要显著高于分布靠南的舟山东霍山及瓯江口水域个体的耳石($P<0.01$，one-way ANOVA)，反映了我国沿岸刀鲚群体南北不同的生境履历特征。此外，舟山金塘镇水域与邻近的东霍山水域个体生境履历差异较大，而与毗邻钱塘江口的长江口水域刀鲚个体生境履历十分相似，反映了其很有可能是来自长江的个体(Jiang et al.，2014)。通过以上研究，不难发现长江刀鲚群体与邻近的黄海南部及东海北部的刀鲚群体均存在关联性，换言之，长江的刀鲚资源对这两个海区相应群体资源均有补充作用，且推测进入黄海的数量可能大于进入东海的数量(图 3-15)。

3.4　刀鲚耳石微化学研究展望

迄今，耳石微化学技术已经突破了捕捞调查、生物遥测等方法均无法解决洄游性鱼类"多种类泛用"、"非负荷"、"全生活史监测"的局限，在准确了解刀鲚不同的生活史阶段栖息环境及其变化取得了很好的效果，也成功地恢复、重现和掌握了刀鲚大量生态学、资源学等方面的信息及其时空变化过程，体现出了非常独特的应用价值和强大的应用潜力。

需要注意的是，由于刀鲚(以溯河洄游的"江刀"为代表)复杂的溯河洄游习性且同时存在经过长期的自然进化过程而逐渐分化出来的"湖刀"(包括传统上认为淡水生活的"短颌鲚"、"湖鲚")和"海刀"(即海水栖息不溯河洄游)生态型类群；因此，要全面地了解其活动规律、群体构成、种质差异和生境需求，深入地归纳和掌握其洄游生物学、渔业资源学、环境生态学特征等众多方面还存在许多难题亟待解决。

以此为目标，刀鲚耳石微化学的研究未来宜从以下几个方面来拓展和深入。

3.4.1　加强耳石微化学和微结构的协同研究

如前文所述，和其他鱼类一样，刀鲚耳石随着鱼体的生长也会形成明暗交接或者疏密相隔的年轮结构。对仔、稚、幼鱼而言，其耳石上还可观察到更为微观的日轮结构。此外，通过耳石轮纹间隔变化的研究还可有效地推算鱼体不同生理阶段转变的时间。这些耳石微结构中所储存的时间动态信息，为从鱼体生理条件的变化、生长发育的转变、生存繁衍的需要等方面解释耳石微化学所取得的结果提供了十分有效的途径。这种对刀鲚耳石所保存的空间信息和时间信息所进行的更深入的协同研究，将在更全面地了解刀鲚洄游行为类型、元素微化学“指纹”变化时的日龄和年龄确定、变化的性别差异，资源群体是相互隔离还是相互补充的，不同生活史阶段资源量补充的潜力、产卵场的分布、个体孵化和早期发育所需的条件及生活史过程中栖息地转换等方面具有重要意义。

3.4.2 探索更多的元素微化学指纹以拓展耳石微化学研究

近年来，除了 Sr 和 Ca 外，钡(Ba)、镁(Mg)、锰(Mn)、铁(Fe)、铅(Pb)、锂(Li)，铜(Cu)、镍(Ni)、硒(Se)、钠(Na)、钾(K)等元素也被应用于鱼类耳石微化学研究，来重建其所经历过的生境或污染环境。一些诸如激光烧蚀等离子质谱仪(LA-ICPMS)、X 射线荧光探针(SXFM)等大型精密分析仪器也被应用于相关的研究。根据多元素(特别是耳石核心部位)的组成、含量差异、元素间比值特征等标志因子，研究者对洄游性鱼类的出生地，复合种群的来源，不同种质资源群体的判别、变态及繁育等特殊的生活史事件、养护放流的大规模标志及水污染和人类活动胁迫经历的反演等众多领域进行了有效探索并取得了一系列的突破。目前长江刀鲚的出生地/起源水域、不同起源水域对长江资源的贡献程度、长江刀鲚与其他河流刀鲚之间的种质差异、大型江河-通江湖泊-沿海间刀鲚资源的关联性等仍旧是自然之谜。探索和应用更多环境元素及其指纹开展进一步的刀鲚耳石微化学研究，将为解开这些谜团提供技术支撑。

3.4.3 耳石稳定同位素微化学将成为重要的研究领域

耳石中稳定同位素的研究多数集中在耳石中碳、氧、锶同位素方面。这其中 $\delta^{13}C$ 被证实与饵料的关系较为密切(如高营养状态下的 $\delta^{13}C$ 要显著高于低营养状态下的值)，而 $\delta^{18}O$ 则被证实为与水温关系十分密切，且在正常盐度条件下，1‰的 $\delta^{18}O$ 变化应该对应于约 5℃的水温变化。这些特点使得耳石稳定同位素分析除了能像元素分析一样，作为群体识别或者生境履历的标志外；还能反映出鱼体的生理状况和环境水温等的情况；同时，不同河流的锶同位素比值有其独特的地理特征。综合分析这些标志性的地理特征可以有效地推定洄游性鱼类孵化场/出生地，进而推定资源群体起源水域的饵料和水温条件。笔者对长江口刀鲚幼鱼耳石中 $\delta^{13}C$ 和 $\delta^{18}O$ 的初步研究发现，该水域群体可能源自两个水温条件、水体饵料组成和丰度不同的孵化场水域(姜涛等,2005)。在今后进一步的研究中,需要优先选取早期发育阶段的仔稚鱼耳石或针对成鱼耳石核心区域(对应于孵化场)进行稳定同位素比的系统分析,并采集长江沿线刀鲚可能的孵化场、不同江段水样标本进行稳定同位素成分和组成的同步测定,以便较为准确地定位不同群体的起源地及了解相关起源地个体对长江刀鲚资源群体的补充程度,进而为客观合理地养护长江刀鲚种质资源提供更有力的依据。

第4章 长江刀鲚的繁育生物学

掌握性腺发育规律的是进行鱼类人工繁殖的基础，了解早期发育过程中形态发育特点，明确各器官形成的关键期，分析其器官形成与早期环境相适应的特点，是成功繁育的关键。

4.1 雄性刀鲚的繁殖生物学

4.1.1 刀鲚精巢结构与发育特征

1. 刀鲚精巢的结构

刀鲚的雄性生殖腺由精巢、贮精囊和输精管等组成(图 4-1)。精巢和贮精囊各 1 对，左右对称，位于鳔侧下方、消化道的两侧，依精巢系膜与体腔背壁相连。前端连于肾脏的外侧缘，后端连于体腔背中线上，止于肠的约 2/3 处。每侧精巢呈长带状，早期较平整，后期较多大皱褶，外侧边缘有缺刻，贮精囊横切面呈囊状，内有盘曲的输精小管，末端接输精管。左右两侧的输精管至末端合并为一后通于泄殖孔，泄殖孔开口于泄殖乳突基部。

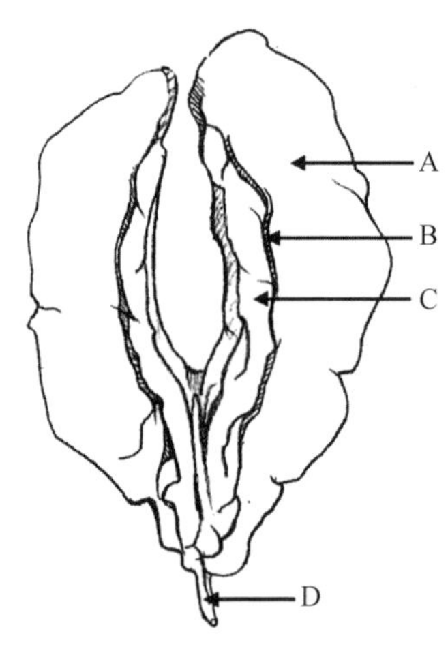

图 4-1 雄性刀鲚精巢形态结构示意图

A. 精巢；B. 输出管；C. 贮精囊；D. 输精管

刀鲚的精巢属于小叶型，外膜由间皮和疏松结缔组织构成，外膜向精巢实质内伸入而把精巢分隔为许多小叶，小叶呈壶腹状，在切片上可见很多小叶紧密排列，小叶之间为小叶间质，间质内有间质细胞、成纤维细胞、微血管。精小叶最外层为基膜，其内由生精细胞和支持细胞组成，支持细胞包绕生精细胞共同构成精小囊，精细胞的整个成熟过程在精小囊进行。贮精囊为网状管腔结构，管腔内壁由分泌细胞组成。成熟精子经由精小叶间形成的临时通道进入输出管，再由输出管送达贮精囊。

2. 刀鲚精巢分期与发育特征

根据精巢的外形、色泽、体积、血管分布状况等特征分为 6 个时期。

Ⅰ期性腺紧贴在鳔的两侧，为 1 对透明的带状细丝，长约 20 mm，被脂肪块包裹，肉眼无法辨别雌雄，约出现在 3 月龄的刀鲚幼鱼中，且终生只出现一次（图 4－2A）。组织切片显示，精原细胞不定向地分散于间质细胞之间。精原细胞是精小叶中个体最大的细胞，呈圆形或卵圆形，核位于中央，胞径在 5.5～9.0 μm，核径 3.5～4.0 μm。贮精囊的小管壁分布着大量的成纤维细胞，小管内充满间质细胞（图 4－3A）。

Ⅱ期精巢稍粗，呈狭带状，乳白沾黄，血管不清晰，贮精囊极小，附有少量脂肪（图 4－2B）。组织切片显示，精原细胞通过有丝分裂数目显著增多，5～10 个细胞成团成束排列，形成精细小管的雏形，细胞仍然为圆形或椭圆形，体积较Ⅰ期精原细胞小，胞径 4.2～7.5 μm，核径 1.5～3.0 μm，核膜清晰，核质成嗜碱性。贮精囊由许多管状囊腔构成，输精小管外存在结缔组织、微血管、成纤维细胞及间质细胞，最外层由一层结缔组织基质及其下方的基膜组成，小管的分泌细胞附着在基膜上，中空，无精原细胞（图 4－3B，图 4－3C）。

Ⅲ期精巢外观呈乳白沾粉红，呈带状，有皱褶，血管清晰，贮精囊略有增大，但仍被脂肪包裹（图 4－2C）。组织切片显示，精细小管已出现管腔，精细小管中除少量精原细胞外，可见初级精母细胞和分裂后的次级精母细胞，并向腹壶腔推移，形成多层细胞，细胞体积更小，胞径 2.0～4.0 μm，核径 1.5～2.5 μm，此时核膜不明显，贮精囊内输精小管仍无精原细胞、精母细胞（图 4－3D，图 4－3E）。

Ⅳ期精巢呈带状、饱满、皱褶增加，为肉色；贮精囊略呈囊状，脂肪较前期减少，乳白色。涂片观察有精子游动，但活力较弱（图 4－2D）。组织切片观察发现，此时的精巢主要由次级精母细胞构成，伴随部分初级精母细胞和极个别的精原细胞分布在精小囊壁侧附近。次级精母细胞体积缩小，已完全看不清细胞之间的界限，核膜消失，细胞核嗜碱性增强，染成深蓝色，圆形或椭圆形，直径 1.5～3.5 μm。贮精囊内输精小管中充满成熟精子（图 4－3F，图 4－3G）。

Ⅴ期精巢继续增宽，皱褶部分重叠，外观肥厚，乳白色；贮精囊极度膨胀，饱满呈囊状，为乳黄色（图 4－2E）。成熟的精子通过输出管流向贮精囊，贮精囊内输精小管由于精子逐渐增多，管壁变薄；最后，贮精囊内输精小管极度饱满，彼此紧紧相靠，管内全为精子，用力挤压腹部，精液即流出。组织切片显示，精小囊腔全部为成熟精子，圆形，头部直径 1.5 μm，染成深蓝色(图 4－3H，图 4－3J)。

Ⅵ期精巢逐渐萎缩，充血明显，呈肉红色；贮精囊瘪陷，内有部分未排出的精子，呈乳白色(图 4－2F)。组织切片显示，精小囊腔中具有各种时期的精细胞，其中精母细胞、精子细胞位于囊壁附近，少数未排完的精子位于囊腔中间。精子排出后，贮精囊内囊腔空隙明显存在(图 4－3K，图 4－3L)。

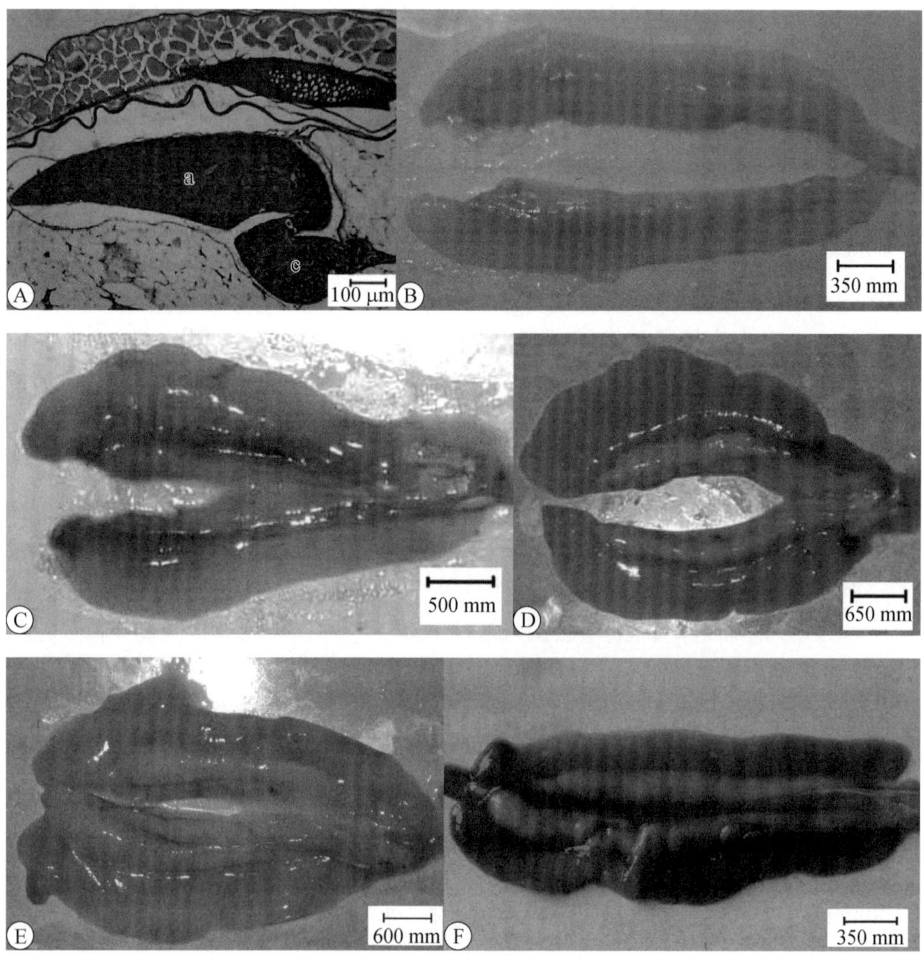

图 4－2　刀鲚精巢发育的解剖学的形态特征

A. Ⅰ期精巢横切面整体(a. 精巢；c. 贮精囊)；B. Ⅱ期精巢形态及颜色；C. Ⅲ期精巢形态及颜色；D. Ⅳ期精巢形态及颜色；E. Ⅴ期精巢形态及颜色；F. Ⅵ期精巢形态及颜色

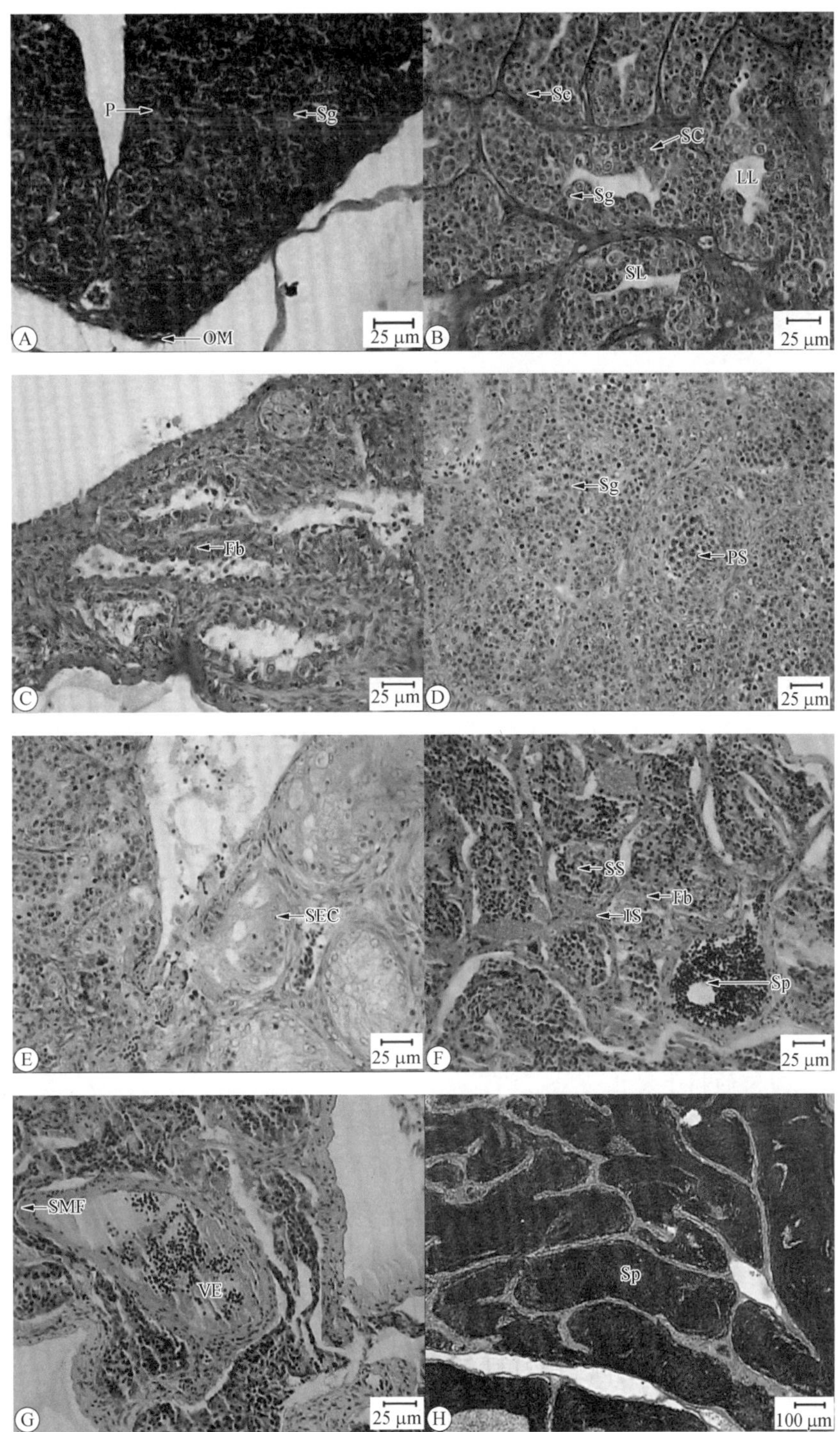
P
Sg
OM
25 μm
A
Sc
SC
LL
Sg
SL
25 μm
B
Fb
25 μm
C
Sg
PS
25 μm
D
SEC
25 μm
E
SS
Fb
IS
Sp
25 μm
F
SMF
VE
25 μm
G
Sp
100 μm
H

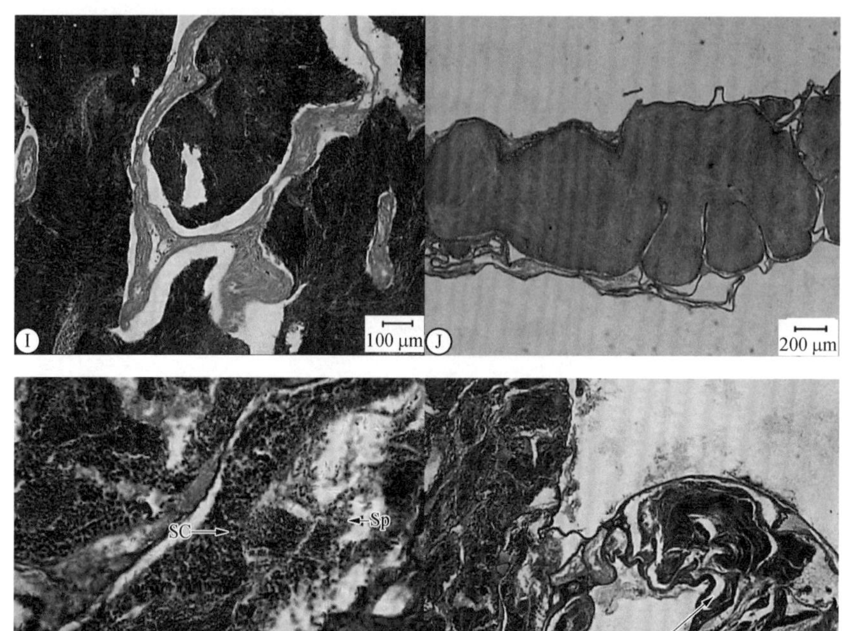

图 4-3　刀鲚精巢发育的组织学切片

A. Ⅰ期精巢，示外膜、实质和精原细胞； B. Ⅱ期精巢生精部，示成束排列的精原细胞、支持细胞、精小叶、精小囊和小叶腔； C. Ⅱ期精巢贮精囊，示输精小管及成纤维细胞； D. Ⅲ期精巢生精部，示初级精母细胞； E. Ⅲ期精巢贮精囊，示输精小管及分泌细胞； F. Ⅳ期精巢生精部，示小叶间质、次级精母细胞和精子； G. Ⅳ期精巢贮精囊，示精子输出管和平滑肌纤维； H. Ⅴ期精巢生精部，示充满的精子； I. Ⅴ期精巢贮精囊，示输精小管和饱满的精子； J. Ⅴ期精巢贮精囊的纵切面，示输精小管； K. Ⅵ期精巢生精部，示小叶腔内残存的精子和初级精母细胞； L. Ⅵ期精巢贮精囊，示排精后输精小管中的空隙。OM. 外膜； P. 实质； Se. 支持细胞； Sg. 精原细胞； SL. 精小叶； SC. 精小囊； LL. 小叶腔； Fb. 成纤维细胞； PS. 初级精母细胞； SEC. 分泌细胞； SS. 次级精母细胞； IS. 小叶间质； Sp. 精子； SMF. 平滑肌纤维； VE. 输出管； In. 空隙

3. 刀鲚的精子发生

精子发生过程是一个高度程序化和复杂的生物学过程，二倍体的精原细胞增殖分化形成成熟的精子细胞。精子的发生是由原始生殖细胞在胚胎早期分化为生殖细胞的二倍体细胞，原始的胚细胞经分化形成精原细胞，精原细胞经复制形成初级精母细胞，初级精母细胞经过第一次减数分裂后形成次级精母细胞，再经过第二次减数分裂形成精细胞，最后精细胞经过变形最终形成精子。鱼类精子发生过程的时间通常比哺乳类动物所需的时间要少一些，而且鱼类的精子发生过程大都和温度的变化密切相关。通常根据精子发生过程精子形态

和功能的变化可以将鱼类精子发生过程分为 3 个明显的阶段：不同精原细胞(spermatogonium)的减数分裂期(未分化的精原细胞期)；初级精母细胞(primary spermatocyte)和次级精母细胞(secondary spermatocyte)的有丝分裂期；次级精母细胞的减数分裂阶段，并与单倍体精原细胞阶段从减数分裂并分化成具有运动能力，能够稳定遗传的精子细胞。简言之，精子发生过程就是指由精原细胞经初级精母细胞、次级精母细胞、精子细胞最后发育为成熟精子(sperm)这一完整过程。

大多数学者认为硬骨鱼类的精原细胞有两种类型，即 A 型精原细胞和 B 型精原细胞。A 型精原细胞体积在所有发育阶段的生精细胞中体积最大，单个分布，细胞为圆形或椭圆形，核位于细胞中央，核内染色质均匀分布，电子密度低。A 型精原细胞是精巢中的生精干细胞，在有丝分裂过程中更新自己。B 型精原细胞是由 A 型精原细胞分化而来的，体积比 A 型精原细胞小，经有丝分裂后进入生长期，形成初级精母细胞。初级精原细胞核质均匀，核膜明显，胞质中有较多的线粒体和大量囊泡，次级精原细胞染色质较浅，胞质中线粒体数量较初级精原细胞少，拟染色体和高尔基体清晰可见，并出现两种电子致密度不同的囊泡。

研究表明：刀鲚在精原细胞阶段，部分核仁物质排出核外成为拟染色体，拟染色体的主要成分是核糖体。初级精母细胞的体积较 B 型精原细胞明显变小，细胞为圆形或椭圆形，核内不均匀电致密物增多，粗线期可见染色体呈联会复合体的结构，大多数硬骨鱼类的初级精母细胞表现出细胞核浓缩，各种细胞器生命活动旺盛。初级精母细胞核所占细胞体积较大，核质呈分散的、电子染色深的细颗粒，胞质中高尔基体不发达，仅见分散存在的高尔基液泡，内质网较少。初级精母细胞经过第一次成熟分裂形成两个次级精母细胞。次级精母细胞的体积比初级精母细胞小，核内染色质团块状，电子密度较高，核染色质呈粗带状，胞质中线粒体小而分散，膜性小泡增加。次级精母细胞内染色质进一步浓缩，一些高尔基体液泡汇合成具有多层膜囊的高尔基复合体。次级精母细胞存在时间短，很快完成第二次减数分裂，形成精子细胞。精子细胞经过变态过程最终形成成熟精子，不同学者对精子变态过程分期说法不一。管汀鹭等(1990)在研究金鱼精巢时根据核的变化和细胞器的变化将精子形成分为早、中、晚三期。Lou(1989)根据细胞核的变化，把尼罗罗非鱼

(*Oreochromis hilotius*)的精子形成分为六期：① 精子形成的起始阶段；② 染色质均质化；③ 植入窝形成阶段；④ 早期染色质浓缩；⑤ 中期染色质浓缩化；⑥ 后期染色质浓缩化。张旭晨等(1992)将细鳞鱼精子形成过程中核染色质分为4个浓缩期，其特征分别是：核染色质呈颗粒和纤维状；粗纤维和杂乱的纤维状；精细胞纤维状的核染色质向中心定向排列；核染色质呈短而小的纤维状和带状结构。

4.1.2 刀鲚精巢发育的周年变化

在整个生殖周期内，雄性刀鲚全年的成熟系数一般波动在0.31%～3.82%(图4-4)。在池养条件下，从3月下旬开始，部分鱼体精巢发育逐渐成熟，月平均成熟系数1.21%，4月达2.03%，5月到最高峰，约为2.82%，排精量最旺盛。7月有所下降，8月下降至1.26%，少数雄性刀鲚仍有排精现象，镜检显示精子仍有活力，7月、9月取样量少，未达到统计条件(属高温期，拉网对亲鱼损伤太大)，9月底10月初精巢仍处于产后休整期，其成熟系数下降到0.59%，至11月又开始恢复为Ⅱ期，并以Ⅱ期越冬至翌年2月，成熟系数变化不大。3月开始，随着水温的上升，精巢开始重新发育，成熟系数也逐渐上升，进行着新一轮的发育(徐钢春等，2012)。

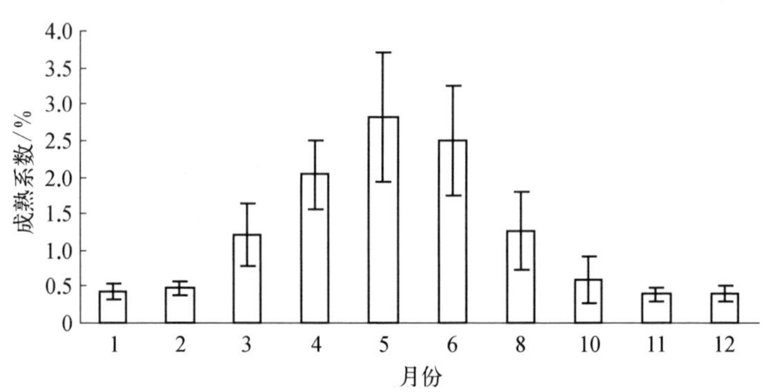

图4-4 雄性刀鲚成熟系数的周年变化规律

4.1.3 刀鲚成熟精子的微结构

鱼类的精子形态与受精模式有关，大多数鱼类的卵子有受精孔，它们的精子则没有顶体，属于非顶体类型(non-acrosome type)。罗非鱼(Tilapia)和鲟

(*Acipemser sturio*)等鱼的卵子无受精孔,与之相适应的精子就有顶体,精子必须依靠顶体分泌的酶,消化顶体后才能入卵,这类鱼的精子属于顶体类型(acrosome type)。

1. *刀鲚精子的扫描电镜观察*

刀鲚精子由头部(head)、中片(midpiece)和鞭毛(flagellum)三部分组成(图 4-5A,图 4-5B)。扫描电镜下,精子头部呈半卵圆形,长 1.64 μm、宽1.23 μm;中片不明显,紧连头部的一个肥大、呈滴水形线粒体,长径 0.77 μm、短径 0.68 μm;鞭毛细长,长约 37.5 μm(图 4-5C,图 4-5D)。

2. *刀鲚精子的透射电镜观察*

刀鲚精子头部纵切面呈马蹄形,主要结构是细胞核,细胞核内染色质高度浓缩且分布较为均匀,细胞质相对较少。精子质膜为单层,核膜为双层,两者紧密相附,包裹着细胞核,两者紧密相附,包裹着细胞核,质膜一般呈波浪状,核膜也不甚平整,呈发丝状(图 4-5E)。

细胞核后端正中间有一凹陷入核内较深的植入窝(implantation fossa),深约 0.65 μm,占头长的 1/2 左右,呈“井”字状(图 4-5E)。中心粒复合体(centriolar complex)位于窝内,由近端中心粒(proximal centriole)和远端中心粒(distal centriole)两部分组成。近端中心粒伸入窝最深处,未形成清晰的三联微管结构(图 4-5F);远端中心粒与核的长轴平行,靠近窝的开口处,由 9 组微管和中央腔构成,后端与尾部鞭毛的轴丝相连(图 4-5E)。

中片包括袖套(sleeve)和线粒体两部分。其中,袖套不甚明显;1 个肥大的线粒体位于细胞核下方,线粒体的双膜层和内嵴均清晰可见,基质较疏松(图4-5E,图 4-5F)。

精子的尾部为一条细长的鞭毛(图 4-5A,图 4-5B),起始于头部后段的远端中心粒,主要由轴丝和质膜组成(图 4-5G)。轴丝的起始端位于袖套腔中,大部分伸出袖套腔外。整个尾部其核心结构为轴丝,袖套腔中和基体相连的轴丝段可见典型的“9+2”微管结构(图 4-5H)。轴丝伸出袖套腔之后,外包以双线形凹凸不平的质膜,中央为少量的细胞质,没有观察到其他细胞器和囊泡分布其中(图 4-5H)。整个尾部除具典型的“9+2”微管结构轴丝外,无侧鳍等其他明显的结构存在。

3. 刀鲚精子超微结构的特点

刀鲚体外受精，精子结构较为简单，头部不具顶体，尾部轴丝为“9+2”微管结构，与其他多数硬骨鱼类一样，这也是与其雌体成熟卵细胞具有受精孔的结构相对应，受精时精子通过卵孔直接进入卵细胞，无需通过顶体水解酶溶解卵膜后入卵受精。

精子形态结构的差异不仅是动物分类的依据，也是分析不同动物类群之间亲缘关系的重要依据；同时，鱼类精子的形态结构与其运动方式和受精过程密切相关，是受精生物学的一个重要研究内容。

刀鲚成熟精子中细胞核占据头部的绝大部分，浓缩的核边缘可见细丝状突起，在似刺鳊鮈、斜带石斑鱼等精子的细胞核中也有类同结构。刀鲚精子的中段袖套不明显，1 个肥大的线粒体位于细胞核下方，为运动贮能结构，而与中片明显的鱼类相比，这可能与其精子运动时间较短的繁殖特性有关，与太平洋牡蛎精子的中片结构较为一致。

鞭毛的结构同样显示出种属差异性，侧鳍的有无及发达程度，液泡的存在与否可为硬骨鱼类分类提供超微水平上的形态依据。刀鲚的尾部除轴丝之外无侧鳍结构，与鲤鱼的一致，而与黄颡鱼、长吻鮠不同。鞭毛是精子的运动器官，侧鳍的有无能否影响精子的游泳速率，从而影响受精效率，不同学者有不同的看法：Stoss 认为侧鳍可能改善精子鞭毛的游泳速率，有利于提高受精率；而 Afzelius 则认为侧鳍与精子游泳速率的提高无多大关系。那么，刀鲚无侧鳍的特点与其受精率低是否存在一定的相关性，有待于进一步深入研究（王冰等，2010）。

4.1.4 精子发生的辅助细胞

对鱼类精巢中非生殖细胞的组织结构和内分泌功能研究起步较晚，Nicholls 和 Graham（1972）研究了黑带丽体鱼（*Cichlasomanigro fasciatum*）精小叶边界细胞和间质细胞的超微结构及其可能功能；Gresik 等（1973）研究了青鳉间质细胞的细微结构及组织化学研究；刘少军等（1992）研究了革胡子鲇精巢中几种体细胞的超微结构。淡水渔业研究中心长江刀鲚研究团队等初步研究了长江刀鲚精巢中与精子发生过程密切相关的各种辅助细胞的结构和功能。

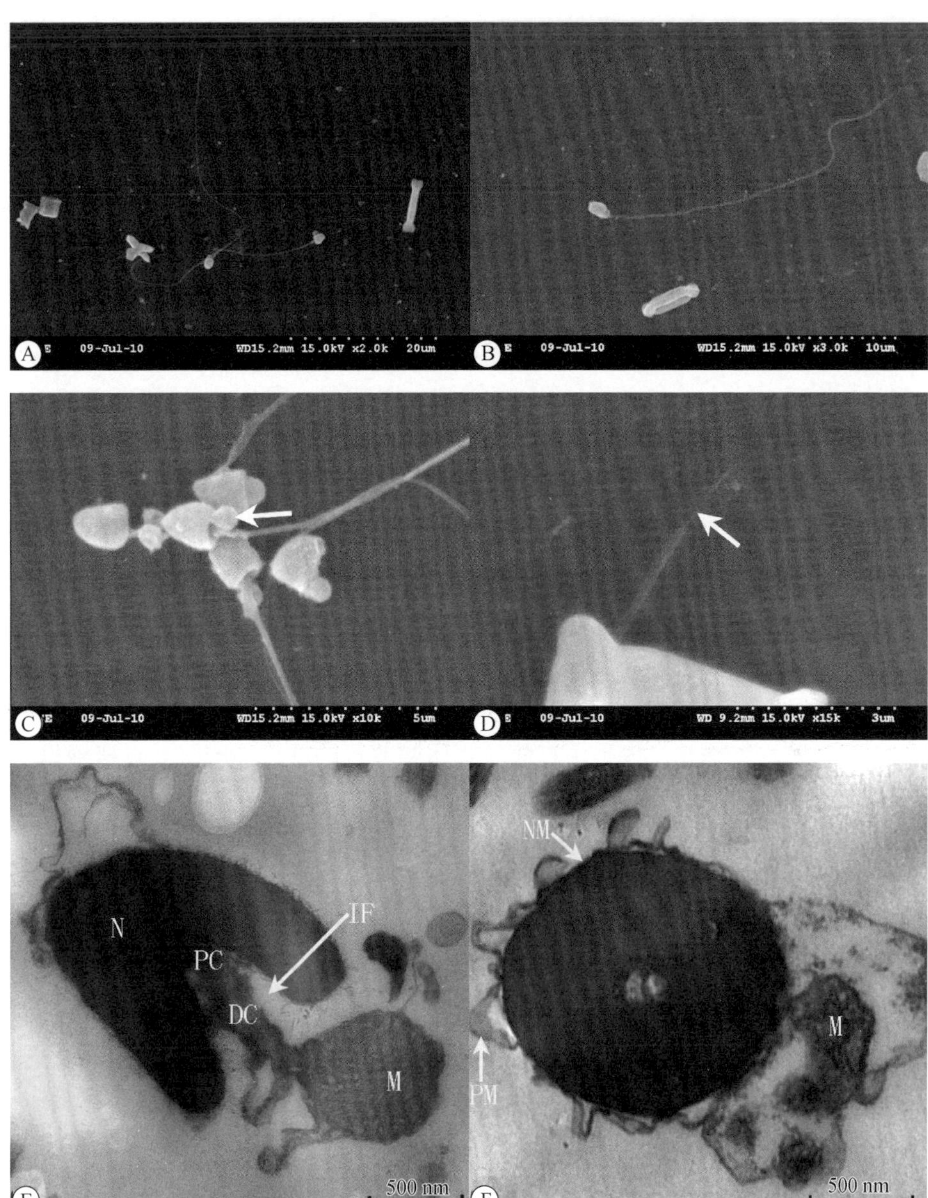
A
09-Jul-10
WD15.2mm 15.0kV x2.0k 20um
B
09-Jul-10
WD15.2mm 15.0kV x3.0k 10um
C
09-Jul-10
WD15.2mm 15.0kV x10k 5um
D
09-Jul-10
WD 9.2mm 15.0kV x15k 3um
E
N
PC
IF
DC
M
500 nm
F
NM
PM
M
500 nm

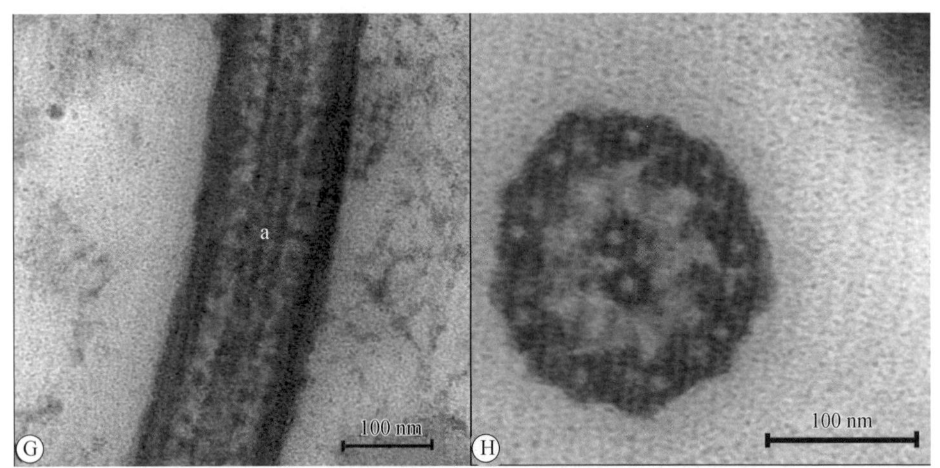

图 4-5 刀鲚精子微结构

A. 精子整体扫描，示头部、中片、尾部(鞭毛主段和末段)形态；B. 精子整体扫描，示头部、中片、尾部(鞭毛主段和末段)形态；C. 精子头部形态，↑示线粒体；D. 精子鞭毛末段形态；E. 精子头部纵切，示细胞核、近端中心粒、远端中心粒、线粒体及植入窝(PC. 近端中心粒；DC. 远端中心粒；IF. 植入窝)；F. 精子头部横切，示质膜、核膜及线粒体(M. 线粒体；NM. 核膜；PM. 质膜)；G. 鞭毛纵切，示轴丝(a. 轴丝)；H. 鞭毛横切，示"9+2"微管结构

1. 支持细胞

支持细胞来源于上皮细胞，这些上皮细胞以桥粒的形式连接起来，形成精小叶的基膜，与精原细胞临界的上皮细胞可以形成支持细胞。支持细胞参与类固醇的合成，能吞噬精子发生中释放的残体和败育的精母细胞。大眼鳜精巢中的支持细胞依附在精原细胞周围，把精原细胞包住，说明它确实对生精细胞起着支持、固定的作用，支持细胞的细胞膜突起与精原细胞紧靠，使它们能相互交换营养物质。刀鲚的支持细胞分布在各生精细胞之间，随精子分化过程，支持细胞将逐渐完成分化的精子推向管腔。

2. 间质细胞

间质细胞最早在哺乳动物精巢中发现，是分泌雄性激素的主要细胞。这些细胞最主要的特征是，有广泛分布的滑面内质网、发达的高尔基复合体、无数的脂滴和溶酶体，组织化学的酶法证实，在间质细胞的滑面内质网和线粒体的微体上，有类固醇激素合酶、17-β类固醇脱氢酶和3-β类固醇脱氢酶。Courrier观察到硬骨鱼类间质细胞具季节性增殖变化，推测其具有分泌功能；后来MarshaI和Lofts用免疫组化的方法发现鱼类精巢中有类脂物质和羟基类固醇脱氢酶活性，认为其能够合成类固醇。Grier(1981)认为鱼类精巢中间质细胞是脑垂体的靶细胞，它能够合成分泌Ⅱ-酮基睾酮。方弟安等(2015)在刀鲚精子发生的研究中均认为刀鲚间质细胞直接参与了调节精子的发生和成熟，并且精巢成熟期间质细胞数量多于未成熟期。

4.1.5 刀鲚精子发生的调控

刀鲚的精子发生过程在时间和空间上有严格的时序性。曲细精管中不同成熟阶段的生精细胞在管腔中连续、依次排列，提示精子生成过程按照顺序依次从第一阶段到第二阶段，再到第三、第四阶段。精母细胞的增殖和分化过程都遵循一个严格的模式，所有精母细胞的发育和分化都经过几个独立而又紧密联系的过程。刀鲚的精子发生和性腺激素的合成都是通过负反馈受到下丘脑和脑垂体的调节。研究发现，精巢可以抑制 LH、FSH 的分泌。对于 FSH，抑制素 B 是更为重要的调节物质。LH 促进精巢间质细胞合成睾酮，FSH 则控制支持细胞调节精子生成的作用。精子发生的初次生精过程一般在 FSH 和 LH 的影响下完成。但是高浓度的睾酮单一作用也可以诱导精子发生。刀鲚的精子生成同样受到精巢局部调节机制的影响。精巢局部调控可分为旁分泌、自分泌和胞内分泌。旁分泌作用通常是指距离较远的细胞局部之间的相互作用和信号传递。但是相互作用还包括精巢不同部分之间的相互作用。精巢产生的局部因子对于激素活性调节可能也非常重要；局部因子可以被视为调节激素活性和细胞间信号转导的物质。具有生理功能的局部调节物质首先要具备以下条件：在精巢内合成、在活体精巢内发挥作用。具有精巢局部调控作用的物质因子包括：生长因子、免疫因子、催产素和抗利尿激素、曲细精管管周细胞调节物、肾素、血管紧张素、GHRH、CRH、GnRH、钙调蛋白、血浆铜蓝蛋白、转运蛋白、糖蛋白、血浆酶原激活物、强啡肽和 PACAP 等。此外，睾酮在精巢内既作为内分泌激素，又作为局部调节物质(通过旁分泌和自分泌)而存在，具有重要的作用。生长因子与细胞表面受体结合后通过特殊的信号转导通道而诱导细胞特异的分化过程。参与生精调节的主要生长因子包括：转移生长因子(TGF-α 和 TGF-β)、抑制因子、活性因子、神经生长因子(NGF)、胰岛素样生长因子Ⅰ(IGF-Ⅰ)、表皮生长因子(EGF)。与细胞表面受体结合并刺激细胞分化和增殖的细胞因子包括干扰素、肿瘤坏死因子(TNF)、白介素、白血病抑制因子(LIF)、干细胞因子(SCF)、巨噬细胞移动抑制因子(MIF)等。

4.1.6 刀鲚精子的超低温冷冻保存技术

对刀鲚精子的超低温冷冻保存技术进行了研究。以解冻后精子的运动力为参数，分别探讨了不同的稀释液、不同种类不同体积分数的保护剂、不同的平衡时间及不同的稀释比例对刀鲚精子进行超低温冷冻保存的保护效果。

采用D－15稀释液，将精液和稀释液按1∶2稀释，4℃平衡20 min，加入10% DMSO，混匀后液氮面上方6 cm处平衡10 min，接着在液氮面上平衡5 min，最后投入液氮中保存，一周后，液氮蒸气中平衡5 min，37℃水浴解冻，活力效果最佳，达70%左右。在成功获得刀鲚精子超低温冷冻保存技术的基础上，项目组于2013年5月在长江南京段采集了性成熟的雄性刀鲚50尾，超低温冷冻保存刀鲚精子50份（丁淑燕等，2015）。

1. 实验材料

本研究中刀鲚样品形态正常、生长良好、无疾病、达到性成熟，于洄游期间采自长江南京段潜州江段，因刀鲚出水即死，所以离水就要解剖取精巢采集精子。

2. 精液的采集

解剖取精巢于4℃冰箱中预冷的干净研钵中剪碎。所采集的精液要求乳白色，无血污、粪便污染。先用细口吸管吸一滴水于载玻片上，对准视野，然后用针尖挑取上述精液立即于显微镜下边搅匀边观察其活力，大于80%者用于冷冻保存。

3. 精子冷冻

将精液与稀释液按一定比例混合，4℃平衡后，轻微吸打，取上清液与含有保护剂的同种稀释液等体积混合，分装，接着进行冷冻。冷冻方法：首先在液氮面上方6 cm处平衡10 min，接着在液氮面上平衡5 min，最后投入液氮中。

刀鲚精子冷冻保存研究中，比较了不同稀释液（鱼用壬氏液、Kurokura－1、D－15、D－20）、不同种类不同体积分数的保护剂（DMSO、甘油、甲醇）、不同的平衡时间（0 min、10 min、20 min、30 min）及不同的稀释比例（1∶2、1∶5、1∶10、1∶20）对刀鲚精子超低温冷冻保存效果的影响。

4. 冻精解冻

精子在液氮中保存1周后，将其从液氮中取出，与液氮口处平衡5 min后，再于37℃水浴中快速解冻直至融化，立即放入显微镜视野下用SM激活观察其运动力。

5. 冷冻保存稀释液配方筛选

应用上述 4 种冷冻稀释液对刀鲚精子进行冷冻保存，其冷冻保存效果见表 4-1。在 4 种稀释液中，D-15 的冻后成活率最高，达 70%；壬氏液、Kurokura-1、D-20 的冻后成活率分别为 50%、60%和 40%。因此刀鲚精子冷冻保存的最适稀释液为 D-15。

表 4-1　稀释液对冻精活力的影响

稀　释　液	精子存活率/%
壬氏液	50
Kurokura-1	60
D-15	70
D-20	40

6. 抗冻保护剂的筛选

用 Kurokura-1 作稀释液，比较了 3 种抗冻剂(DMSO、甘油、甲醇)的冷冻保存效果(表 4-2)，并对每种抗冻剂的浓度进行了筛选。结果显示：DMSO 冻存刀鲚精子效果最好。10%的 DMSO 冻后精子成活率在 60%左右。甘油、甲醇冻后精子成活率较差。

表 4-2　保护剂对冻精活力的影响

二甲亚砜浓度	4%	6%	8%	10%	12%	14%
存活率/%	20	30	40	60	50	40
甘油浓度	4%	6%	8%	10%	12%	14%
存活率/%	20	20	50	50	40	30
甲醇浓度	4%	6%	8%	10%	12%	14%
存活率/%	20	20	30	40	30	20

7. 不同平衡时间的筛选

用 Kurokura-1 作稀释液，10% DMSO 作冷冻保护剂，对冻前不同的平衡时间对刀鲚精子活力的影响进行测定，结果显示平衡 20～30 min 效果最佳，得到的成活率最高，结果见表 4-3。

表 4-3 冻前平衡时间对刀鲚精子冻后成活率的影响

平衡时间/min	存活率/%
0	20
10	50
20	60
30	60

8. 不同稀释倍数的筛选

用 Kurokura-1 作稀释液，10% DMSO 作冷冻保护剂，对刀鲚稀释倍数对精子活力的影响进行测定，结果显示精液和保护液按 1∶2 稀释时成活率最高，达 65%左右，结果见表 4-4。

表 4-4 精液稀释倍数对保存效果的影响

精液∶保护液(V∶V)	存活率/%
1∶2	65
1∶5	60
1∶10	50
1∶20	40

9. 验证性实验

按照上述实验结果，采用 D-15 稀释液，将新采集的精液立即和稀释液按 1∶2 稀释，4℃平衡 20 min，加入 10% DMSO，混匀后于液氮面上方 6 cm 处平衡 10 min，接着在液氮面上平衡 5 min，最后投入液氮中保存，1 周后，液氮蒸气中平衡 5 min，37℃水浴解冻，活力达 70%左右。

4.2 雌性刀鲚的繁殖生物学

4.2.1 刀鲚卵巢结构与发育特征

1. 卵巢的结构

硬骨鱼类的卵巢成对，分为左右两叶，位于体腔的腹中线，紧贴于肾脏腹面两侧，末端开口于共同的一短输卵管，进入泄殖窦，由泄殖孔开口于体外。卵巢表面的被膜由两层构成，外层为腹膜，内层是结缔组织的白膜。由白膜向卵巢内部伸进许多由结缔组织纤维、毛细血管和生殖上皮组成的板状结构，即产卵板。大部分硬骨鱼类卵巢有卵巢腔和输卵管，成熟的卵子先突破滤泡膜而跌入卵巢腔，然后经输卵管从泄殖孔排出体外。有些鱼类如鲑科鱼类，既无卵巢腔，也无输卵管，成熟的卵子先跌入体腔，然后经泄殖孔排出体外。

卵巢属于生殖上皮，能够产生生殖细胞。生殖上皮外膜与背系膜相连接，但背系膜属于体腔上皮，没有生殖功能。鱼类与其他脊椎动物一样，其卵巢具有双重功能：一方面是产生卵细胞；另一方面还产生控制生殖过程的某些激素。例如，在卵母细胞生长发育过程中，滤泡细胞将不断产生雌性激素，促进卵子成熟。当卵母细胞发育为成熟卵子，在雌性激素的作用下，它将从滤泡层的包围中解脱出来，并具有受精能力。而产后卵巢中的滤泡细胞将构成黄体，并产生孕酮。

2. 刀鲚卵巢分期与发育特征

长期以来，国内学者对于鱼类性腺发育分期（卵母细胞的时相划分）存在争议，目前尚无统一标准。总的来说，以原生质的生长和营养物质的积累作为划分标准，将硬骨鱼类卵母细胞的发育分为 6 个时相，即卵原细胞时相、单层滤泡时相、卵黄泡出现时相、卵黄充满时相、卵母细胞成熟时相和卵母细胞退化时相。这种方法简化了分期数目，突出了卵母细胞发育的本质差别，又与国内习惯的分法基本一致，并且便于理解和记忆，能将卵巢的发育分期有机结合在一起。目前刀鲚卵巢的发育分期一般沿用这种时相分期的标准。

Ⅰ期卵巢紧贴在鳔的两侧，为一对透明的条状细丝，长约 25 mm，被脂肪块包裹，肉眼无法辨别雌雄（图 4－6A），一般出现在 90～110 日龄的当年生刀鲚幼鱼中，一生只出现一次。组织切片显示，这一时期是卵巢内卵原细胞向初级卵母细胞过渡阶段，以第 1 时相的卵原细胞为主，细胞外周无滤泡。卵原细胞频繁地进行有丝分裂，以增加卵母细胞的数量，卵原细胞位于生殖上皮边缘，呈圆形或椭圆形，核居中央（图 4－7A）。

Ⅱ期卵巢开始发育，增粗为细柱状，左叶、右叶基本等长，40～50 mm；卵巢膜上血管不明显，外观呈浅肉红色至肉黄色，略透明，肉眼看不到可见卵粒（图 4－6B，图 4－6C）。组织切片显示，这一时期细胞处于初级卵母细胞的小生长期，以第 2 时相的卵母细胞为主，占 92%以上。Ⅱ期经历时间最长，产卵后恢复至Ⅱ期的卵巢中含有很多第 2 时相的小卵粒（图 4－7B，图 4－7C）。

Ⅲ期卵巢外观呈肉色至浅青色，肉眼可见性腺内卵粒，55～65 mm，位于鳔

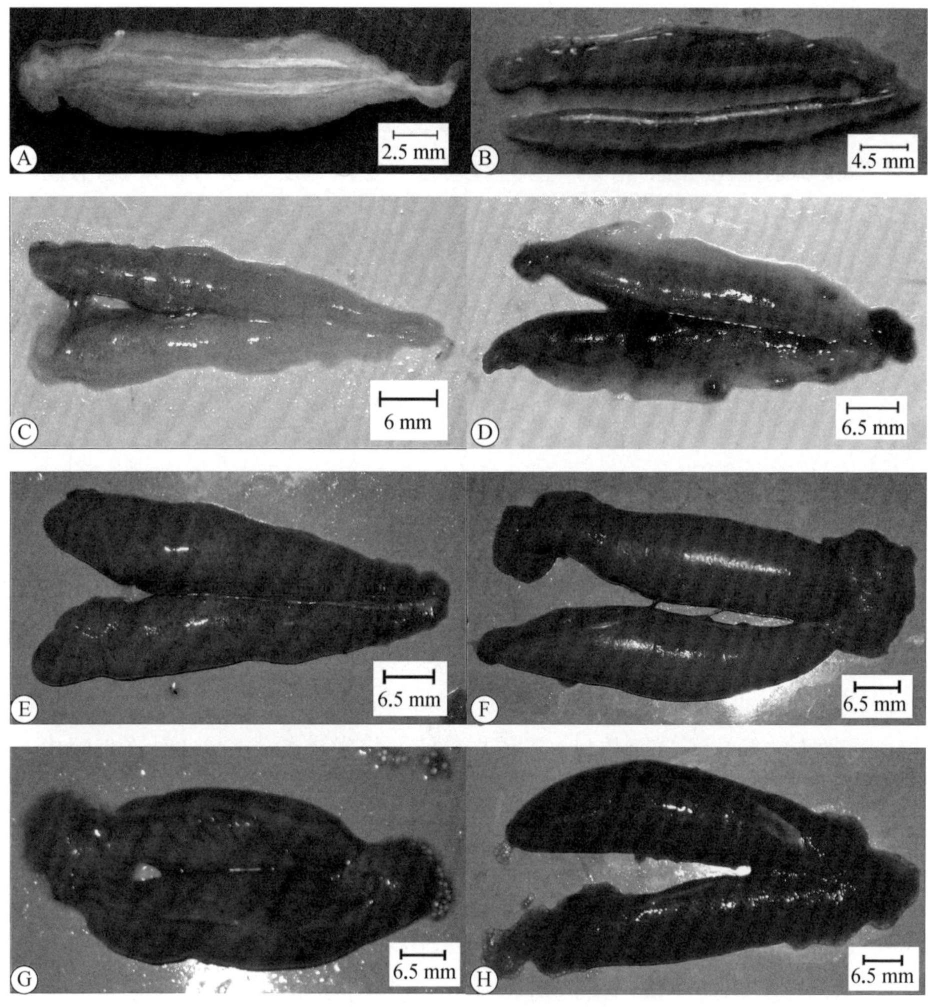

图 4－6　刀鲚精巢发育的解剖学的形态特征

A. Ⅰ期卵巢外态及颜色；B. Ⅱ期早期卵巢外态及颜色；C. Ⅱ期晚期卵巢外态及颜色；D. Ⅲ期早期卵巢外态及颜色；E. Ⅲ期晚期卵巢外态及颜色；F. Ⅳ期早期卵巢外态及颜色；G. Ⅳ期晚期卵巢外态及颜色；H. Ⅴ期卵巢外态及颜色

的侧下方，肠的两侧，前端较小，中部膨大，后端逐渐变细并与输卵管相连，卵巢膜上有血管分布(图 4－6D，图 4－6E)。组织切片显示，这一时期的细胞处于初级卵母细胞的大生长期，由 2～4 时相卵母细胞组成，3 时相卵母细胞在Ⅲ期卵巢中属首次出现，且比例最大，为 60%～75%；Ⅲ期卵母细胞直径在 552～730 μm，平均 625 μm；核径在 182～239 μm，平均 207 μm；细胞膜明显增厚，Ⅲ期早期卵母细胞细胞膜平均厚度为 13 μm，到后期平均增至 21 μm 左右，与滤泡膜、细胞质分界明显(图 4－7D,图 4－7E)。

Ⅳ期卵巢为青色至灰色,体积急剧增大,呈囊状,约占体腔的 2/3,肠大部分被其掩盖,肉眼可见增大的卵粒,晚期可见游离的卵粒,卵巢膜薄而透明,血管密布,并开始大量充血(图 4－6F,图 4－6G)。组织切片显示,Ⅳ期卵巢处于初级卵母细胞发育的晚期,卵黄颗粒和油滴充满细胞,第 4 时相卵细胞占 86%以上,最大卵径为 482 μm(图 4－7F,图 4－7G)。

Ⅴ期卵巢柔软膨大(图 4－6H),非常饱满,占据腹部大部分,肠绝大部分被其掩盖,有时已不可见,外呈玉绿色,卵粒充满卵巢,清晰易辨,可见部分大而透明的、已排入体腔的卵粒,彼此分离。对卵巢稍加压力,卵粒即能流出体外。组织切片显示,Ⅴ期卵母细胞经过成熟分裂过渡到次级卵母细胞,进而发育到第

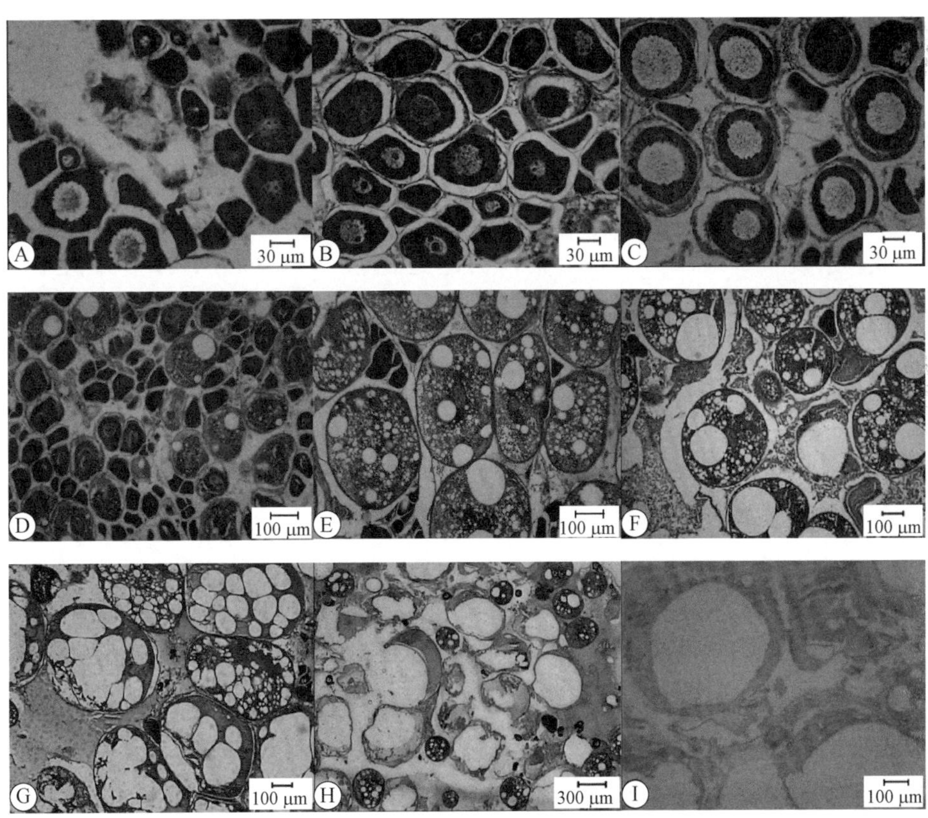

图 4－7　刀鲚卵巢不同发育阶段的切片

A. Ⅰ期卵巢切片；B. Ⅱ期早期卵巢切片；C. Ⅱ期晚期卵巢切片；D. Ⅲ期早期卵巢切片；E. Ⅲ期晚期卵巢切片；F. Ⅳ期早期卵巢切片；G. Ⅳ期晚期卵巢切片；H. Ⅴ期卵巢切片；I. Ⅵ期卵巢切片

二次成熟分裂的中期，第 5 时相卵细胞占 90%以上。细胞体积明显增大，直径在 509～709 μm，平均 587 μm；细胞内充满粗大的卵黄颗粒，卵黄呈深红色，主要分布在细胞的中央；并融合成板块状；卵黄和原生质表现出明显的极化现象，核膜消失。此时，脂肪环较大，白色透明，布满整个细胞。最后脂肪环增大，集中到植物极，形成一个油滴（图 4－7H）。成熟的卵排出体外，卵径为 750～900 μm，吸水后，卵膜径为 1.1～1.4 mm。

Ⅵ期卵巢为酱紫色，体积明显减小，且松软，卵巢腔萎缩，外膜上有大量毛细血管分布，因卵子的产出而进一步充血。组织切片显示，细胞核分解、卵膜发生皱褶或破裂，产卵后剩下空的滤泡细胞，其余大部分为第 2 时相细胞（图 4－7I）。

4.2.2 卵巢发育的变化

1. 巢发育的周年变化

在整个生殖周期内，雌性刀鲚全年的成熟系数一般在 0.54%～16.10%波动（图 4－8）。在池养条件下，从 3 月下旬开始，部分鱼体进入产卵活动期，月平均成熟系数 2.29%；4 月达 5.49%；5 月达到最高峰，约为 11.4%。6 月初开始有所下降，7～8 月属高温期，拉网对亲鱼伤害太大（取样量少，未达到统计条件）；9 月底 10 月初卵巢仍处于产后休整期，其成熟系数下降到 0.98%，至 11 月又开始恢复为Ⅱ期，并以Ⅱ期越冬至翌年 2 月，成熟系数变化不大。3 月开始，随着水温的上升，卵巢开始重新发育，成熟系数也逐渐上升，进行新一轮的生长发育（徐钢春等，2011a）。

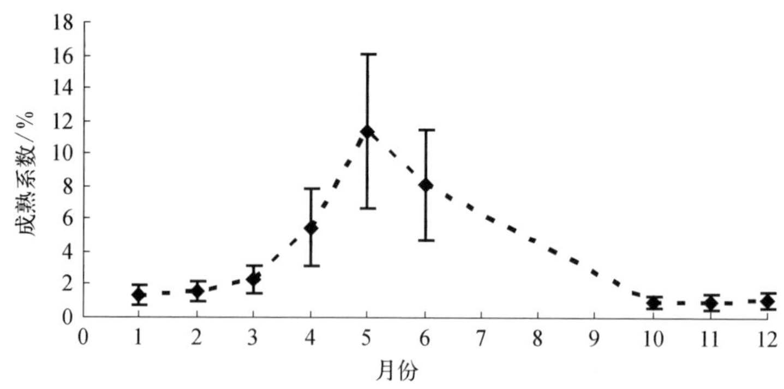

图 4－8　雌性刀鲚成熟系数的周年变化规律

2. 卵巢发育的特征比较分析

池塘养殖刀鲚的卵巢发育与记载的野生刀鲚卵巢发育基本一致。刀鲚第 1 时相卵原细胞和第 2 时相的初级卵母细胞的细胞学特征也与其他硬骨鱼类相似,但第 3 时相和第 4 时相卵母细胞却有种的特征。刀鲚初级卵母细胞进入大生长期(第 3 时相)后细胞质中以油滴为主,卵黄的含量相对较少;到了卵母细胞营养物合成和积累的高峰期(第 4 时相)卵细胞时也同样如此,卵母细胞中充满大量大小不等油滴,卵黄颗粒小且散在油滴之间。这与香鱼、长江鲥、鳗鲡等的 4 时相卵母细胞内充满卵黄颗粒有所不同,由此推测刀鲚胚胎发育和早期仔鱼生长发育所需的营养物质来源是油滴的营养物和卵黄,而从油滴含量来看,油滴很可能是胚胎和早期仔鱼生长发育所需营养物的主要来源。

刀鲚卵母细胞中油滴的出现是在Ⅲ期卵巢的第 3 时相早期,即初级卵母细胞的大生长期,这与某些海水鱼类如黑鲷、鳓、小黄鱼等一致,而与第 2 时相中后期即出现油滴的灰鲳、银鲳等有所区别。由于刀鲚的体腔较小,当卵巢成熟度系数达到 8%以上时,就会对消化系统造成挤压,但池塘养殖刀鲚亲鱼仍然摄食,这与记载的刀鲚繁殖生物学调查中发现在繁殖季节中一般不摄取食物不一致,为达到性腺发育过程中卵黄积累的要求,需要比其他鱼类更早开始积累营养物质,以避开在繁殖期内因停食造成的卵巢发育时营养物质的不足。池塘养殖刀鲚亲鱼仍然大量摄食是否是导致成熟系数高于野生刀鲚的原因有待于进一步研究。

核仁是卵核的主要成分,结果表明刀鲚在整个卵泡生长、成熟过程中,核仁的数目有很大变化,其数目从少到多,又由多变少,直到消失。与此同时其大小也发生变化,总的趋势是由大变小。

在刀鲚的各个时期的卵巢中,卵母细胞发育有较明显的同步性。Ⅳ期卵巢以大小一致、充满油滴的第 4 时相卵母细胞为主,Ⅴ期卵巢第 5 时相卵母细胞占 90%以上,在产卵后的Ⅵ期卵巢中,除有空的滤泡细胞外,剩下的就是早期的第 2 时相卵细胞,有时即使留下极少未产出的 4 时相卵细胞,也会很快退化吸收,由此可以判断刀鲚产卵类型为同步型,与大麻哈鱼、鳗鲡等相似;但池塘养殖刀鲚个体间的卵巢发育差异极其明显,同一时间,性腺发育显得参差不齐,即使在同一批亲鱼里也出现Ⅱ～Ⅴ期的性腺,所以刀鲚的产卵时间较长。这与记载的长江野生洄游刀鲚、鲥的分批入江、分批成熟一致;而有别于在一个延长时间的产卵季节中多次分批产卵的鲤、鲫等鱼类。

4.2.3 生殖细胞的形态时相

对刀鲚幼鱼及成鱼性腺的切片进行了卵细胞发育观测，各时相细胞的形态特征分述如下。

第1时相为卵原细胞或由卵原细胞向初级卵母细胞过渡的细胞。细胞尚未发育，细胞核较大，位于细胞中央，呈圆球形，具有强嗜碱性，H. E. 染呈蓝色。卵原细胞集群分布，位于生殖上皮边缘，呈圆形或椭圆形，胞径 8～10 μm，胞质少而均匀，胞核径 5～6 μm，核仁 1 个，被染成深紫色(图 4-9A)。

第2时相的细胞处于初级卵母细胞的小生长期。依卵母细胞发育的形态特征，将刀鲚第2时相卵母细胞分为早、晚两个阶段。早期的特征是：细胞形态多样，呈圆形、椭圆形或不规则的多角形，体积明显增大，核仍占很大比例，核内的染色质为细线状，结成稀疏的网，胞径为 80～95 μm，核径为 30～50 μm，中央大核仁消失，出现 10～16 个大小不一的小核仁分布于核膜内缘(图 4-9B)。晚期特征是：细胞体积有所增大，胞径为 90～130 μm，而细胞核变小，核径为 25～35 μm，细胞质呈强碱性，在细胞质中出现卵黄核，在细胞质的外层出现分层现象，胞外有一层滤泡膜(图 4-9C)。

第3时相的细胞为进入大生长期的初级卵母细胞。细胞截面继续增大，细胞长径为 250～375 μm，核径为 35～50 μm，核膜凹凸不平，呈波纹状，出现 25～45 个大小不一的油滴，卵黄开始沉积，染色后出现淡蓝色的卵黄小颗粒；卵膜开始变厚(图 4-9D)。

第4时相的细胞仍是生长期的初级卵母细胞时期。根据刀鲚卵母细胞油滴的变化分为早、晚两阶段。早期阶段的特点是：由于卵黄颗粒和油滴的积累，此时卵母细胞的胞体因积累了大量的小油滴导致体积逐渐增大，细胞呈近球形，卵径为 125～385 μm，核径为 65～185 μm。随着油滴颗粒增多、变大，占据了卵母细胞的大部分，卵膜增厚，淡红色，放射纹明显；滤泡膜仍为双层结构(图 4-9E)。晚期阶段的特点是：初级卵母细胞处于发育晚期，最大卵径为 482 μm。细胞内的油滴出现融合，形成更大体积的油滴，数量明显减少，大油滴充满细胞，已很难看见细胞核(图 4-9F)。

第5时相卵细胞为次级卵母细胞。细胞体积明显增大，直径为 509～

709 μm,平均为 587 μm;细胞内充满油滴和卵黄颗粒,卵黄呈深红色,主要分布在细胞的中央;并融合成板块状;卵黄和原生质表现出明显的极化现象,核膜消失(图 4 - 9G);在细胞膜和卵黄层之间仍有少量染色较淡的细胞质和液泡存在。此时,脂肪环增大,白色透明,集中到植物极,形成一个油滴。部分卵母细胞已从滤泡排出进入卵巢腔,进行第 2 次成熟分裂,成为即将产出体外、尚未受精的卵子。

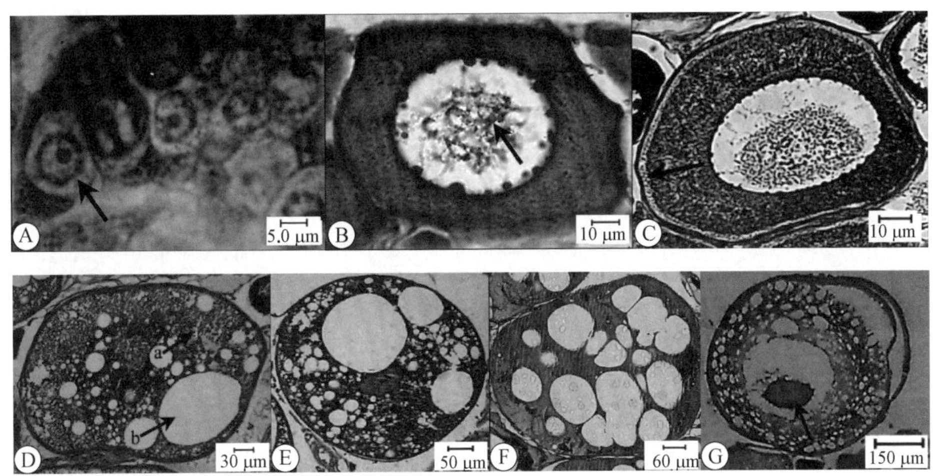

图 4 - 9　刀鲚不同时相卵细胞的形态特征

A. 第 1 时相细胞,箭头示卵原细胞; B. 第 2 时相早期的初级卵母细胞,箭头示丝状染色质; C. 第 2 时相晚期的初级卵母细胞,箭头示分层现象; D. 第 3 时相的初级卵母细胞,箭头 a 示卵黄颗粒,箭头 b 示油滴; E. 第 4 时相的早期初级卵母细胞; F. 第 4 时相的晚期初级卵母细胞; G. 第 5 时相的次级卵母细胞,箭头示核开始偏位

4.2.4　成熟卵子的结构

1. 卵膜

卵膜指围绕在发育中的卵母细胞、成熟卵和发育中的胚胎外面的单层、双层和三层被膜,即初级卵膜、次级卵膜和三级卵膜。鱼类随着卵母细胞的发育,卵膜结构也不断发育和完善。第 1 时相卵母细胞处于生殖上皮或基质中,卵膜仅为一层极薄的质膜。第 2 时相时期,外面被一层薄的滤泡膜包裹。第 3 时相早期,卵膜明显增厚,形成放射带,滤泡膜也形成 2 层。第 3 时相中期,滤泡膜分生形成绒毛膜。第 3 时相末期,卵膜结构基本发育完善。放射带一般被认为由卵的原生质形成,称为初级卵膜。其上明暗相间的放射纹,用电镜观察发现

卵母细胞和滤泡的微绒毛与突起伸入而成。卵母细胞通过这些结构获得营养，排泄代谢废物。绒毛膜是由滤泡细胞分生形成，称为次级卵膜。其明暗相间的条纹为精密的孔状结构，滤泡细胞和卵母细胞就是通过这些孔状结构相联系，因此也是物质交换的通道。随卵母细胞的成熟，卵膜迅速增厚，结构坚韧，既保持鱼卵不受伤，也起支持作用，为排卵做好准备。卵泡膜在卵母细胞发育过程中的作用也很明显。它是卵母细胞和物质交换的纽带。滤泡细胞具有分生、增殖作用。在卵母细胞退化时能分生出大量的吞噬细胞，具有退化吸收功能。卵母细胞成熟排卵前，滤泡细胞的功能趋于结束。

2. 各种细胞器

卵原细胞和较早期的Ⅰ期卵母细胞中，缺乏线粒体和内质网。当卵母细胞发育到Ⅱ期时，线粒体和内质网逐渐增多，其形态和结构也发生了许多变化。早期的线粒体峭为管泡状，不发达，随着卵子发生继续，逐渐出现了一些环层峭状的线粒体。在卵黄发生的时候，线粒体常被一层粗面内质网所包围。此时线粒体常群聚在脂性卵黄旁。内质网首先在核旁的细胞质中增多，开始是一些较为分散的内质网，附着的核糖体也比较少，到卵黄发生时内质网上的核糖体增多，并常常向线粒体靠近。到卵黄合成初期，线粒体的数量激增，在围核区、皮层区和带状区比较丰富，除正常的线粒体外部分线粒体退化形成卵黄小板，卵黄颗粒周围及滤泡细胞中有高尔基体。周围有许多光滑性小泡，多个小泡融合后形成大的膜性囊泡，有颗粒物不断在这些囊泡中沉积。内质网和高尔基体在卵黄小板形成中起主要作用。在滤泡膜细胞中有发达的微丝系统，微丝系统是排卵必需的。

3. 卵黄

对硬骨鱼类卵子发生过程通常有几种分期标准，其中也根据卵黄颗粒的发生进行简单分期，将卵母细胞发育划分为卵黄发生前期(previtellogenic stage)、卵黄发生中期(vitellogenic stage)和卵黄发生后期(latevitellogenic stage)。刀鲚等鱼类卵母细胞的卵黄发生有内源性和外源性两种方式。内源性卵黄主要由卵母细胞质中合成的营养物质沉积而成。与线粒体、高尔基体、内质网、皮层泡等有密切联系。外源性卵黄合成是指肝脏中的卵黄蛋白原经血液循环到达滤泡细胞，在此合成卵黄蛋白并加工成卵黄前体颗粒和卵黄中间颗粒。卵黄小板具有无膜和有膜两种形态。部分卵黄小板有 1～3 个结晶小体。卵黄球属外源性卵黄，由卵母细胞通过微胞饮作用吸收肝脏合成的卵黄蛋白原后形成的。在卵黄大量积累前，卵母细胞内的线粒体和多泡体聚集成团，构成卵黄核，继而线粒体大量增殖，线粒体形状也发生改变，形成同心多层膜结构为大量的卵黄物质积累提供场所，最终形成的卵黄球由被膜、卵黄结晶体和两者之间的非结晶区两部分组成。卵黄核是由一些致密的无定形物质和纤维网状物质组成。在卵母细胞中观察到 3 种来源，即外源性卵黄、内源性卵黄和内源性脂质卵黄，刀鲚卵母细胞中的卵黄球大多数是均质的，但有时包含一些电子致密的物质。

4.2.5　成熟卵细胞的微结构

刀鲚成熟卵呈卵圆形，卵径 0.80～0.90 mm。卵膜表层形成许多嵴和沟，其数量及走向难以确定（图 4-10A）。从扫描电镜可见，成熟卵子在动物极附近卵膜上有一漏斗形凹陷孔洞，为受精孔（图 4-10B，图 4-10C），由前庭和精

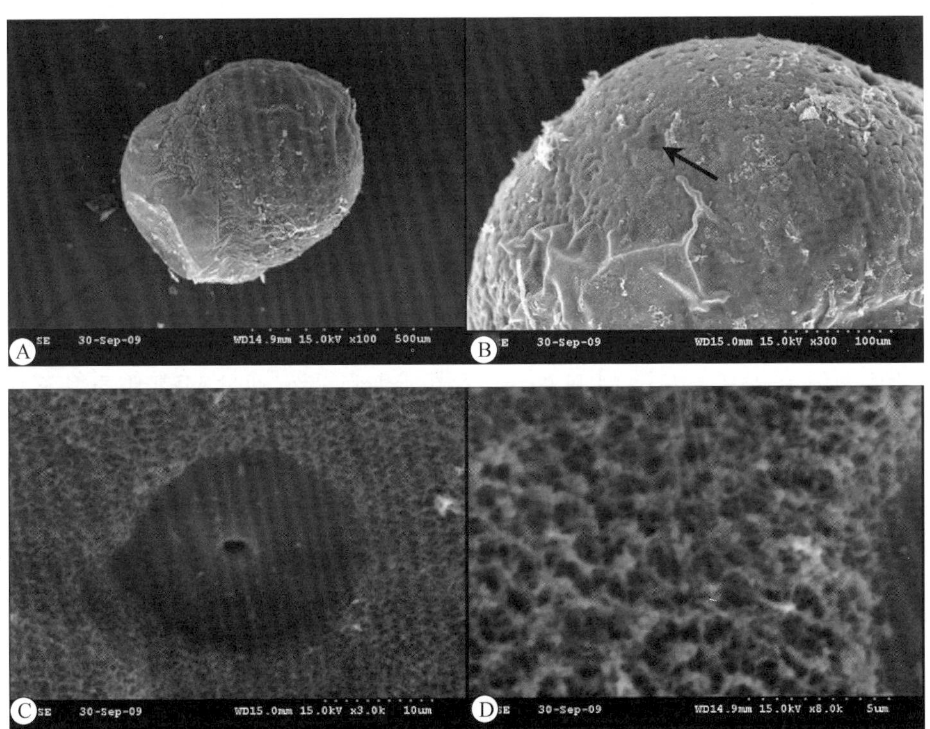

图 4-10　刀鲚成熟未受精卵的扫描电镜图

A. 成熟卵整体扫描电镜图；B. 局部卵细胞，↑示受精孔位置；C. 受精孔；D. 受精孔局部前庭

孔组成。前庭直径约 12.80 μm，精孔外径约 3 μm，精孔内壁呈螺旋嵴，向孔深处延伸。卵膜表层还遍布着很多微孔，直径约 0.3 μm，卵母细胞放射带表面呈蜂窝状（图 4－10D）。卵球表面除受精孔和微孔外，无其他孔洞，也未见精孔细胞。

4.2.6 卵子发生的调控

硬骨鱼类卵母细胞完成卵黄积累后，必须经过两次减数分裂才能变成具有受精能力的卵子，这种成熟过程是在多种因子的连续作用下完成的。到目前为止，已经发现的调控卵母细胞最后成熟的因子主要有：促性腺激素(gonadotrophin, GtH)、成熟诱导激素(maturation inducing hormone, MIH)、成熟启动因子(maturation promoting factor, MPF)，另外，还有生长因子、脑肽、神经递质等。促性腺激素是一种主要的脑垂体激素，在多种硬骨鱼类中已分离纯化出两种 GtH，分别为 GtH Ⅰ 和 GtH Ⅱ，两种都是糖蛋白，但化学结构不同。GtH Ⅰ 是卵母细胞最后成熟的主要调节者。GtH 受体存在于鞘膜层和颗粒层中。外层为 GtH 受体，能同时结合两种 GtH，内层为 Ⅱ 型受体，只能单向结合 GtH Ⅱ，GtH 作用于鞘膜层产生 17α－羟孕酮(17α－P)，颗粒细胞层则在 20β－羟基类固醇脱氢酶(20β－HSD)作用下将 17α－P 转变成 1 7α－20β－双羟孕酮。从而抑制滤泡细胞分泌的 17α－雌二醇和睾酮，使卵母细胞最后成熟。成熟诱导激素(MIH)是传导促性腺激素的类固醇激素。对卵母细胞的胚泡破裂具有较强的诱导能力，主要为 17α－P(主要为石首科鱼类)，17α－20β－DHP(大多数硬骨鱼)等。鱼类 MIH 的受体存在于细胞表面，通过 MPF 胞质因子来传递最后成熟的诱导作用，MPF 广泛存在于各种细胞中，是一种普遍启动膜破裂和细胞有丝分裂及无丝分裂的因子。从脊椎动物和非脊椎动物中分离出来的 MPF 都具有相同的活性，无丝分裂中体细胞中也发现它的活性物质。生长因子如 TGF－β、IGF－Ⅰ 等，Leessman 报道胰岛素单独或与孕酮结合使用均能诱导金鱼卵母细胞成熟，Kagana 等研究了多种生长因子离体情况下对真鲷卵母细胞最后成熟的影响，发现 IGF－Ⅰ 诱导 GVBD 最为有效，IGF－Ⅰ 还诱导卵母细胞的成熟能力。在卵巢中，滤泡细胞含有大量的 IGF－Ⅰ 直接作用卵母细胞，通过 IGF－Ⅰ 受体起作用，可能涉及 MPF。在多种硬骨鱼类的研究中均得到了相似的结果。目前上述调控因子在刀鲚卵母细胞最后成熟中的作用已引起了很大的重视，对其作用机制的研究正在深入进行。

4.3　刀鲚的早期发育

4.3.1　成熟卵

刀鲚成熟卵呈卵圆形，透明色无黏性，具受精孔（图 4－11A），卵径（0.80±0.10）mm。卵遇水受精后，卵膜同时吸水膨胀，约 30 min 膨胀完毕，卵膜光滑透明，呈圆球形，卵膜径为（1.15±0.15）mm，卵黄囊内有一大油球，直径为 0.3 mm，属浮性卵。

4.3.2　胚胎发育

根据刀鲚胚胎的外形与内部主要特征，将胚胎发育过程概括为 7 个生理阶段，水温（20±1）℃条件下，历时约 43 h 50 min。

1. 受精卵阶段

刀鲚的卵受精后约 1 h 5 min，受精卵的原生质向卵球一极移动集中而形成胚盘原基，胚盘原基继续突起形成隆起的小丘状胚盘，此极朝下即为胚胎的动物极，朝上的为胚胎的植物极油球及卵黄（图 4－11B）。

2. 卵裂阶段

受精后 1 h 30 min，隆起的胎盘向两边拉长，中央出现分裂沟，胚盘被纵裂成两部分，即 2 细胞期（图 4－11C）；受精后 2 h，开始第 2 次分裂，分裂沟与第 1 次分裂沟垂直，4 个分裂球呈前后排列，每排 2 个，即 4 细胞期；受精后 2 h 25 min第 3 次分裂，进入 8 细胞期，8 个细胞前后排列，但细胞大小出现差异；16 细胞期排列已不整齐；经过 32 细胞期、64 细胞期在受精后 4 h 20 min，形成与桑葚球很相似的多细胞胚，细胞界面不易分清，即进入桑葚期。

3. 囊胚期阶段

受精后 5 h 20 min，细胞进一步分裂，在卵动物极高高隆起，侧面观呈椭圆形，形状变化似一高帽状，称高囊胚；再经过 1 h 20 min 后，囊胚细胞开始向外周扩散，胚层逐渐变扁平，紧贴卵黄，为低囊胚期，即囊胚晚期（图 4－11D）。

4. 原肠期阶段

受精后 9 h 30 min，进入原肠期。囊胚周围开始下包，形成裙边，裙边内卷，

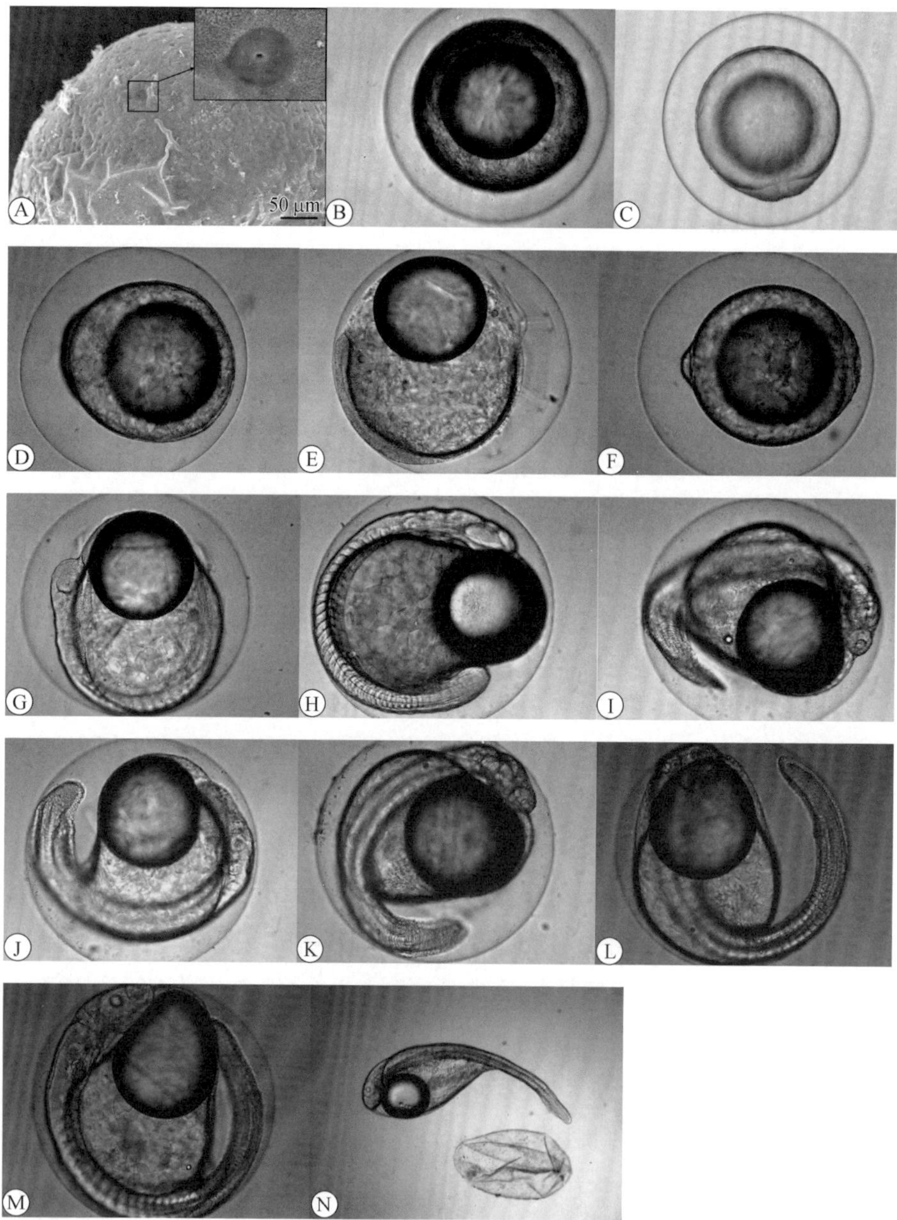

图 4－11　刀鲚胚胎发育

A. 成熟未受精卵，示受精孔；B. 受精后 1 h 5 min，示胚盘隆起；C. 受精后 1 h 30 min，示 2 细胞期；D. 受精后 6 h 40 min，示低囊胚期；E. 受精后 12 h 32 min，示原肠中期；F. 受精后 16 h 10 min，示胚体形成期；G. 受精后 18 h 45 min，示眼囊及体节出现期；H. 受精后 24 h 40 min，示尾鳍出现期；I. 受精后 29 h 40 min，示耳囊出现及心跳期；J. 受精后 31 h 20 min，耳石出现期；K. 受精后 33 h 10 min，示肌肉效应期；L. 受精后 34 h 30 min，示膜内转动期；M. 受精后 40 h 10 min，示卵膜软化期；N. 受精后 43 h 50 min，示出膜瞬间内外胚层分化，此时下包卵黄达到 2/5。胚盘继续下包至卵黄 3/5，约 12 h 32 min 进入原肠中期，此时胚环、胚盾出现，胚环围绕在胚层下包边缘，略鼓起，在胚环的一侧形成盾状突起，紧贴在囊胚层表面，称为胚盾（图 4－11E）；经 15 h 20 min 至原肠后期，此时下包卵黄达到 4/5，出现胚体雏形。

5. 神经胚期阶段

囊胚下包过程中细胞数量不断增加，受精后 16 h 10 min，植物极由胚层包裹形成圆孔—胚孔，孔中可见卵黄栓。此时胚体形状已明显，附着于囊胚层的一侧，头部两侧膨大，胚尾还未完全收缩成型，胚胎发育进入神经胚期。随着卵黄外露部分不断减少，受精后 17 h 40 min，卵黄最终被全部包起，为胚孔闭合期，此时胚体轮廓逐渐清晰，亦即胚体形成期（图 4－11F）。

6. 器官形成期阶段

受精后 18 h 45 min，进入器官形成期，首先肌节逐渐清晰，然后胚体头部前端抬起，眼囊清晰，长椭圆形，眼囊下方出现黑斑状嗅板（图 4－11G）；尾芽部一层膜状结构把胚体和卵黄囊隔开，形成尾芽，随着胚体的延长，尾部出现一圈窄而不明显的鳍褶，并由棒状变得扁平，即尾鳍原基（图 4－11H）；受精后 24 h 40 min，眼囊逐渐凹陷呈杯状，眼杯中可见晶体，在脊索前端上方出现小泡状耳囊（图 4－11I），受精后 29 h 40 min 椭圆形耳囊里左右对称的 2 对发亮的钙质耳石（图 4－11J）；受精后 31 h 20 min，脊索非常清晰，肌节也增多，心脏位于头部的前下方呈葫芦状并开始搏动，心搏率 100～120 次/min。受精后 33 h 10 min，胚体出现微弱的间歇性抽动，即肌肉效应期（图 4－11K）。此后在胚体头部背面出现椭圆形板状脑泡，脑还未分化。受精后 34 h 30 min，整个胚胎在卵膜内不停转动，眼球腹部内侧出现轻微褐色的色素（图 4－11L）。

7. 孵出期阶段

出膜前期，尾继续增长，皮肤褶从背部连到尾部（图版Ⅶ－M）；受精后约 40 h 50 min，仔鱼开始出膜，出膜前仔鱼剧烈颤动，多数以头部先出膜（图版Ⅶ－N）。受精后 43 h 50 min，50％仔鱼出膜。

4.3.3 胚后发育

1. 卵黄囊期或早期仔鱼

初孵仔鱼：刚出膜的仔鱼，平均全长 2.85 mm，呈蝌蚪状。卵黄囊呈梨形，具龟裂纹，前端有一油球，球径约为 0.3 m，体色透明，眼的黑色素明显；口闭合，可见明显的葫芦状细胞串心脏，搏动频率 100～120 次/min，肌节“V”形，约 43+11 节，耳囊和 2 对圆形或近圆形的耳石清晰可见；脊索前端极度弯曲，头部紧贴卵黄囊。鳍褶出现，尾鳍褶不甚明显。初孵仔鱼多头朝上静浮在水面，对外界反应迅速，稍有异物靠近便急速窜游(图 4-12A)。

出膜后 8 h，仔鱼平均全长 3.05 mm，鳍褶分化，薄的鳍褶环绕尾部，延伸至卵黄囊，肛门周围的鳍褶连续；胸鳍基柄出现，可见早期的消化道中后段，肛门前位。

1 日龄仔鱼平均全长 3.68 mm，后脑发达，血细胞无色素，心房、心室形成；卵黄囊变小，油球因体长的增长而拉长，鳍褶增大，肛门尚未开口，尾部鳍褶分化出辐射状的弹性丝(图 4-12B)。

3 日龄仔鱼平均全长 4.73 mm，脑分化为前中后三节，眼囊及晶体稍稍往外凸，卵黄囊仅剩一点，油球呈长条形，肌节 78～80 节，鳃弓、胸鳍基部出现，尾部鳍褶呈明显扇形且辐射状的弹性丝增多，腹部观犹如针状。自吻端至尾部出现 10～20 对头发状的管状感觉器官，称为感觉芽；只要异物触及，仔鱼立刻逃逸，此时仔鱼背面观似一根狭长针，侧面观则像一条长带(图 4-12C～图 4-12F)。

5 日龄仔鱼平均全长 5.12 mm，肛前体长为肛后体长的 3.5 倍，眼睛较大，眼眶达 0.21 mm。卵黄囊基本吸收完毕，只剩油球，心脏变大，视杯更多的包围晶体，视杯色素集聚，眼乌黑外凸，耳囊中后部的耳石清明显；胸鳍进一步发育呈扇形，星状色素斑分布在体侧从油球下端一直延伸到肛门处，此时仔鱼游泳能力增强(图 4-12G)。

2. 晚期仔鱼

晚期仔鱼主要依靠外源物质获取能量，主要以鳔室、脊椎形成及各鳍的分化与形成为主要标志。

6 日龄仔鱼平均全长 5.7 mm，油球稍变小，分布着 10～12 个雪花状色素细胞，已开口，口径 0.25～0.35 mm，耳囊中靠前部耳石变化不大，后部耳石长变大呈椭圆形，第 2 及第 3 鳃弓外缘形成 4～5 个短突状的原基形成，鳃弧中都有血液循环入鳃动脉，腹大动脉，肠胃间有大量的血液流动形成网状血流，心室及心房内的血细胞为红褐色，其余部分的血细胞淡黄色。此时胸鳍已伸长成扇形，扇动频繁(图 4-12H)。

8 日龄仔鱼平均全长 6.5 mm，油球变小，口径达 0.5 mm(图 4－12I)。视觉发达，眼乌黑外凸亦加明显，耳囊大而明显，鳃弓 4 对、无鳃耙和鳃丝，鳃盖裸露(图 4－12J)。颌骨延伸至鳃丝后缘，肠管呈环状(图 4－12K)，肛门处可见排泄物，感觉芽已退化成脊状小刺，布满整个鱼体，尾鳍褶呈扇形，弹性小丝增多，基本平游，靠尾部强有力的摆动疾速摄食轮虫，对光反应敏感，有较强的聚光性，夜间活动减少，多数头朝下悬浮于水体中。

15 日龄仔鱼平均全长 13.5 mm，油球消失。脊索末端开始上翘，胸鳍开始出现 2～3 枚游离鳍条，甚短；背鳍鳍条开始形成，臀鳍部分鳍条出现；肠管更粗，内壁的纹状皱褶更发达，呈明显环状，摄食行为强烈，肠道饱满，有集群的特性。

40 日龄的仔鱼平均全长 30 mm，鳍褶基本消失，脊柱骨化，椎骨明显，颌骨过眼。胸鳍出现 6 根游离鳍丝，长过腹鳍，有的达臀鳍。鳃盖已完全遮盖鳃丝，无法直接从侧面看到鳃丝，由于白色腹膜的遮盖，已经不能活体观察肠道中的状况(图 4－12L)，解剖发现"Y"形胃形成并有数根幽门盲囊，管鳔型单室鳔始于胃盲囊端部，肠道无盘曲，呈直管状。鱼苗十分活跃，摄食能力很强。

3. 稚鱼(从鳞片开始出现到全身披鳞)

60 日龄的稚鱼平均全长 65 mm，体高 8.4 mm。鲜红鳃丝及沿脊椎骨下缘血管清晰可见，上颌骨后缘继续后延并伸达前鳃盖骨。胸鳍 6 枚游离鳍条延长，随着体长的增长，末端超过臀鳍起点。出现鳞片和棱鳞，棱鳞数较少。尾鳍上叶显著延长，约为下叶鳍条的 2 倍。头背部出现黑色素沿体背缘至尾柄上方分布。稚鱼期后，食道黏膜层向内腔纵向凸起形成的褶皱达 13～16 个，深浅不一；胃壁褶皱发达，食物团饱满；肠呈直管状，肌层不甚明显，黏膜层中有大量的黏液细胞(图 4－12M～图 4－12P)。

4. 幼鱼(鳞片长齐之后的鱼苗)

95 日龄的幼鱼平均全长 10.4 cm，体长 11.61 cm，体高 1.56 cm，体重 3.50 g，眼径为 0.28 cm，口径长 0.7 cm，全长为头长的 8.05 倍。体侧两边鳞片基本长出，圆鳞大而薄，鳃盖后上端近分布着一条细长不发达侧线，颌骨较长，向后延伸超过鳃盖骨直达胸鳍基部，下缘有锯状细齿，胸鳍上部 6 根丝状游离鳍条，如麦芒状，臀鳍长至尾尖与尾鳍相连，尾鳍小而呈"T"形，各鳍鳍式分别为：背鳍 D. 1，13～14，胸鳍 P. 6＋11～12，臀鳍 A. 98～105，腹鳍 V. 7，尾鳍

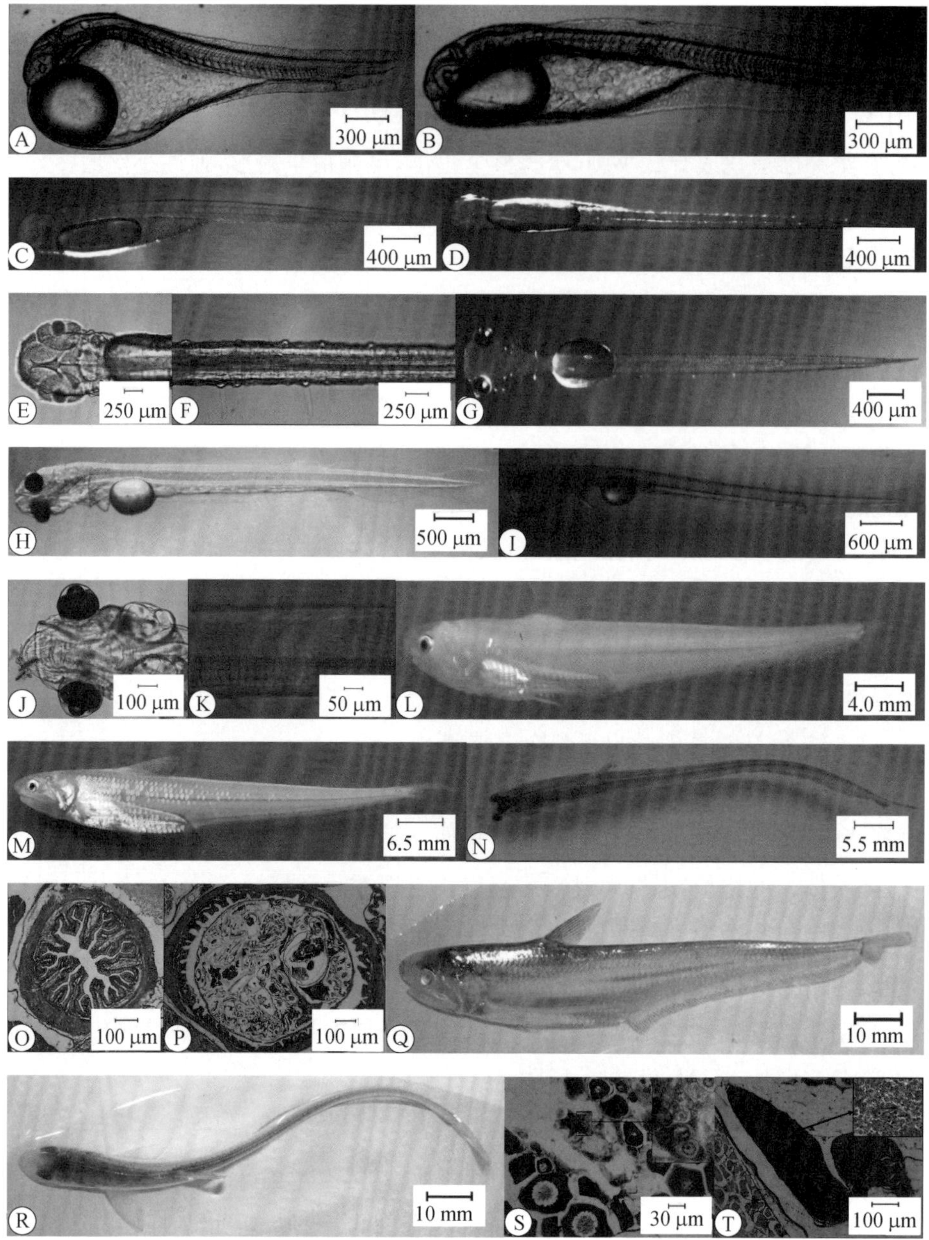

图 4－12　刀鲚胚后发育

A. 初孵仔鱼；B. 1 日龄仔鱼；C. 3 日龄仔鱼，示侧面观；D. 3 日龄仔鱼，示腹面观；E. 3 日龄仔鱼头部感觉芽；F. 3 日龄仔鱼尾部感觉芽；G. 5 日龄仔鱼；H. 6 日龄仔鱼；I. 8 日龄仔鱼；J. 8 日龄仔鱼，示眼部；K. 8 日龄仔鱼，示肠管；L. 40 日龄仔鱼侧面观，示腹膜；M. 60 日龄稚鱼侧面观，示鳞片；N. 60 日龄稚鱼正面观；O. 60 日龄稚鱼食道；P. 60 日龄稚鱼肠道；Q. 95 日龄幼鱼侧面观；R. 95 日龄幼鱼正面观；S. 95 日龄幼鱼卵巢；T. 95 日龄幼鱼精巢

T. 25。头及背部青灰色，体侧银白色，臀鳍和尾鳍边缘黑色。解剖发现，咽喉前左右两侧具鳃弓 4 对，整个鳃弓的鳃片排列成“V”形。第 1 对鳃弓有一片鳃耙，鳃耙细而密，呈棒针状，为 16～18＋22～24，“Y”形胃发达，幽门盲囊 19～21 条。性腺已经分化，肉眼无法辨别雌雄，Ⅰ期卵巢和精巢成对出现紧贴鳔两侧，切片显示卵巢处于卵原细胞向初级卵母细胞过渡阶段和精巢则充满精原细胞。除体高/全长值相对较小之外，外部形态较成鱼基本无区别，早期发育完成（图 4－12Q～图 4－12T）。

4.3.4　胚后发育各阶段的人工养殖技术及生长特点

刀鲚仔、稚、幼鱼摄食特性及刀鲚亲本的摄食特性的研究表明，该鱼的食性转化是一个渐变的过程，而不是突变过程。刀鲚仔、稚、幼鱼的全长（L，mm）和日龄（D，d）的关系式为 $L=4.7763e^{0.0388D}$（$n=10$，$R^2=0.9591$）。

根据该鱼的生态习性，生产上采取：“4 月繁殖获苗后轮虫开口＋培育浮游动物（枝角类和桡足类）＋翌年 6～7 月投放抱卵日本沼虾（或放养小日本沼虾）”的饲养模式。除了保持培养水体的理化环境相对稳定外，尽量保证充足的营养，顺利完成食性转化的过程，提高苗种培育的成活率及提高亲鱼的性腺发育成熟率。

在水温（22±1）℃条件下，刀鲚 6 日龄仔鱼即开口摄食，为混合营养期，此时应及时投喂轮虫，投喂密度 5～10 ind. /ml，确保顺利开口；8 日龄仔鱼即开始摄食小型枝角类浮游动物，确保仔鱼饱食，投喂密度 3～5 ind. /ml；15 日龄仔鱼游泳能力和摄食能力增强即可转入土池培育，确保饵料丰富、提高成活率；40 日龄仔鱼大量摄食枝角类、桡足类浮游动物，则应采取培育池培育及投喂饵料生物的方法，保证食物充足；养殖至 450 日龄，刀鲚规格达到 80 g 左右时即可投放抱卵日本沼虾（或放养小日本沼虾）。当仔、稚、幼鱼发育到食性转化时期，前后两种饵料必须交叉，使其有一段重叠时间，以适应食性的逐渐转变（图 4－13）。

1. 刀鲚繁殖特性及胚胎发育的特点

刀鲚为生殖洄游性鱼类，其生殖行为比较复杂，特别是对该鱼性成熟的神经内分泌调节机制缺乏了解，而多年的生产实践证明：池塘驯养培育亲鱼时，营养强化、水流刺激是成功培育性腺成熟亲鱼的关键。相对于其他鱼类，刀鲚性情更为急躁，鳞片极易脱落，在日常管理中可定期进行拉网锻炼，增强体质，在

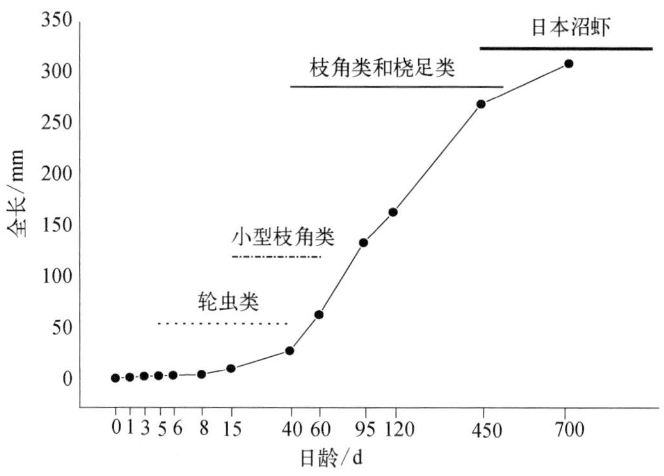

图 4-13　刀鲚胚后发育阶段生长曲线及投喂饵料

横线表示各阶段的投喂饵料的种类(轮虫类、小型枝角类、大型枝角类和桡足类、日本沼虾)

人工操作过程中动作要轻柔,带水操作,亲鱼个体不宜过小,应在 60 g 以上。

刀鲚在水温(22±1)℃的条件下,胚胎发育历时 43 h 50 min,此时,已有 50%的仔鱼出膜;朱栋良(1992)报道该鱼的天然受精卵在水温 25～27℃条件下,胚胎发育历时 32 h。这与在适温条件下,受精卵的发育时间随水温的升高而缩短的结论一致。刀鲚受精卵呈圆球形,透明色无黏性,属于浮性卵,卵膜径为(1.15±0.15)mm,卵黄囊内有一大油球,直径为 0.3 mm,与鲱形目的中国鲥的卵黄囊内有 30 多个油球不同,也正是由于油球的影响导致刀鲚受精卵"死胎"的假象,而胚胎发育前期的观察需采取丙三醇处理等措施而破坏受精卵,这方面的观察方法有待于进一步改进,如采取倒置显微镜观察等方法。

刀鲚胚胎发育中器官的形成时序与大多硬骨鱼类相似,但也略有差异。刀鲚卵裂方式为不完全的盘状卵裂,但心脏搏动的时间比肌肉效应早,这点与星斑裸颊鲷相同,而与中国鲥等许多其他的硬骨鱼类不同,后者一般先有肌肉效应,再产生心跳期。

鱼类胚胎孵化出膜主要依靠孵化酶的作用和胚体的颤动,大多数鱼类的胚胎都具有起源于外胚层的单细胞腺分泌的孵化酶,可使得卵膜变薄。而多数硬骨鱼类的孵化酶先将卵膜溶出一个孔,然后仔鱼从孔中钻出,而刀鲚仔鱼则通过尾部剧烈的摆动,以尾部为支撑点而将卵膜顶破,弹射而出,与暗纹东方鲀相似。与暗纹东方鲀大不一样的是，在水温(22±1)℃的条件下，刀鲚胚胎的出膜时间极为一致，同一批受精卵的前后出膜时间不超过 2 h。

2. 刀鲚仔、稚、幼鱼发育特点

总的来说，刀鲚仔、稚、幼鱼的发育符合硬骨鱼类发生发育的一般规律，但也有种的特异性。

(1) 刀鲚初孵仔鱼全长较长为 2.85 mm，与同为鲱形目的中国鲥(2.75 mm)相当，与同为生殖洄游性鱼类暗纹东方鲀(2.47～2.86 mm)相近；而刀鲚初孵仔鱼只具有一球径为 0.3 mm 的油球，有别于中国鲥的球径为 0.05～0.15 mm 的 30 多个油球、暗纹东方鲀球径为 0.026～0.078 mm 的 280～390 个油球。

(2) 仔鱼在出膜后 3 天至出膜后 7 天间头部和体两侧均出现管状感觉芽器官，尤为发达；当异物触碰时，仔鱼立即作逃逸状，故推断其在刀鲚早期发育中起感知水流、逃避敌害的重要作用。同为鳀科的鳀、赤鼻棱鳀、中颌棱鳀均有感觉芽的出现，只是出现的时间和持续的时间有所不同；此外，河川沙塘鳢、蛇鮈、半滑石鳎及鳅科的一些种类的仔鱼亦有感觉芽器官出现。孟庆闻认为亲缘关系较近的种类，其仔鱼早期发育的形态特征亦颇近似，感觉芽这一特殊的触觉器官将为刀鲚的分类地位提供新的参考依据。

3. 刀鲚池塘养殖的关键技术

刚孵化的仔鱼浮于静止的水表层，5～6 日龄仔鱼的运动方式由以悬浮为主逐渐转变为主动游泳，可主动摄食；15 日龄仔鱼运动的活跃程度增强，需大量摄食浮游动物。因此，在孵化措施上宜采用高位池流水方式、微孔曝气增氧，与四大家鱼的孵化方式不一样，2～3 日龄仔鱼应转移至小面积水泥池培育。

殷名称认为前期仔鱼向晚期仔鱼转化期间正是仔鱼完成口、消化道、眼和鳍等器官功能的初步发育并建立巡游模式的关键阶段，是鱼类早期发育阶段一个重大的临界期，仔鱼往往不能及时捕食到适口的开口饵料而出现高的死亡率，是仔鱼培育的危险期。刀鲚仔鱼在水温(22±1)℃的条件下，6 日龄仔鱼，逐渐建立外源性摄食关系，口宽 0.25～0.35 mm，大于中国鲥(约 0.19 mm)；15 日龄仔鱼，个体发育进入晚期仔鱼阶段，仔鱼的全长达到 13.5 mm，鱼体全长的增长率达 0.71 mm/d，是中国鲥的 1.82 倍。在人工养殖条件下，仔鱼孵化后第 5～6 天就应及时投喂饵料粒径适中、质量较高的饵料如经过小球藻(*Chlorella* sp.)强化的萼花臂尾轮虫(*Brachionus calyciflorus*)和前节晶囊轮虫(*Asplanchna priodonta*)等,并保持一定的饵料密度(一般为 5～10 ind./ml),以度过刀鲚生命周期中从内源性营养向外源性营养转换这一关键的临界期,这是刀鲚苗种培育中不可忽视的重要环节和关键技术措施之一。

当刀鲚仔鱼发育至全长达 13.5 mm 左右,已顺利度过开口期,游泳能力、摄食能力大为增强,轮虫已不足以满足其摄食和能量代谢平衡的需求,因此,应适时调整饵料生物种类,增投或改投枝角类或桡足类等较大个体的饵料动物,以满足生长发育所需的营养需求。生产实践证明,此时采用"水溞高峰期下塘"的土池养殖方式的成活率高于室内水泥池的养殖方式,而有关刀鲚人工配合饲料的营养需求有待于进一步研究(Xu et al., 2011)。

第5章　长江刀鲚原种保存及生态繁育技术

种是养殖业的根本。原种是指取自模式种或取自其他天然水域的野生水生动植物种及用于选育的原始亲本。而生态繁育苗种是一种基于生态学原理，充分利用自然环境条件，采用高效设施和生态增养殖模式，通过科学管理而生产出的优质健康苗种。

5.1　长江刀鲚的灌江纳苗

刀鲚是一种生殖性洄游鱼类，其人工繁养殖难以突破，苗种只来源于天然苗；此外，刀鲚非常娇嫩，离水即死，这些一直是困扰刀鲚养殖的技术难题。近年来，也有围网"江心洲"进行刀鲚养殖的报道，但该技术存在养殖环境难以控制、风险大、成本高的缺点。

灌江纳苗就是在刀鲚繁殖季节引入长江水，并把在长江中自然繁育的刀鲚受精卵也随水引入池塘养殖的方法。在已有类似技术中，仅见有灌江纳苗在跨越闸坝阻隔，恢复天然湖泊鱼类的应用上，尚未见有将灌江纳苗技术引入刀鲚等鱼类的池塘养殖的报道。项目组在初步实现长江刀鲚灌江纳苗与养殖的情况下，充分集成和细化了实施步骤，改进了原方案措施，设置了专用纳苗区，引进了生态养殖概念，显著提高了苗种成活率，具独特性和新颖性。

5.1.1　长江刀鲚灌江纳苗的工艺流程

1. 土池选择

江边土池，面积 3～10 亩①，水深 1.5～3 m，底泥 5～10 cm。池塘经过

① 1 亩≈666.7 m^2

120 kg/亩生石灰清塘消毒及暴晒 6 天以上。

2. 设置专用纳苗区

放水前先在靠进水口的池塘一端用 40 目的筛绢网分隔成一个占池塘总面积 1/4 左右的纳苗区(图 5-1),上部用绳索在池塘两边固定,网片高出水面 15～20 cm,分隔网底部用石笼固定防逃。进水口套上网目为 0.8 cm 的袋状无结网,防止体型相对较大的野杂鱼等进入。

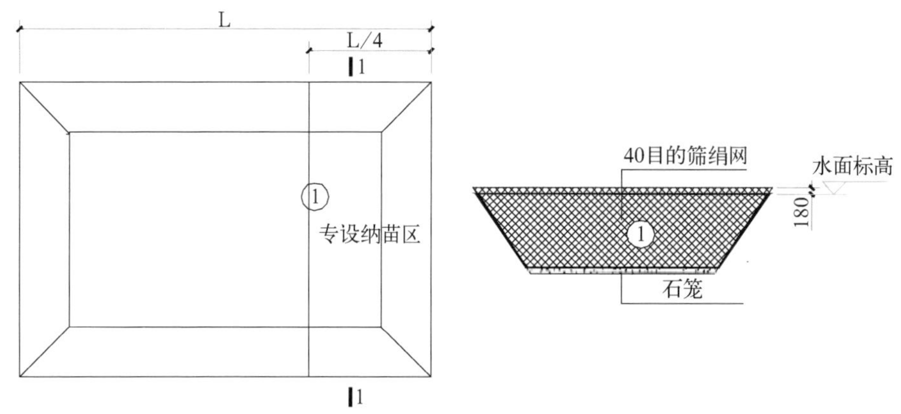

图 5-1　纳苗区结构示意图

3. 高效纳苗

从 5 月中旬开始,用水样器隔天取江水样,在显微系统下检测江水中的刀鲚受精卵量,并确定发育时期;当苗量达到 5～6 粒/L 时及时采用"奋达"牌口径为 30 cm、功率为 22 kW 的水泵进行纳苗,纳苗时间为 9～11 h,日进水量约占全池水体的 1/5。

4. 天然饵料生物培养及纳苗区管理

在纳苗后第 2～3 天在纳苗区泼喂豆浆,20 天后再按 5 g/m^2 左右的量用网箱放入抱卵青虾。青虾出苗后移除产卵虾并开始投喂少量的青虾饵料。纳苗区经常增氧与添水,保持水质清爽,透明度 30 cm 左右,水中溶氧在 6 mg/L 以上。当发育至稚鱼期后撤除分隔网,使鱼种在整个池塘摄食生长。隔月用 0.3 mg/L 二氧化氯(购自中水渔药公司)进行泼洒以消毒防病。

5. 分离除野操作

池中水温在 10℃以下时对纳苗池的刀鲚鱼种进行分离除野操作,单独分离出鱼种转入专用养殖池培育。分离操作网具为夏花网，先经过两次拉网锻炼，第三次才正式分离，需带水操作。要求网片挺直防粘网、装苗量要少、避免野杂鱼进入。纳苗池刀鲚当年个体体长为8～14 cm，体重为4～10 g。

6. 专池生态养殖

专用培育土池一般2～10亩，经过120 kg/亩生石灰清塘消毒及暴晒6天以上。用80目筛绢网套好管口后注水2 m左右，施放发酵的有机肥30 kg/亩，投放幼虾10 kg/亩。放苗前用少量鱼苗"试水"，确定安全后再放苗，亩放10 cm左右1龄刀鲚鱼种1 100～1 300尾，搭配仔口白鲢100尾/亩。放养后连续两天全池泼洒0.3 mg/L的二氧化氯(购自中水渔药公司)，减少刀鲚体因拉网擦伤而造成的死亡；专用培育池泼喂豆浆、施放光合细菌(EM菌)、补充幼虾等措施来调节水质，6月直接套养抱卵虾(2.5～4 kg/亩)，同时酌情适量投喂青虾颗粒饲料。培育池春季经常冲水，冬季尽量加高水位，夏季及时增氧，经常冲水、换水，保持pH在7.2～8，水质透明度控制在30 cm左右，水中溶解氧不低于6 mg/L，隔月用0.3 mg/L二氧化氯(购自中水渔药公司)全池泼洒。

7. 商品鱼捕捞

刀鲚养殖至2冬龄，体重达100 g以上，可根据市场需求捕捞上市。捕捞时用80目纱网小心操作，网内保持较大的水体，捕大留小。

5.1.2 技术创新

(1) 纳苗蓄养技术采用了现代监测仪器设备，避免了纳苗的盲目性，具有很强的可行性；将水泵引水的技术引入灌江纳苗技术中，具备很强的独创性。

(2) 采用生态学原理和刀鲚早期生长发育需求相结合的方法，采取纳苗、设置纳苗区、培育天然饵料生物、分离除野、专池生态养殖等技术优化工艺，具有独特的创造性，率先在国内成功突破刀鲚池塘养殖的关键技术，根据刀鲚生活习性、食性、生长发育等生物学特性，合理营造生态平衡养殖技术，提高商品刀鲚的品质，为实现真正意义上的人工繁殖和规模化养殖奠定了技术基础(张呈祥等，2006)。

(3) 本技术通过施放光合细菌(EM菌)、培育天然饵料生物、放养抱卵青虾、适当搭养白鲢等生态技术措施，在养殖过程中严格调控水质，为刀鲚的池塘养殖提供了最有效的实践措施和手段。

5.2 长江刀鲚的池塘生态集卵培育技术

5.2.1 长江刀鲚亲鱼强化培育

1. 池塘条件

实验于2014年8月至2015年7月在中国水产科学研究院淡水渔业研究中心宜兴屺亭科研实验基地进行。实验亲鱼培育池塘为泥底、四周水泥护坡的东西走向长方形池塘，规格为50 m×30 m、面积为1 500 m^2，池深2 m(实际水深1.5～1.8 m)，培育用水为60目网滤河水。池内配有进排水、微孔充气等设备，进排水呈对角线设置。

2. 亲鱼来源及投喂策略

从同批繁育且在同一口3 500 m^2的土池中养殖的2龄刀鲚中挑选规格均匀(体长32 cm、体重100 g左右)的后备亲鱼1 000尾，带水操作、运至亲鱼池中专池培育。系列活饵强化培育投喂策略：7～11月，专池发塘培育土鲮夏花投喂，1次/月、200万尾仔鱼/次，培育土鲮夏花规格为体长2～3 cm、体重0.15 g；12月至翌年5月，收集细足米虾，小虾规格为体长2～3 cm、体重0.30 g。产卵前期采取微流水促熟及冲水促产，流速0.1～0.2 m/s。亲鱼培育条件和方法见表5-1。

表5-1 刀鲚亲鱼周年培育条件与方法

阶段	月份	月换水率/%	饵料种类	投喂频率	备注
饲育期	8～11	100～200	鲮鱼苗	1次/月	90～100 kg/次
越冬期	12～2	0	小虾	1次/月	20～30 kg/次
促熟期	3～4	200～300	小虾	2次/月	虾(30～40 kg/次)
产卵期	5～7	100～200	—	—	—

5.2.2 长江刀鲚的自然产卵(2014～2015年为例)

1. 刀鲚亲鱼培育水温及主要水质理化因子周年变化规律

刀鲚亲鱼培育池塘中，7月水温最高，月均温度(29.8±3.6)℃；1月最低，为(7.9±2.3)℃(图5-2)。水温(5～34)℃的周年变化幅度完全适宜刀鲚亲鱼的培育，观察发现，在5℃左右的水温条件下，刀鲚亲鱼仍有摄食现象。

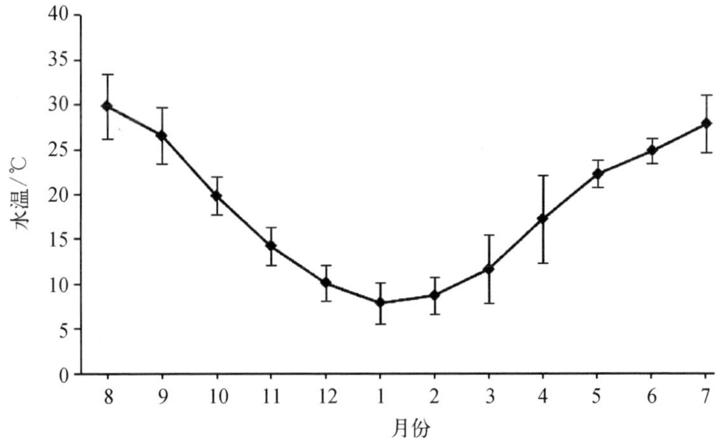

图 5－2　亲鱼培育池水温周年变化规律

整个刀鲚亲鱼培育周年内，主要水质理化因子变化规律见表 5－2。池中的 pH、COD 的月均值变化不大(12 月至翌年 2 月的 pH、COD 的月均值略高于其他月份)，表明池水呈微碱性，利于刀鲚生长发育。氨态氮(NH_4^+－N)和硝酸氮(NO_3^-－N)浓度在 8～12 月较低，但此阶段的亚硝酸氮(NO_2^-－N)浓度却较其他月份高；氮的存在形式分配比例表明氨态氮的硝化过程处于良好状态。由于整个培育周期中不施肥，鱼类等生物代谢产物中磷的含量很少，且随着粪便沉积于池底，故池中磷含量较低，为(0.003±0.001)～(0.018±0.008)mg/L。

表 5－2　刀鲚亲鱼养殖池塘主要水质理化因子值

月份	pH	氨态氮/(mg/L)	亚硝酸氮/(mg/L)	硝酸氮/(mg/L)	磷酸盐/(mg/L)	COD/(mg/L)
8	7.68±0.21	0.009±0.003	0.387±0.102	0.125±0.072	0.006±0.002	3.882±0.621
9	8.31±0.12	0.012±0.005	0.132±0.078	0.385±0.091	0.013±0.006	3.714±1.032
10	7.97±0.31	0.004±0.001	0.258±0.093	0.214±0.101	0.010±0.006	4.455±0.952
11	8.13±0.26	0.002±0.001	0.128±0.065	0.286±0.082	0.005±0.003	5.200±1.120
12	8.38±0.12	0.008±0.004	0.029±0.010	0.712±0.112	0.014±0.005	5.100±0.263
1	8.02±0.13	0.026±0.009	0.032±0.012	0.473±0.092	0.018±0.008	4.850±0.542
2	8.16±0.11	0.020±0.008	0.038±0.012	1.071±0.212	0.009±0.003	6.579±1.031
3	7.69±0.23	0.019±0.007	0.039±0.010	0.982±0.310	0.009±0.004	4.652±1.034
4	7.70±0.21	0.015±0.006	0.028±0.011	1.268±0.210	0.009±0.002	4.440±1.132
5	7.41±0.12	0.020±0.005	0.009±0.004	0.458±0.071	0.003±0.001	4.193±0.952
6	7.66±0.17	0.017±0.006	0.063±0.021	0.499±0.102	0.003±0.001	3.773±0.521
7	7.62±0.16	0.019±0.004	0.025±0.013	0.302±0.021	0.004±0.002	4.371±0.832

2. 刀鲚亲鱼性腺发育检查

2015 年 4 月 25 日，水温 16.6℃，30 尾刀鲚雌性亲鱼性腺的抽样结果为卵巢处于Ⅱ期 10 尾，占 33.33%；处于Ⅲ期 15 尾，占 50%；处于Ⅳ期 5 尾，占 16.67%。抽取 8 尾雄性亲鱼精巢均已成熟，挤出即可离散于水中，镜检显示均有活力。

2015 年 6 月 1 日，水温 25.3℃，10 尾刀鲚雌性亲鱼性腺的抽样结果为卵巢处于Ⅱ期 3 尾，占 30%；处于Ⅲ期 4 尾，占 40%；处于Ⅳ期 2 尾，占 20%；处于Ⅵ期 1 尾，占 10%。抽取 6 尾雄性亲鱼精巢精子，镜检显示均有活力，解剖显示部分精巢已开始萎缩。

2015 年 7 月 27 日，水温 32.4℃，停止产卵，8 尾刀鲚雌性亲鱼性腺的抽样结果为大部分亲鱼卵巢开始退化吸收。抽取 6 尾雄性亲鱼精巢均已萎缩。

3. 亲鱼培育情况

保持饵料充足的刀鲚亲鱼培育池，成熟的亲鱼轮廓明显，除了表 5－3 所述死亡原因及检查抽样损失外，成活率达 97.6%。经过冬季细足米虾强化培育的刀鲚雌性亲鱼成熟系数可达 16.5%，腹部膨大，发育较佳。

表 5－3　刀鲚亲鱼培育过程中的存活率

时　间	培育期	死亡尾数	成活率/%	死亡原因
2014.7.15～7.20	饲育期	16	98.4	转池受伤
2015.1.11～2.11	越冬期	6	97.8	摄食受伤，感染水霉
2015.7.28～7.31	产卵期	2	97.6	产卵后体质弱、拉网受伤

4. 产卵活动

经过 5～7 月 3 个月的产卵活动观察及集卵分析。刀鲚亲鱼产卵通常在 19:00～20:30 进行，持续 1～2 h。从 19:00～20:00 都有明显的发情追逐现象，产卵时间相对集中，集中在 20:00～20:30。

5. 产卵水温与产卵的规律

实验观测及统计了刀鲚 2014 年 4 月 28 日至 7 月 31 日自然产卵的情况，整个产卵期亲鱼总体产卵与水温变化如图 5－3 所示。刀鲚群体产卵不同步性现象相当明显，产卵持续时间长，5～6 月是产卵高峰期；观察到刀鲚亲鱼产卵的最低水温为 20℃，最高水温为 30.5℃。当水温高于 20℃时，水温在小范围升降基本不影响亲鱼产卵，自 2015 年 4 月 28 日起，连续大量产卵持续 8～10 天，而后呈波浪状的产卵情况，形成 5 月上旬和 6 月上旬的两大产卵高峰。分析认为刀鲚适宜的产卵水温为 20～28℃。

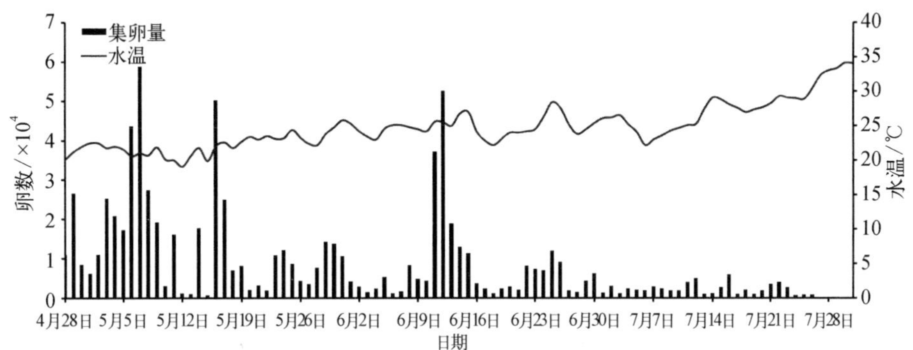

图 5-3　长江刀鲚自然产卵与水温变化的关系

实验期间累计收集刀鲚受精卵 56.9 万粒，定时(20:00～20:30)集中产卵的受精率为 80%～92%。产卵高峰期的增温能促进刀鲚的产卵，而风雨天气和冲水均可刺激刀鲚提前产卵，但受精卵变化范围为 60%～80%，明显低于正常时间段产卵的受精率；因刀鲚受精卵为浮性卵，集卵的效率与当天的风力大小有关，微风利于受精卵的收集。

第6章　长江刀鲚人工繁育技术

鱼类人工繁殖是指在人为控制的条件下，使得亲鱼达到性成熟，并通过生态、生理的方法，使其产卵、孵化而获得鱼苗的一系列过程。

6.1　长江刀鲚人工繁殖技术

6.1.1　亲本精选

刀鲚亲本精选的方法总结为“看、摸、挤”。首先看刀鲚腹部膨胀程度，膨胀程度越大说明成熟系数越高，生殖孔变大，并往外突发红；其次就是摸腹部柔软程度、腹壁厚度，越柔软发育越好；再次就是用手在腹部轻轻挤一下，如果肛门有粪便说明还需要再等几天催产(图 6－1)(郭正龙和杨小玉，2012)。

图 6－1　刀鲚亲本挑选

6.1.2　亲本催产、授精

刀鲚繁殖操作要细致、轻快，带水操作，通常在盐度为 0.5‰的海水中操作。第Ⅳ期卵巢体积扩大，充满体腔，表面血管粗而清晰，呈玉绿色，卵粒大而明显，成熟系数为 10%～15%，此时就是催产最佳时机。催产亲鱼的选择：雌鱼要求腹部膨大、柔软、生殖孔松弛且红润。雄鱼要求精液遇水即散，用一次性吸管吸取少量精液激活后，在显微镜下观察精子活力情况，成熟的精子有 30～50 s 的快速运动时间。

激素注射：采用促黄体素释放激素类似物(LHRH－A_2)和鱼类催产助剂(宁波市激素制品有限公司)或绒毛膜促性腺激素(HCG)配伍对亲鱼进行催产。

雌刀鲚激素配伍组合为：20～40 μg LHRH－A_2＋10 mg 鱼用催产助剂/kg；或者，8 μg LHRH－A_2＋1 500 IU HCG/kg，雄鱼为雌鱼的一半，背鳍基部一次注射。注射时，手握成外拳状而内空，使刀鲚头部朝里，随鱼动而带水背鳍基部注射，采用 1 ml 规格一次性无菌注射器操作(图 6－2)。

图 6－2　刀鲚激素注射

效应时间：注射催产激素后亲鱼放入水深 1.2 m、面积为 20 m^2以上的水泥池，微冲水刺激。在水温 20～22℃下，刀鲚产卵的效应时间为 20～24 h；在水温 23～25℃下，刀鲚产卵的效应时间为 18～20 h。

人工授精：干法或湿法均可。具体操作为，准备好若干白瓷盆放在池边，里面放入少许生理盐水，雌雄鱼比例为 1∶(1.5～2)，先用手将鱼头遮住，右手自上而下(向生殖孔方向)缓缓推挤腹部，成熟的卵即会顺利流淌出来，把卵进入光滑容器内，然后加入精液，再用羽毛搅拌均匀，静止 5～10 min，加水洗卵直至把多余精液及多余杂物洗净，最后把处理好的受精卵放入孵化缸即可，完成人工授精过程(图 6－3，图 6－4)。

图 6－3　刀鲚人工授精

图 6－4　刀鲚受精卵

6.2 注射 LHRH - A_2 对刀鲚的催产效果及血液生化指标的影响

6.2.1 LHRH - A_2 对刀鲚雌性亲鱼的催产效果

在水温 22～25℃、雌雄性比 1∶1 的条件下，注射 LHRH - A_2 后，结果见表 6 - 1，雌性刀鲚死亡率为(16.67±3.34)%，催产效应时间为 21～24 h，性腺由催产前的青色或灰色(Ⅳ期，图 6 - 5A，图 6 - 5B)转变成玉绿色(Ⅴ期，图 6 - 5C)，催产率为(83.33±3.34)%，受精率达(75.06±6.19)%。

表 6 - 1 注射 LHRH - A_2 对雌性刀鲚催产效果

项 目	水温/℃	死亡率/%	效应时间/h	催产率/%	受精率/%
	22～25	16.67±3.34	21～24	83.33±3.34	75.06±6.19

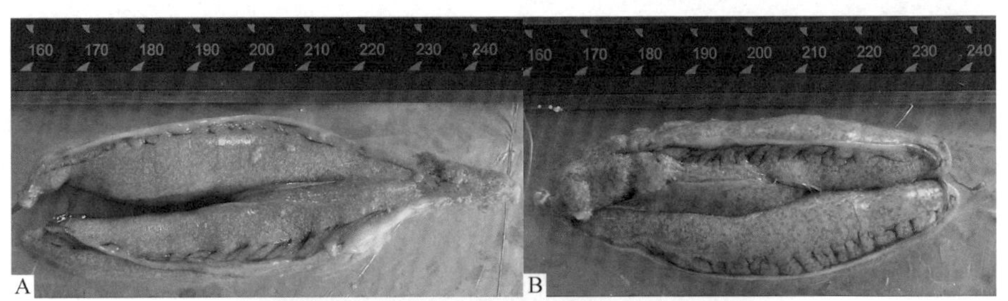

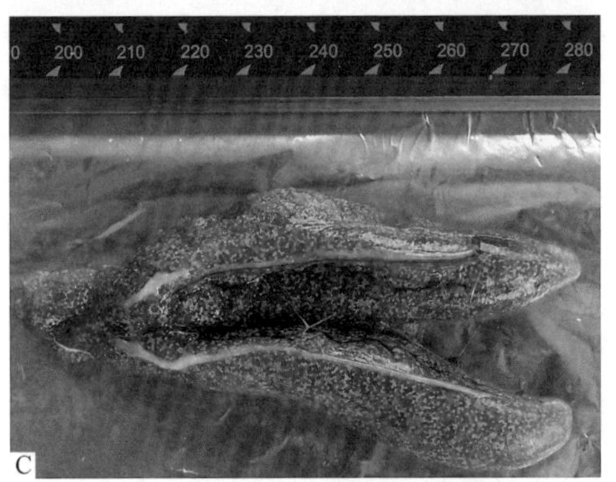

图 6 - 5 人工催产刀鲚雌性亲鱼性腺变化

A、B. 激素注射前；C. 激素注射后

6.2.2 人工催产对刀鲚血浆催乳素、雌二醇及甲状腺素的影响

人工催产后，刀鲚雌鱼的 17β -雌二醇(E2)和催乳素(prolactin)表现出相似的应答模式，总体呈现先上升后下降的趋势。结果见表 6 - 2，注射LHRH -

A_2后 0.5 h 后催乳素和 17β-雌二醇达到峰值，分别为(184.59±9.89) μIU/ml、(703.01±5.22) pg/ml，之后逐步下降，至注射 LHRH - A_2 21.0 h 后，产卵组刀鲚的血浆催乳素和 17β-雌二醇水平降至最低，分别为(57.65±8.67) μIU/ml 和(12.76±2.88) pg/ml，而此时未产卵组刀鲚的血浆催乳素和 17β-雌二醇水平明显较高，分别为(160.74±8.33) μIU/ml 和(525.68±5.28) pg/ml。三碘甲腺原氨酸(T3)水平在注射 LHRH - A_2后呈下降趋势，至 21.0 h 时的产卵组降到最低水平(0.67±0.22) ng/ml，而未产卵组依然维持在较高水平(7.24±1.19) ng/ml。甲状腺素(T4)呈现先上升后下降的趋势，同样 21.0 h 的产卵组的水平较低[(9.47±0.83) ng/ml]，而未产卵组较高[(23.16±1.79) ng/ml]。

表 6-2　催产应激下刀鲚血浆催乳素、17β-雌二醇及甲状腺素的变化

指　标	注射后时间/h					
	对照组	0.5	8.0	16.0	21.0-S	21.0-U
催乳素/(μIU/ml)	148.29±6.46	184.59±9.89*	154.41±3.92	129.87±6.54*	57.65±8.67*	160.74±8.33*
17β-雌二醇/(pg/ml)	3 673.72±4.63	703.01±5.22*	57.41±2.44*	19.10±2.82*	12.76±2.88*	525.68±5.28*
三碘甲腺原氨酸/(ng/ml)	20.31±0.07	13.63±1.22*	1.67±0.14*	0.82±0.16*	0.67±0.22*	7.24±1.19*
甲状腺素/(ng/ml)	6.55±2.66	15.41±0.22*	4.38±0.28	6.41±0.27	9.47±0.83	23.16±1.79*

注：同一指标不同时间点上方 * 表示相对于对照组有显著性差异($P<0.05$)，对照组表示催产前，依次为催产后 0.5 h、8.0 h、16.0 h；21.0-S 表示催产后 21 h 产卵组；21.0-U 表示催产后 21 h 未产卵组

6.2.3　人工催产对刀鲚应激指标及代谢的影响

注射 LHRH - A_2的人工催产在通过下丘脑-垂体-性腺轴(HPG 轴)促熟性腺的同时也因操作应激反应而通过下丘脑-垂体-肾间组织轴(HPI 轴)的应答，最终引发皮质醇的变化，进而皮质醇调节机体的代谢功能。结果显示(表 6-3)，皮质醇和血糖是指示应激的重要指标，均表现出先上升后下降的变化趋势，均在 16.0 h 后达到峰值，分别为(201.65±4.86) ng/ml、(59.31±2.82) mmol/L，21.0 h 时产卵组的皮质醇和血糖均显著高于未产卵组($P<0.01$)，未产卵组的血糖值为(0.66±0.28) mmol/L，表现出严重的低血糖。总蛋白表现出先升高

后降低的趋势，甘油三酯呈现下降趋势，两个指标的产卵组显著高于未产卵组($P<0.05$)。谷丙转氨酶(ALT)和谷草转氨酶(AST)经人工催产应激后持续升高，但产卵组的 ALT 为(6.20±2.63)U/L，未产卵组为(80.80±4.43)U/L。乳酸则表现出先上升后下降的趋势，产卵组的乳酸值为(4.21±0.35)mmol/L，产卵组值为(6.83±1.33)mmol/L。

表 6-3　催产应激下刀鲚应激及代谢指标变化

指　标	注射后时间/h					
	对照组	0.5	8.0	16.0	21.0-S	21.0-U
皮质醇/(ng/ml)	33.19±3.14	49.02±5.20*	91.22±3.21*	201.65±4.86*	139.18±8.86*	76.29±2.05*
血糖/(mmol/L)	32.76±4.63	22.46±5.22*	39.12±2.44*	59.31±2.82*	34.18±2.88	0.66±0.28*
总蛋白/(g/L)	33.30±7.38	35.29±2.01	45.65±5.03*	36.34±2.79	47.36±2.88*	19.39±2.90*
甘油三酯/(mmol/L)	14.82±0.56	12.87±1.14*	12.84±1.91*	6.56±0.36*	7.58±1.21*	2.13±0.42*
谷丙转氨酶/(U/L)	14.65±2.15	30.93±4.09*	32.99±7.23*	95.80±6.34*	6.20±2.63*	80.80±4.43*
谷草转氨酶/(U/L)	59.17±2.65	78.15±9.09*	164.24±8.56*	627.13±4.63*	298.58±6.99*	243.77±9.04*
乳酸/(mmol/L)	2.03±0.07	4.13±0.93*	6.07±0.36*	4.94±0.13*	4.21±0.35*	6.83±1.33*

注：同一指标不同时间点上方 * 表示相对于对照组有显著性差异($P<0.05$)，对照组表示催产前，依次为催产后 0.5 h、8.0 h、16.0 h，21.0-S 表示催产后 21.0 h 产卵组，21.0-U 表示催产后 21.0 h 未产卵组。

6.2.4　人工催产应激对刀鲚血浆渗透压及 Na^+、K^+、Cl^- 的影响

血浆渗透压及 Na^+、K^+、Cl^- 是反映肾脏离子代谢功能的重要指标。结果见表 6-4，人工催产后，血浆渗透压(osmotic pressure)、K^+、Na^+ 均表现出上升趋势，16 h 后达到峰值，分别为(0.56±0.05)Osmd/kg、(0.79±0.05)mmol/L、(202.63±2.42)mmol/L。产卵组的渗透压、K^+、Na^+ 指标分别为(0.30±0.01)Osmd/kg、(0.47±0.03)mmol/L、(119.45±2.88)mmol/L，与对照组无显著差异($P>0.05$)。而未产卵组的值显著低于对照组($P<0.05$)，分别为(0.25±0.01)Osmd/kg、(0.03±0.01)mmol/L、(55.32±2.90) mmol/L。而 Cl^- 表现出持续下降的趋势，产卵组的 Cl^- 浓度显著低于未产卵组($P<0.05$)。

表 6-4　催产应激下刀鲚血浆渗透压及 Na+、K+、Cl⁻ 的变化

指　标	注射后时间/h					
	对照组	0.5	8.0	16.0	21.0-S	21.0-U
渗透压/(Osmd/kg)	0.29±0.02	0.28±0.01	0.36±0.01*	0.56±0.05*	0.30±0.01	0.25±0.01*
K^+/(mmol/L)	0.32±0.15	0.58±0.06*	0.57±0.01*	0.79±0.05*	0.47±0.03	0.03±0.01*
Na^+/(mmol/L)	115.61±5.30	148.70±2.01*	170.81±6.46*	202.63±2.42*	119.45±2.88*	55.32±2.90*
Cl^-/(mmol/L)	70.93±4.05	20.81±4.07*	8.37±2.32*	12.78±2.80*	7.78±0.34*	23.72±1.40*

注：同一指标不同时间点上方 * 表示相对于对照组有显著性差异($P<0.05$)，对照组表示催产前，依次为催产后 0.5 h、8.0 h、16.0 h，21.0-S 表示催产后 21.0 h 产卵组，21.0-U 表示催产后 21.0 h 未产卵组。

6.3　刀鲚人催产对生殖的影响

尽管本实验表明，单注射 LHRH-A_2完全能成功催产长江刀鲚亲鱼，但刀鲚的强烈应激反应给人工催产造成了巨大的困扰，仍需优化刀鲚人工催产技术、降低人工催产引起的死亡，为此，必须先了解注射激素的人工催产影响生殖的机制。鱼类的生殖是一个复杂的生物学过程，HPG 轴是调控该过程的重要途径，而应激反应主要调控轴是 HPI 轴，而刀鲚的这两个轴是通过何种途径相互作用最终影响人工催产效应，这是本研究最关注的问题。

HPG 轴是鱼类最重要的生殖调控轴。自然环境中，鱼类的感觉器官感受水温、光照、降水等环境变化，刺激下丘脑分泌促性腺激素释放激素(GnRH)和其他一些神经内分泌因子，激发脑垂体分泌促性腺激素(GtH)，导致性腺产生性类固醇激素 17β-雌二醇(E2)，E2 是卵子发育和成熟过程的重要效应分子(林浩然，1991，1999)。在卵黄发生前，E2 对成熟亲鱼的作用是诱导卵细胞的发生和增殖；在卵黄发生时诱发卵母细胞生长、卵黄积累。研究显示，雌性团头鲂的卵黄由第Ⅱ期发育到第Ⅳ期，成熟系数逐渐增大，血清中 17β-雌二醇含量达高峰，而排卵前，血清中 17β-雌二醇下降到峰值的 1/10。本研究中，刀鲚催产 0.5 h 后 E2 达到峰值，之后迅速下降。人工催产后 21.0 h，产卵组的 E2 值约为峰值的 1/70，而未产卵组 E2 水平仍然维持在高水平。表明，高水平 E2 可

以促进卵子的发育，但排卵时，高含量的 E2 反而抑制排卵。

HPI 轴是鱼类最重要的应激调控轴。人工催产应激刺激下丘脑释放促肾上腺皮质激素释放激素（CRH），刺激垂体分泌促肾上腺皮质激素（ACTH），诱导肾上腺释放皮质醇（糖皮质醇和盐皮质醇）分泌，该指标是应激反应的重要指示指标。糖皮质醇具有加速糖类和脂类代谢的作用，产卵组的皮质醇和血糖维持在较高水平，提供了抵抗应激所需的能量，而未产卵组的皮质醇水平较低，甚至出现了严重的低血糖，机体的这种状态，使得糖类、脂类的代谢不能快速完成，其产生的中间有毒代谢物迅速积累，必然会对细胞、组织造成损伤。未产卵组的高 ALT、乳酸水平，以及低 TP、TG 水平都在一定程度上反映了其存在肝损伤。肝脏是机体代谢和能量产生的重要场所，肝损伤可能影响卵巢成熟及排卵活动。

盐皮质醇调控肾脏的渗透压，离子交换的功能。本研究中，产卵组在应激条件下保持血浆 Na^+、K^+、渗透压与对照组无显著差异，而未产卵组则出现低钠、低钾和低渗透压的现象，这些指标表明组织醛固酮增多，可能存在诱发肾水肿、肾损伤等。因此，人工催产应激反应诱导肾脏的功能异常，导致离子和渗透压调控异常，从而可能抑制卵子发育和排卵。

垂体-甲状腺-肝脏轴对鱼类发育、生殖、生长具有重要的调控作用。鱼脑主要通过神经内分泌调节促使垂体分泌促甲状腺激素（TSH），TSH 进而作用于甲状腺促使其合成和分泌甲状腺激素（TH），TH 主要包含 T3 和 T4，T3 是发挥功能的主要形式。研究表明，TH 水平与虹鳟和罗非鱼卵黄沉积过程正相关。切除点猫鲨（*Scyliorhinus canicula*）甲状腺，可导致卵母细胞无卵黄沉积。由此可见，TH 在雌鱼性腺发育过程中，诱导卵黄发生及其在卵巢的沉积具有重要作用。另外，在尖齿胡鲇（*Clarias gariepinus*）中，外源添加 TH 可促使卵巢提早成熟，而抑制 TH 活性，对卵巢成熟造成抑制作用。因此，TH 与卵母细胞的最后成熟密切相关。在本研究中，刀鲚血浆 T3 在催产后呈现下降趋势，催产成功产卵组的 T3 水平显著降低，而未产卵组的 T3 仍然维持在较高水平。T4 总体呈现先上升后下降的趋势，但与 T3 类似的是产卵组的水平显著低于未产卵组。由此可见，TH 在刀鲚卵巢发育及协同卵黄沉积有重要作用，但是过高的 TH 又会抑制排卵。在红麻哈鱼（*Oncorhyncus nerka*）、大麻哈鱼（*Oncorhynchus keta*）、虹鳟（*Oncorhynchus mykiss*）、*Hetpropneustes fossilis* 等也有类似的结论。因此，高水平的 T3 和 T4 是刀鲚催产失败未产卵的重要原因。

有研究报道显示，TH 不仅对生殖具有调控作用，同时对机体的糖代谢平衡也起重要作用。肝脏是 TH 作用的主要靶器官，主要通过甲状腺素受体(TR)发挥生物学效应。高水平的 TH 促进肝脏糖异生。由此可见，垂体-甲状腺-肝脏轴是横在 HPG 和 HPI 轴之间的桥梁，通过这个桥梁，形成了生殖与应激之间的相互作用。

综合前人研究结果及本研究，我们做了如下总结(图 6-6)：下丘脑-垂体-性腺(HPG)轴是控制卵巢发育及排卵的主要途径，刀鲚应激反应强烈，人工催产势必引发应激反应。这种应激反应主要通过 3 条途径影响正常产卵：① 通过下丘脑-垂体-肾间组织腺(HPI)轴的应答调控，释放糖皮质激素，引发糖类和脂类的大量分解代谢，中间有毒代谢物会对肝脏造成损伤，影响卵巢发育及排卵所需的能量供应。② 盐皮质醇引发的离子代谢和渗透压调控异常，造成肾脏功能障碍，影响机体离子内环境的稳定，从而会对机体的卵巢发育及排卵造成抑制作用。③ 通过垂体-甲状腺-肝脏轴的调控释放 TH，早期卵巢发育及卵子成熟 TH 起到促进作用，但在排卵阶段，过高的 TH 会起到抑制作用。同时，TH 含量的高低，直接影响糖代谢，进而影响应激反应。垂体-甲状腺-肝脏轴是应激与生殖之间的桥梁。

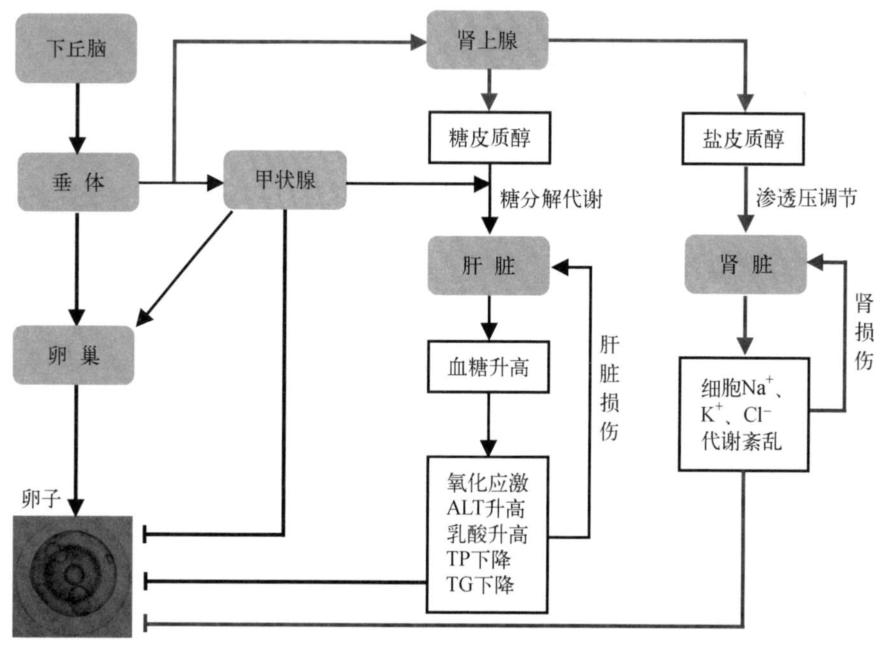

图 6-6　刀鲚催产应激对生殖的影响

因此，人工催产过程中，产生的应激反应会通过 HPI 轴、甲状腺-肝脏轴影响肝脏的糖类代谢功能和肾脏的离子调控功能，对 HPG 轴的性腺调控起到抑制作用。要想提高刀鲚人工催产成功率，需要通过抗应激药物及适当的盐度调控，降低应激损伤的影响，同时配合注射适宜浓度的 TH，充分运用 TH 的正向作用，才能提高催产的成功率并降低死亡率。

6.4 人工孵化及鱼苗培育

6.4.1 受精卵孵化及管理

孵化条件：光照条件为 100～300 lx，比重为 1.000 0，温度为 18～22℃。在一定范围内，随着水温的升高孵化速度加快。一般来说孵化水温采用 20～22℃为宜，时间 18～24 h。pH 8.0～8.2，水日交换量 15 个循环以上。

孵化桶用塑料制成，孵化桶容水量 500～700 kg，放卵密度 10×10^4～20×10^4 粒/桶；结构如图 6－7 所示。孵化期间确保水质清新，水流通畅，水流速控制在 0.4 m/s，及时清除卵膜；鱼苗出膜后要降低孵化桶中水流速，可控制为 0.2 m/s，以防止鱼苗体力过分消耗。鱼苗出膜 6～8 天，平游，口器、肠管形成，应及时原桶投喂用 150 目筛绢过滤的小型轮虫或利用鱼苗趋光集群的特性，待大部分鱼苗平游后，及时移入育苗池中培育。

无死角孵化桶(图 6－7)由孵化桶体、溢水管、出水套管、增氧管、进水管、微孔增氧管、冲水口及阀门控制出水管等组成。在孵化桶体内分别设置有溢水管、增氧管、进水管；孵化桶体内壁上端设置有 4 个外接供水设备带阀门控制的冲水口，其中 2 个冲水口位置与出水套管相同高度(图 6－7 中 8－1)，2 个冲水口位置与溢水管相同高度(图 6－7 中 8－2)。所述溢水管内设置出水套管，溢水管末端穿过孵化桶体桶底与阀门控制出水管连接；所述溢水管上设有小孔(图 6－7 中 2－1)，并外套筛绢(图 6－7 中 2－2)。所述进水管一端外接供水设备，另一端为冲水口；所述增氧管一端外接增氧机，另一端接微孔增氧管，并紧贴孵化桶体桶底。

6.4.2 仔、稚、幼鱼的培育条件和方法

初孵的仔鱼用 200～400 m^3 的室内大水泥池培养；光照强度 500～1 000 lx；水温 20～24℃为佳。pH 7.8～8.5；溶解氧应大于 5 mg/L；培养密度以初孵仔

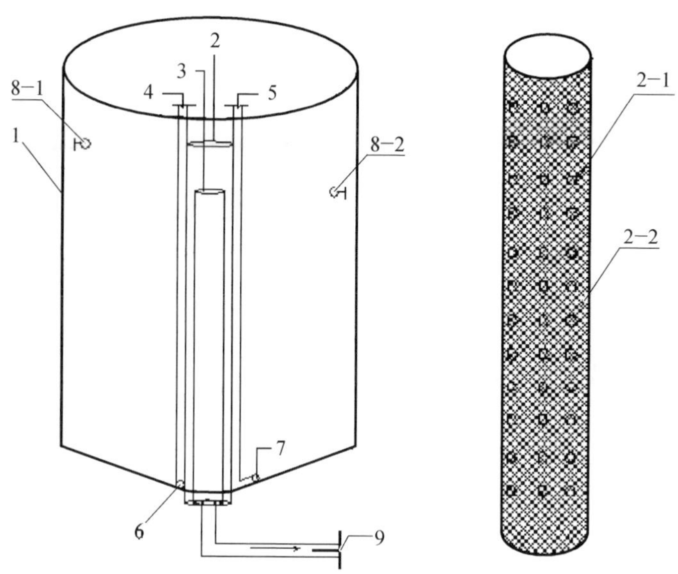

图 6－7　孵化桶结构示意图

1. 孵化桶体；2. 溢水管；3. 出水套管；4. 增氧管；5. 进水管；6. 微孔增氧管；7、8. 冲水口；9. 阀门控制出水管

鱼 500～800 尾/m³ 为宜(图 6－8)。

水温在 20～25℃时，仔鱼孵化出 5～7 天后开口，开口饵料以单胞藻(小球藻)强化培育的小型萼花臂尾轮虫为主(图 6－9)，辅以培育的草履虫和 100 目筛绢过滤后的熟蛋黄，这时仔鱼体内的卵黄已经消耗过半，由内源性营养转向外源性营养。轮虫投喂量按照 1 ml 水体 3～5 个投喂，3～5 次/d；草履虫酌情补充投喂。采用静水微增氧培育。每天要检查水质，观察摄食和生长情况，以便能及时发现问题采取措施。

图 6－8　刀鲚仔鱼(水花)

图 6－9　收集的萼花臂尾轮虫

开口1周左右,改用卤虫(丰年虫)投喂培育。卤虫采用专用孵化桶孵化,投喂卤虫后保持刀鲚苗培育池盐度在2‰~3‰(图6-10,图6-11)。

图6-10 培养的丰年虫

图6-11 摄食丰年虫鱼苗

当鱼体长3~5 cm时,进入稚鱼期,培育水温在20~26℃为宜,放苗密度在150~200尾/m^3,这时开始试投适口生物饵料或者驯食专用配合饲料,并逐步向全部配合饵料过度,全长达8~10 cm时,进入幼鱼阶段,放养密度应控制在30~40尾/m^3。适时分苗进行土池生态养殖能加快鱼苗的生长,且能提高成活率(图6-12)。

图6-12 刀鲚鱼苗

第7章 长江刀鲚应激调控及苗种运输技术

刀鲚具有强烈的应激反应，有“出水即死”一说，即猝死，尤其是对拉网、装载、运输等日常管理操作具有强烈应激反应，成为制约刀鲚养殖产业发展的瓶颈。经过多年的反复实验，我们通过盐度调控解决了困扰刀鲚养殖业多年的苗种及亲鱼运输成活率低的难题，为多家企业苗种销售中的长途运输提供了技术保障。但是，这种操作应激引发猝死的机制是什么？盐度缓解这种损伤和猝死的机制又是什么？都是值得进一步深入研究的方向。

7.1 HPI 轴基因对刀鲚运输应激的应答

7.1.1 HPI 轴基因 *CRH*、*UI*、*POMC* 的部分序列获得

本部分研究通过同源克隆的方法获得刀鲚促肾上腺皮质激素释放激素(CRH)、硬骨鱼紧张肽(UI)、阿黑皮素原(POMC)基因的部分序列，得到的 *CRH* 基因片段长度为 416 bp，编码 138 个氨基酸(图 7－1)，得到的 *UI* 基因片段长度为 395 bp，编码 131 个氨基酸(图 7－2)，得到的 *POMC* 基因片段长度为 219 bp，编码 72 个氨基酸(图 7－3)。比对显示，所得到的 *CRH*、*UI* 和 *POMC* 中间片段与其他物种相应基因的氨基酸序列高度保守，表明所克隆到的片段为 *CRH*、*UI*、*POMC* 基因片段。

7.1.2 糖皮质醇受体基因的全长 cDNA 克隆与应激应答

运用同源克隆的方法，刀鲚 *GCR* 基因的 cDNA 全长 3 175 bp，5′－UTR 89 bp，3′－UTR 707 bp，可读框 2 379 bp，预测编码 792 个氨基酸。Polyadenylation signal(AATAA)序列位于 poly－A 尾上游 13 bp 的位置(图 7－4)。同源比对

ttttgacatgaagctcaattttctcgccaccttcgtcctcctcgttgcctttccatctcgg

F D M K L N F L A T F V L L V A F P S R

catgaatgtagagcgattgacagccccagtcagcaagctcctggcgccgaccacgaccct

H E C R A I D S P S Q Q A P G A D H D P

cagcagcagtccgttccaattttggcacgtgtgggagaggaatacttcatccgacttggc

Q Q Q S V P I L A R V G E E Y F I R L G

aacggaaatccaaattcacctctgcccgccacaaacatgtatcccgaaacctccccgtca

N G N P N S P L P A T N M Y P E T S P S

gttttcaaaagagctctccagctacagctaacgcaacgtctgctacagggcaaagttggt

V F K R A L Q L Q L T Q R L L Q G K V G

aacgttaagcggctcgtcaccaattatgcacaacagcttgacgactcgatggaaagggag

N V K R L V T N Y A Q Q L D D S M E R E

cgacggtcggaagaacctcctatttctcttgatctgaccttccacctgctacaat

R R S E E P P I S L D L T F H L L Q

图 7-1　刀鲚 *CRH* 的 cDNA 及其预测的氨基酸序列

tccgttcctttggtcctgctaatagctacggttctgctgtccagccacattcaccttaat

S V P L V L L I A T V L L S S H I H L N

gtgtgtcgacccctgagcatttttgacagccatgggtacaggagtcaactggacgaggtg

V C R P L S I F D S H G Y R S Q L D E V

ctgttgaaggcaggcgactctgctgtgtcttatcacatcggagagaagattctgcagtat

L L K A G D S A V S Y H I G E K I L Q Y

ttgcagaagaaccccgctctgcaaagaggtctttcacgtgttcatgttgacagcatcgcg

L Q K N P A L Q R G L S R V H V D S I A

actccacttacctcggagggacttgctcacttggcgcgcagtctgacgccgagggtagac

T P L T S E G L A H L A R S L T P R V D

gaccactcgtcgtcggaggagggaaacagtctggaagatcttgtggagttgtccaagaga

D H S S S E E G N S L E D L V E L S K R

aatgacgaccctccgatctccatcgacctcacttt

N D D P P I S I D L T

图 7-2　刀鲚 *UI* 的 cDNA 及其预测的氨基酸序列

```
caagcgctcctactccatggagcatttccgctggggaaaacctgttgggcgaaagcgccgc
 K  R  S  Y  S  M  E  H  F  R  W  G  K  P  V  G  R  K  R  R
ccgatcaaactctacacctccaatggtgtggaggaggagtcagctgaggttttccctgga
 P  I  K  L  Y  T  S  N  G  V  E  E  E  S  A  E  V  F  P  G
gaggtgaggaggcgggaagcagaaagcgaggagcaggggcagctccatgatgtccaggag
 E  V  R  R  R  E  A  E  S  E  E  Q  G  Q  L  H  D  V  Q  E
aaaaaagacagcacatacaagatgaagcacttccgctg
 K  K  D  S  T  Y  K  M  K  H  F  R
```

图 7-3　刀鲚 *POMC* 的 cDNA 及其预测的氨基酸序列

```
1     taatgtgaatgaacgttccaatcgcccactgacacactccgatgtttttttgtatccgaat
1                                 M  D  Q  S  G  L  R  R  N  P  R
61    ctacatctacacatggcaagaattggaaaATGGATCAAAGTGGACTGAGGCGTAACCCCC
12     N  N  G  K  Q  A  G  E  G  G  F  V  S  D  I  G  S  S  G  M
121   GGAATAATGGCAAGCAGGCGGGAGAGGGGGGCTTTGTGAGTGACATTGGAAGTAGCGGTA
32     Q  V  P  A  T  T  T  G  L  V  Q  P  M  L  R  S  P  A  P  R
181   TGCAGGTGCCCGCCACCACCACAGGGCTGGTGCAGCCCATGCTCAGATCCCCAGCACCCC
52     A  D  G  P  F  G  G  L  H  S  S  S  L  Q  R  D  L  A  L  M
241   GTGCGGACGGCCCATTCGGAGGCCTGCACAGCAGCAGCCTCCAGAGGGACCTTGCTCTCA
72     G  L  G  P  R  G  Q  G  A  L  Q  G  L  H  I  K  E  F  D  K
301   TGGGGTTGGGGCCGAGGGGACAGGGGGCCTTGCAGGGCCTCCACATTAAGGAGTTTGACA
92     P  L  R  I  Q  H  M  Q  S  H  P  D  T  L  G  P  M  N  V  G
361   AACCATTGAGGATCCAGCACATGCAGTCCCATCCGGACACGCTGGGTCCCATGAACGTCG
112    D  S  F  S  L  L  D  E  T  L  A  D  L  T  S  S  S  T  S  T
421   GGGACAGTTTCTCTCTCTTGGACGAGACTCTTGCTGACCTGACCAGCTCGTCCACGTCCA
132    G  T  S  A  V  R  E  L  D  P  F  T  I  K  T  E  D  F  S  V
481   CGGGGACCTCCGCTGTCAGAGAACTGGATCCTTTCACCATCAAAACGGAGGATTTTTCTG
152    A  I  D  K  D  R  H  G  G  P  Q  L  G  L  V  E  K  D  S  D
541   TCGCCATCGACAAAGACAGACATGGCGGCCCCCAGCTGGGGCTGGTGGAGAAAGATTCCG
172    L  G  D  P  T  L  D  F  L  R  D  L  D  L  P  G  S  L  T  E
601   ACCTGGGCGACCCCACACTGGATTTCCTGCGCGACCTGGACCTGCCGGGCTCGCTGACCG
192    L  N  D  L  Y  V  Q  D  E  A  A  F  L  N  T  L  A  V  D  D
661   AACTCAACGACCTGTACGTGCAAGACGAGGCTGCCTTCCTGAACACCCTGGCCGTGGACG
212    A  L  I  G  E  G  L  G  K  E  S  N  P  G  A  C  G  S  V  G
721   ACGCGTTAATCGGAGAAGGCCTGGGGAAAGAGAGCAATCCCGGGGCTTGTGGAAGCGTAG
232    D  G  C  N  G  G  S  C  V  G  M  N  G  S  E  T  Q  S  R  H
781   GTGATGGATGCAACGGCGGCAGCTGCGTCGGTATGAACGGGTCCGAGACGCAGTCCCGGC
252    Q  P  P  L  P  P  Q  P  Q  P  L  Q  N  M  A  Q  P  A  S  M
841   ACCAGCCGCCACTGCCGCCGCAGCCCCAGCCTCTCCAGAACATGGCCCAGCCTGCCAGCA
272    S  M  P  I  I  K  T  E  K  D  A  S  Y  I  Q  L  C  T  P  G
901   TGAGCATGCCCATCATCAAGACGGAGAAGGACGCCAGCTACATCCAGCTGTGCACGCCCG
292    V  I  K  M  E  N  E  S  R  S  Y  C  Q  M  D  L  G  G  S  H
961   GCGTCATCAAGATGGAGAACGAGAGCCGCAGCTATTGCCAGATGGACCTGGGCGGCTCAC
312    S  G  S  A  R  G  L  S  S  M  A  S  Q  G  Y  C  G  Y  G  A
1021  ACTCGGGCTCCGCTAGAGGCCTGAGCTCCATGGCCTCCCAGGGATACTGCGGGTACGGAG
332    S  V  P  P  L  S  M  Q  S  E  H  A  T  S  I  P  Q  D  Q  K
1081  CCAGCGTGCCTCCCCTGAGTATGCAGAGCGAGCACGCCACCAGCATCCCCCAGGATCAGA
352    P  V  L  G  L  Y  P  P  V  S  S  L  G  D  S  R  S  R  G  S

1141  AGCCCGTGTTGGGCCTCTACCCGCCCGTCTCCTCCCTGGGCGATAGCCGGAGCAGGGGCA
372    G  F  G  E  L  P  G  I  Q  R  S  S  D  V  L  P  T  T  P  S
1201  GCGGGTTCGGAGAGCTCCCTGGCATCCAGAGGTCCAGCGATGTGCTCCCGACCACACCGT
392    Y  L  M  N  Y  N  G  S  A  N  R  P  E  A  S  G  S  G  G  T
1261  CTTACCTAATGAACTACAACGGCTCTGCCAACAGGCCCGAGGCCAGCGGCTCTGGGGGGA
412    T  A  A  K  S  G  G  P  A  H  K  I  C  L  V  C  S  D  E  A
1321  CAACGGCGGCTAAATCGGGCGGCCCGGCTCACAAGATCTGTCTGGTGTGCTCCGACGAGG
432    S  G  C  H  Y  G  V  L  T  C  G  S  C  K  V  F  F  K  R  A
1381  CTTCGGGCTGCCACTACGGGGTGCTCACCTGCGGCAGCTGCAAGGTATTCTTCAAGAGGG
452    V  E  G  W  R  V  R  Q  N  T  D  G  Q  H  N  Y  L  C  A  G
1441  CTGTGGAAGGATGGAGAGTACGGCAAAACACGGATGGACAACACAACTATCTGTGTGCTG
```

```
472  R N D C I I D K I R R K N C P A C R F R
1501 GACGCAATGACTGCATCATCGACAAGATTCGGAGAAAGAACTGTCCTGCTTGCCGCTTCC
492  K C L Q A G M N L E A R K N K K L I R L
1561 GGAAGTGTCTACAAGCTGGCATGAATCTGGAAGCGCGCAAGAACAAGAAGCTGATCCGGC
512  T R Q Q S G G E G V G A R G P L L D E R
1621 TGACGCGGCAGCAGAGCGGGGGCGAGGGCGTGGGGGCGCGGGGGCCGCTGCTGGACGAGC
532  Q C T L V P K S M P Q L T P T M L S L L
1681 GCCAGTGCACGCTGGTGCCCAAGTCCATGCCGCAGCTGACGCCCACCATGCTGTCTCTGC
552  K A I E P E V M Y A G Y D S T I P D T S
1741 TCAAGGCCATCGAGCCCGAGGTCATGTACGCGGGCTACGACAGCACCATCCCTGACACCT
572  T R L M T T L N R L G G K Q V I S A V E
1801 CCACCCGCCTCATGACCACCCTCAACCGCCTCGGCGGCAAGCAGGTCATCTCCGCCGTCG
592  W A K S L P G F R N L H L D D Q M T L L
1861 AGTGGGCCAAGTCACTGCCAGGCTTCAGGAACCTGCACCTGGACGACCAGATGACCCTGC
612  Q C S W L F L M S F G L G W R S Y Q Q C
1921 TGCAGTGCTCCTGGCTCTTCCTCATGTCCTTCGGCCTCGGCTGGCGCTCCTATCAGCAGT
632  N G N M L C F V P D L V M N E E R M K L
1981 GCAACGGCAACATGCTGTGCTTCGTCCCTGACCTGGTCATGAACGAGGAACGCATGAAGC
652  P Y M A D Q C E Q M L K I S N E F V R L
2041 TGCCGTACATGGCCGACCAGTGTGAGCAGATGCTGAAGATCTCCAACGAGTTTGTGCGTC
672  Q V S D D E Y L C M K V L L L L S T V P
2101 TGCAGGTGTCTGATGACGAGTACCTGTGCATGAAGGTCCTCTTGCTGCTCAGCACCGTGC
692  K D G L K S Q S V F D E I R M T Y I K E
2161 CCAAGGACGGGCTGAAGAGTCAGTCTGTGTTCGACGAGATCCGCATGACCTACATCAAGG
712  L G K A I V K R K E N S S Q N W Q R F Y
2221 AGCTAGGCAAGGCCATCGTCAAGCGCAAGGAGAACTCCAGCCAGAACTGGCAGAGGTTCT
732  Q L T K L L D S M H D M V G G L L N F C
2281 ACCAGCTCACCAAGCTACTGGACTCCATGCATGACATGGTGGGCGGCCTGCTGAACTTCT

752  F Y T F V N K S L S V E F P E M L A E I
2341 GCTTTTACACCTTCGTAAACAAGTCCCTGAGCGTGGAGTTCCCTGAGATGCTGGCCGAGA
772  I S N Q L P K F K A G S V K P L L F H Q
2401 TCATCAGCAACCAGTTACCAAAATTTAAAGCCGGGAGCGTCAAACCGCTGCTGTTTCACC
792  K *
2461 AGAAGTGActggcccacgcccccgacagccctccaccaaccccacacacacacacacact
2521 ctacacaaccgtaagattccttctgaagctcacactttgatcagaaatcttaatgctaca
2581 gaatgttccatttcctaaaaaaattgcagcaatattccaaccagttcttcattacctata
2641 aaagctgtattctttcttatcaagcatgcttcctacagtgctataaaatgttcatgtgtg
2701 ttcatgtgagcaaggacggaccattgcaaccacaaaagtgtagtacctgtaacatgaaaa
2761 tcaaatcaaagctatgatttaactgtcctttgtgcaaaagggttaacggttctctgtttc
2821 ccacctctcatcatttaccttatcaggggtctgttgatgtgggggtgaggcccagttcac
2881 tgtctgctgtttctgagcatgtaaacagccccctcaggtatcagtttcaatgtgaccatt
2941 tatcagttgtgttgacggtgctgttaccttgcagttgtgatttatatggtcatgtcatac
3001 caggtttctgtaagaacgtccaaggcatgtggtcatcacaagtgggaatgagttttggcg
3061 acccctagtggctgatgggtccactgtgtttaggcacgcctcggcaatgaacagcattca
3121 tgtattcatgctcaacaataaaatctcaacaactgaaaaaaaaaaaaaaaaaaaa
```

图 7-4　刀鲚 *GCR* 基因的 cDNA 全长

的方法分析了刀鲚 GCR 的氨基酸序列与其他物种的相似性，结果为（图 7-5A），斑马鱼（52%）、人（40%）、黑猩猩（40%）、猕猴（41%）、家犬（41%）、牛（41%）、大鼠（41%）、小鼠（41%）、仓鼠（41%）、鸡（42%）。根据 SMART 结构预测，刀鲚 MSTN 的二级结构包括 GCR 结构域（350 residues）、ZnF-C4 结构域（81 residues）和 HOLI 结构域（1655 residues）（图 7-5B），所有物种的 ZnF-

A

CnGCR
DrGCR
GgGCR
RnGCR
MmGCR
BtGCR
CfGCR
MmuGCR
PtGCR
HsGCR

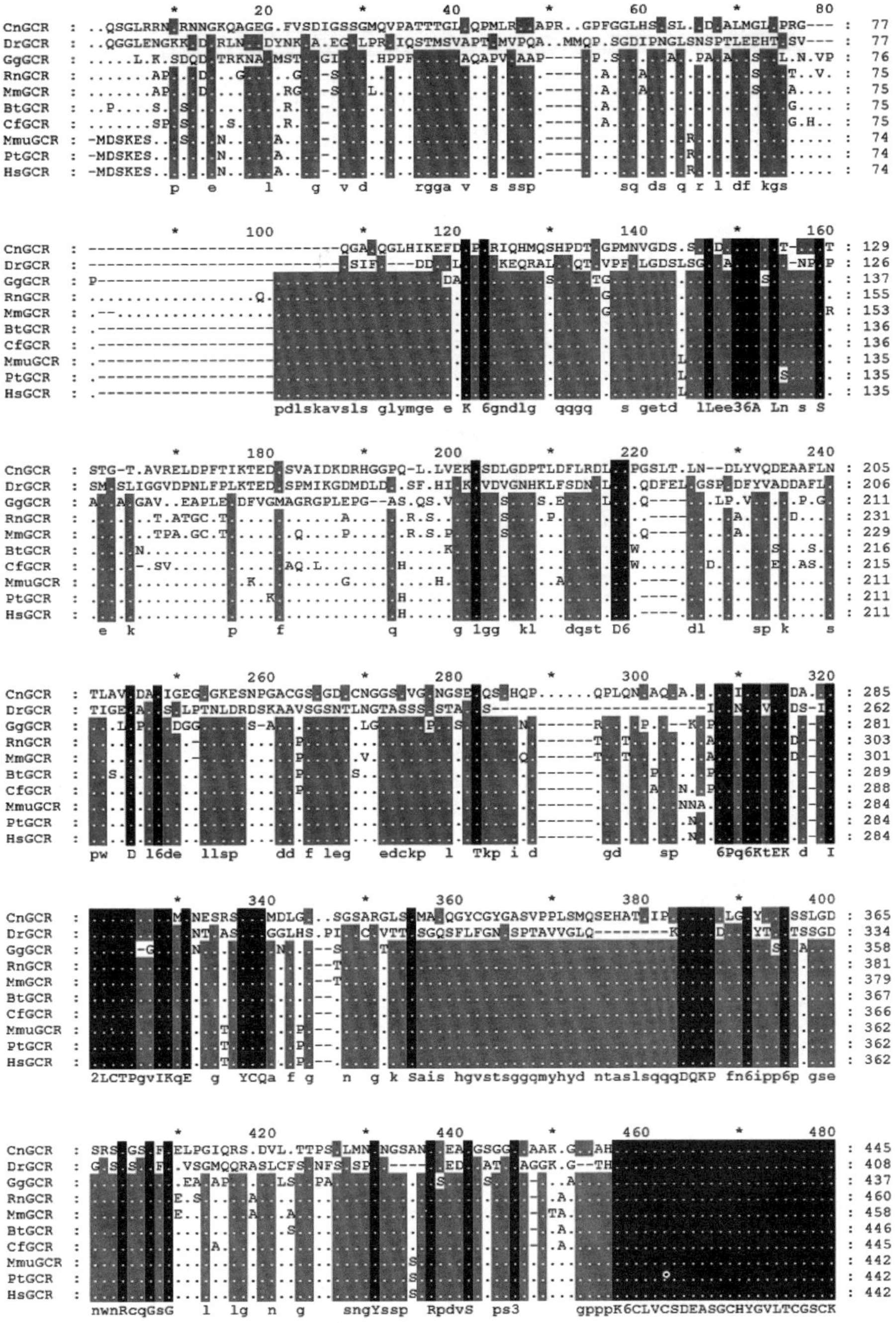

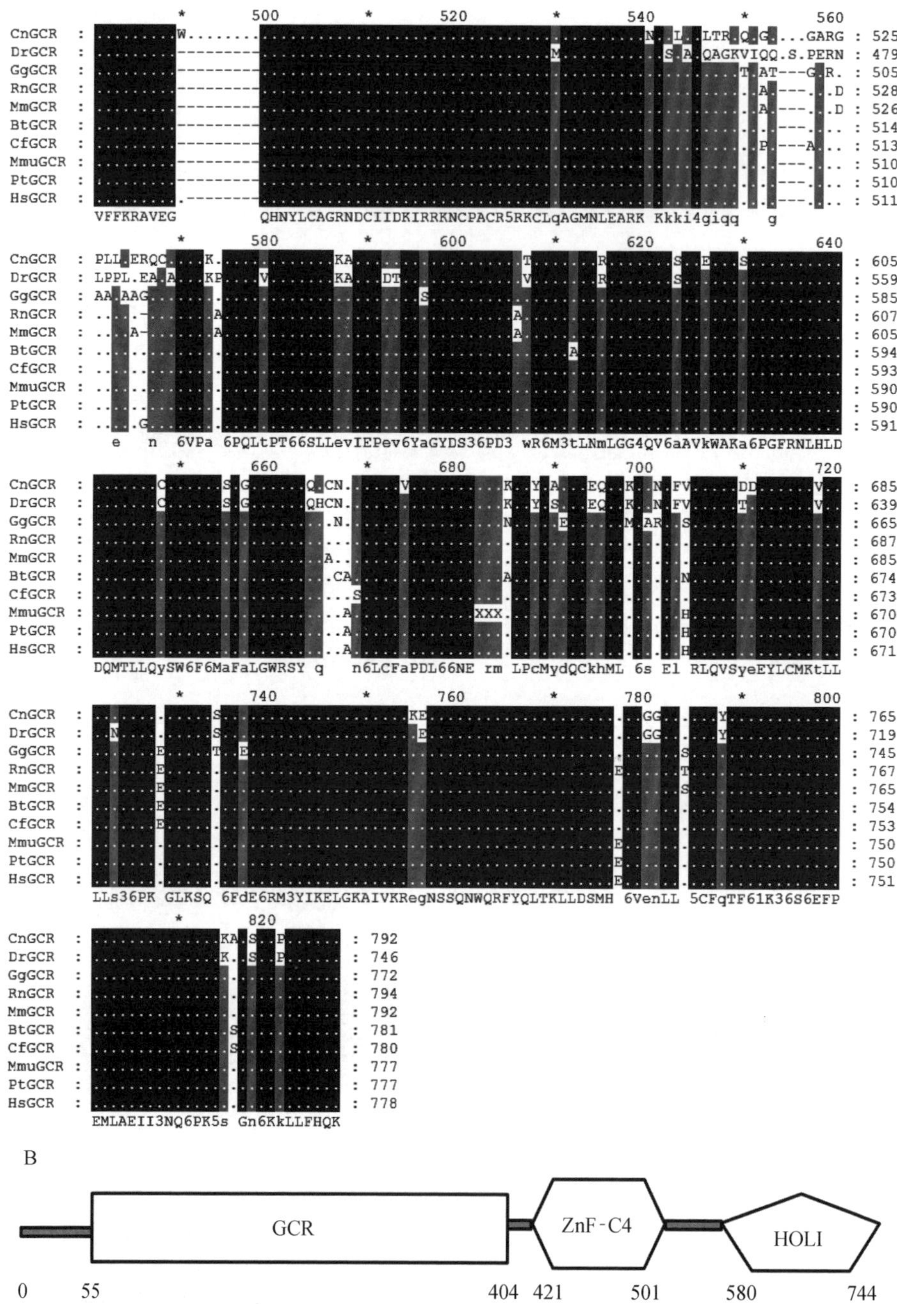

图 7-5 刀鲚 *GCR* 基因与他物种 *GCR* 基因的相似性及其二级结构预测

C4 结构域和 HOLI 结构域相似性极高，是 *GCR* 基因序列的主要保守区，这种结构上的相似，代表其功能的相似性。

进化树分析结果显示，哺乳类 *GCR* 聚为一个大类，鱼类聚为另一个大类。我们克隆到的基因在鱼类 *GCR* 类别中，与斑马鱼的 *GCR* 关系最近，进一步说明我们克隆到刀鲚的 *GCR* 基因(图 7－6)。

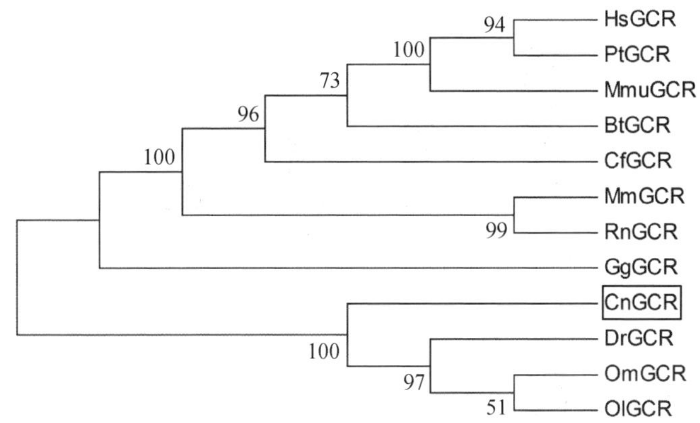

图 7－6　刀鲚 *GCR* 基因与其他物种的进化关系分析

采用荧光定量的方法，检测了 *GCR* 基因在刀鲚鳃、脑、肝、脾、肠、心脏、头肾、肾、肌肉组织中的表达。结果显示，*GCR* 基因在刀鲚的肌肉和肝高表达，鳃、脑、脾、肠、头肾和肾中相对低表达(图 7－7)。

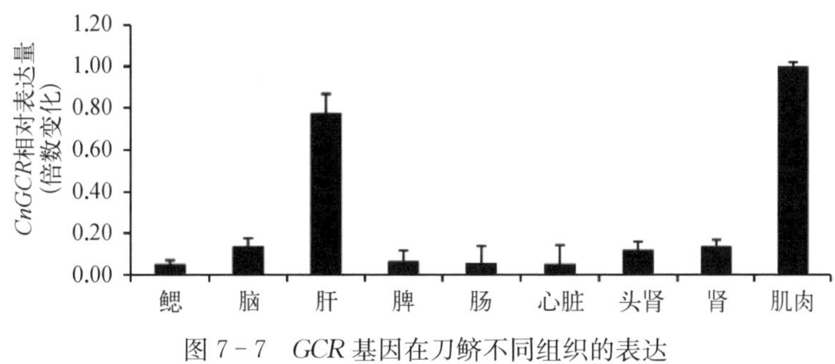

图 7－7　*GCR* 基因在刀鲚不同组织的表达

7.1.3　*CRH*、*UI*、*POMC* 的应激应答

HPI 轴又常被称为应激轴，在哺乳类和鱼类中对应激的调控功能是保守的。HPI 轴是由下丘脑-垂体-肾上腺轴上一系列激素组成的调控网络，包含下丘脑分泌的促皮质醇释放激素(CRF)、促肾上腺皮质激素(POMC/ACTH)，以

及肾上腺分泌的皮质醇等，这些激素和他们的受体共同调控应激反应。为了检测 HPI 轴基因是否参与刀鲚运输应激的调控，我们用 RT－qPCR 的方法检测了 *CRH*、*UI*、*POMC* 基因在刀鲚脑中的表达量，*GCR* 基因在头肾的表达。结果显示(图 7－8)，*CRH* 基因应激后表达量降低 1.8～6.3 倍，*UI* 基因降低 16.7～

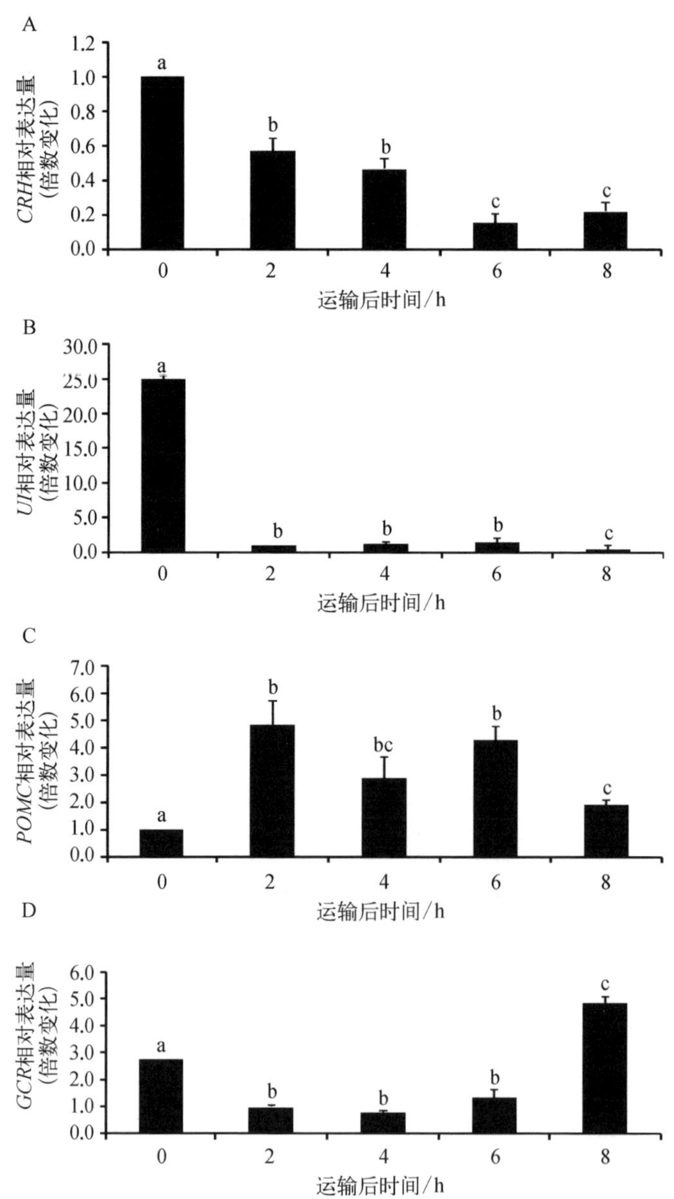

图 7－8　HPI 轴基因对刀鲚 *CRH*、*UI*、*POMC*、*GCR* 运输应激的应答

62.6 倍；但是，脑中 *POMC* 基因上调表达 1.9～4.8 倍；*GCR* 基因在应激后 2 h、4 h、6 h 显著下降，8 h 显著上调表达。

我们检测了这条轴上重要因子的基因表达，都表现出不同程度的上下调表达，这些结果表明，刀鲚的运输应激同样激活 HPI 轴的调控。运输应激过程中，*CRH*、*UI* 基因下调表达，这暗示 HPI 轴存在负调控，这种负调控对于维持机体的稳定发挥重要功能。

7.2　刀鲚运输应激引发的氧化应激、代谢和生长基因变化

7.2.1　刀鲚运输引发的氧化应激

在生物体内，含有大量的不饱和脂肪酸，其化学性质很不稳定，容易受到超氧离子攻击，发生过氧化作用，产生具有细胞毒性的脂质过氧化物(LPO)。而 LPO 不稳定，可分解形成一系列复杂混合物，其中包括丙二醛(MDA)。在人类和哺乳类的研究表明，LPO 和 MDA 能够破坏细胞的正常生理功能，诱导细胞损伤。目前，LPO 和 MDA 被用作脂质过氧化的重要指标。生物体为了缓解体内过氧化物造成的细胞损伤，具备一套分解过氧化物的酶系，包括谷胱甘肽过氧化物酶(GSH－Px)、过氧化氢酶(CAT)和超氧化物歧化酶(SOD)。

为了研究刀鲚运输是否会激活氧化应激反应，我们检测了氧化应激相关的生物学指标。结果显示，肝脏过氧化有害物 LPO(图 7－9A)和 MDA(图 7－9B)应激后显著上升。GSH－Px 含量在运输过程中提高 4.87～6.59 倍(图 7－10A)，而 CAT(图 7－10B)和 SOD(图 7－10C)的活力没有上升，反而显著下降。GSH－Px 在肝中大量存在，它的生理功能主要是催化 GSH 参与过氧化反应，清除在细胞呼吸代谢过程中产生的过氧化物和羟自由基，从而减轻细胞膜多不饱和脂肪酸的过氧化作用。因此，GSH－Px 的活性与 LPO 和 MDA 是对应的。CAT 是一种酶类清除剂，又称为触酶，是以铁卟啉为辅基的结合酶。它可促使 H_2O_2 分解为分子氧和水，清除体内的过氧化氢，从而使细胞免于遭受 H_2O_2 的毒害，是生物防御体系的关键酶之一。CAT 作用于过氧化氢的机制实质上是 H_2O_2 的歧化，必须有两个 H_2O_2 先后与 CAT 相遇且碰撞在活性中心上，才能发生反应。H_2O_2 浓度越高，分解速度越快。而 SOD 催化超氧阴离子变成 H_2O_2，

随后被双氧水分解，保护机体免受超氧阴离子的影响，是一种新型的抗氧化酶。综上所述，CAT 和 SOD 下降的原因可能有两个：① 运输引发的氧化应激并没有经过超氧离子和过氧化氢途径，超氧离子和过氧化氢的含量在运输过程没有增加，甚至有所减少，CAT 和 SOD 的活力下降，发生氧化应激可能是通过过氧离子引发的。② 运输引发的氧化应激对 CAT 和 SOD 酶系造成的一定程度的损伤，导致 CAT 和 SOD 活力下降。无论哪种原因，结果表明运输这种物理因子胁迫，可以引发氧化应激反应，而这种氧化应激反应有可能诱发细胞损伤，造成组织损伤，这可能是刀鲚运输应激性死亡的重要原因之一。

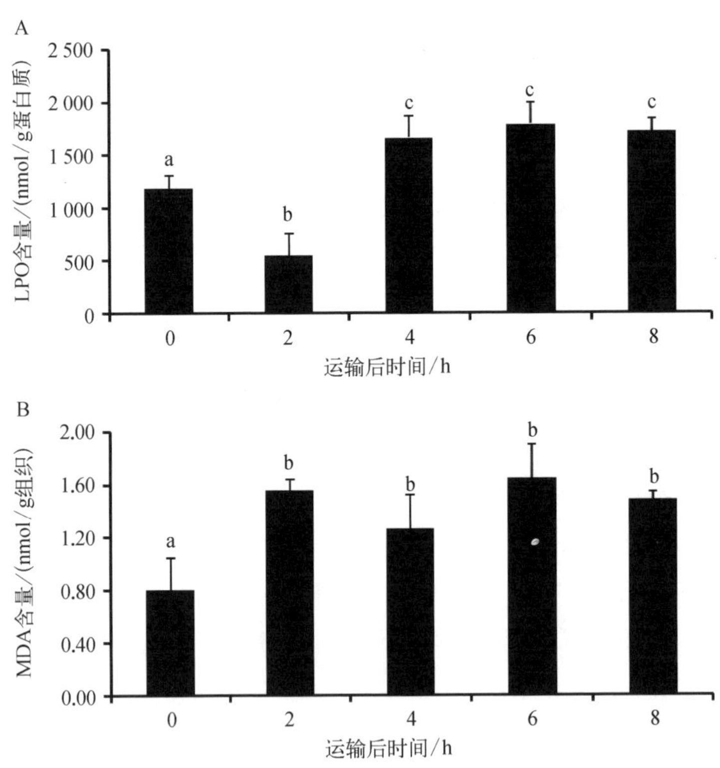

图 7-9　运输过程中刀鲚肝脂质过氧化物和丙二醛的含量变化

7.2.2　刀鲚运输应激引发的代谢变化

刀鲚运输会启动 HPI 轴的调控，经过 CRH、UI 和 POMC 等重要因子的调控，最终会激活皮质醇生成反应，在肾间组织分泌皮质醇。皮质醇随着应激时间而含量升高，运输 6 h 后逐渐下降(图 7-11A)。皮质醇可以促进糖异

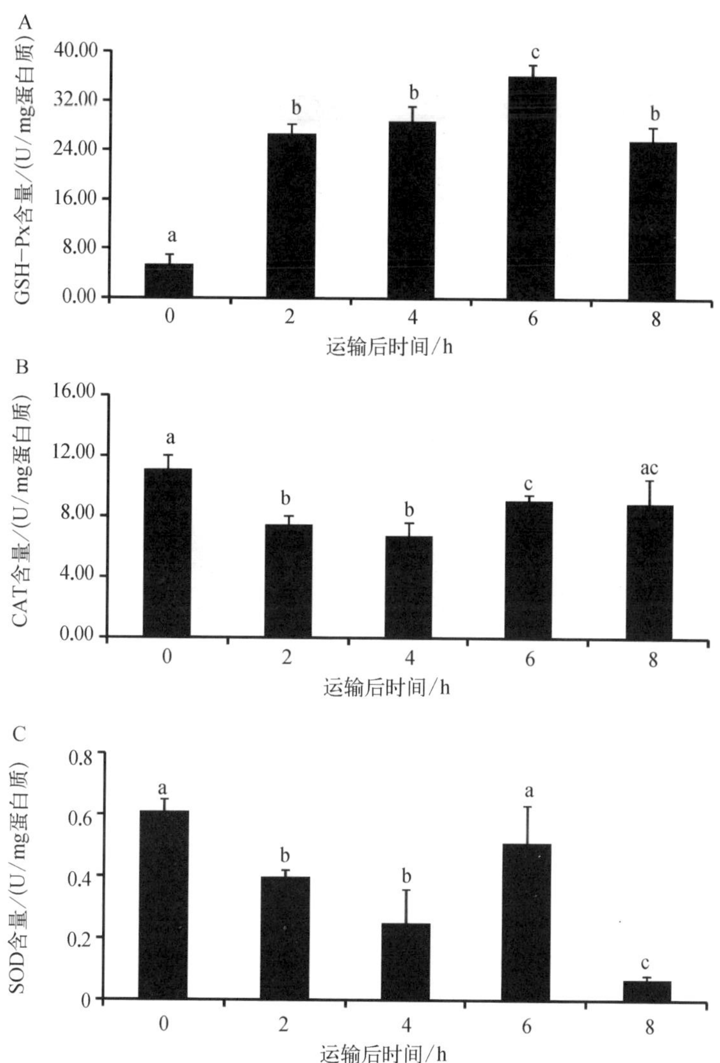

图7-10　运输过程中刀鲚肝脏GSH-Px、CAT和SOD的含量变化

生和糖酵解，有利于血糖升高(图7-11B)。运输后，血糖的变化也是先升高后降低。已有研究表明，鱼类为了应对应激反应，提高物质代谢，一定程度上可以缓解应激反应。但是，过强的代谢反应也会引发问题。结合前述运输引发氧化应激的结果看，强烈的糖类和脂类代谢，会产生过氧化物等有害物质，诱导氧化应激的发生。已有研究表明，氧化应激可以诱导细胞损伤，进而造成组织损伤。

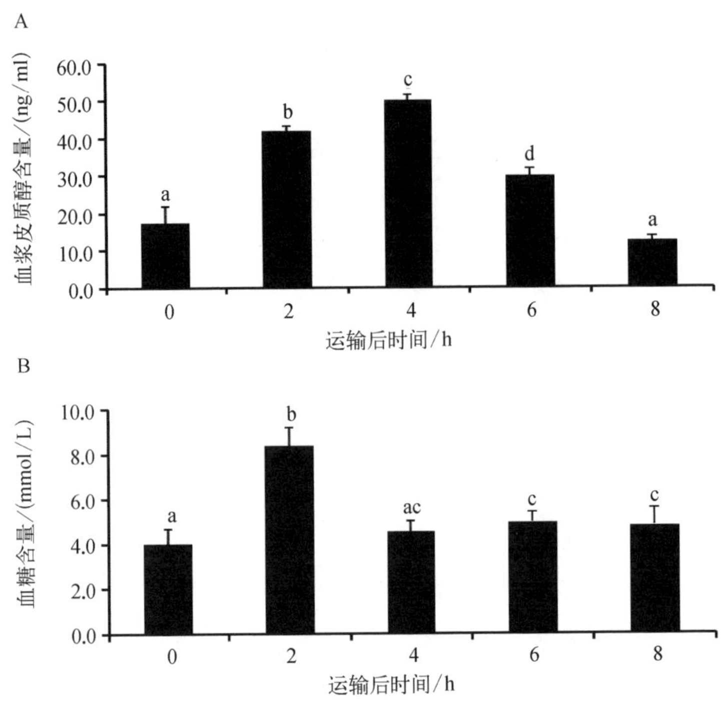

图 7-11　刀鲚运输过程中血浆皮质醇和血糖变化

7.2.3　刀鲚肌肉生长抑制素基因(*MSTN*)的克隆及表达变化

为了深入开展刀鲚(*Coilia nasus*)生长和肉质分子机制方面的研究，探讨肌肉生长抑制素基因(myostatin, *MSTN*)在刀鲚不同组织的表达情况。运用同源克隆的方法和RACE技术，从刀鲚肌肉组织中克隆了肌肉生成抑制素基因的cDNA全长。全长 2 252 bp，5′-UTR 86 bp，3′-UTR 1 041 bp，可读框 1 125 bp，预测编码 374 个氨基酸(图 7-12)。Polyadenylation signal (AATAA)序列位于 poly-A 尾上游 13 bp 的位置。根据 SMART 结构预测，刀鲚 *MSTN* 的二级结构包括 Pfam 结构域(12～255 bp)和 TGFB 结构域(280～374 bp)(图 7-13)。分析了刀鲚 *MSTN* 的氨基酸序列与其他物种的相似性，结果如下(图 7-13)，斑马鱼(89%)，青鳉(85%)，罗非鱼(83%)，红鳍东方鲀 *MSTN*1(71%)、*MSTN*2(84%)，大麻哈鱼 *MSTN*1(88%)、*MSTN*2(88%)、*MSTN*2a(67%)，人(65%)，黑猩猩(65%)，猕猴(72%)，家犬(71%)，大鼠(63%)，小鼠(64%)，鸡(64%)，果蝇(24%)。所有物种 *MSTN* 的 Pfam 和

```
   1 tagttgacacctatgagtgtggtacacagtgctggttacctcgggtgcaaacttatatca
   1                             M  H  F  A  K  L  L  I  S  V  C  L
  61 actggatcccgctgaagcgacagaacATGCATTTTGCAAAACTTCTGATTTCGGTGTGTT
  13  L  I  A  L  G  P  V  G  Y  G  D  I  T  T  H  H  Q  T  S  V
 121 TATTAATTGCGCTAGGTCCAGTTGGTTATGGTGATATAACAACGCACCACCAGACTTCAG
  33  A  T  E  D  S  E  Q  C  S  T  C  E  Y  R  Q  Q  S  K  L  M
 181 TAGCCACGGAGGACAGTGAGCAGTGCTCAACATGTGAGTACAGACAGCAAAGCAAGCTCA
  53  R  L  Q  A  I  K  S  Q  I  L  S  K  L  R  L  K  Q  A  P  N
 241 TGAGGCTACAAGCCATCAAGTCCCAAATTCTGAGTAAACTTCGGCTCAAACAAGCTCCCA
  73  I  S  R  D  V  V  K  Q  L  L  P  K  A  P  P  L  Q  Q  L  L
 301 ACATCAGTCGAGATGTGGTCAAGCAGTTACTTCCAAAGGCACCTCCGCTGCAGCAACTCC
  93  D  Q  Y  D  V  L  G  D  D  N  R  D  R  I  V  E  D  D  D  D
 361 TCGACCAGTACGATGTGCTTGGAGATGATAACAGAGATAGAATAGTTGAAGATGATGATG
 113  H  A  T  T  E  T  I  M  T  M  A  T  E  P  D  P  I  V  Q  V
 421 ACCATGCCACCACAGAGACCATCATGACGATGGCTACCGAGCCGGATCCCATCGTTCAAG
 133  D  R  R  P  K  C  C  F  F  S  F  N  P  K  I  Q  P  S  R  I
 481 TAGATCGGAGACCCAAGTGTTGTTTTTTCTCCTTCAATCCGAAGATTCAGCCCAGCCGCA
 153  V  K  A  Q  L  W  V  H  L  R  P  S  D  E  D  T  T  V  F  L
 541 TTGTGAAGGCGCAGCTTTGGGTACACTTGCGACCATCGGATGAGGATACCACTGTATTTC
 173  Q  I  S  R  L  M  P  V  T  D  G  N  R  H  R  I  R  S  L  K
 601 TGCAGATATCGCGACTGATGCCTGTCACAGATGGAAACAGGCATAGAATCCGATCGTTAA
 193  I  D  V  N  A  G  T  K  S  W  Q  S  I  D  V  K  Q  V  L  T
 661 AAATCGACGTAAATGCAGGGACCAAATCATGGCAAAGCATAGATGTCAAACAGGTTTTGA
 213  V  W  L  K  Q  P  E  T  N  W  G  I  E  I  N  A  Y  D  G  M
 721 CAGTGTGGCTCAAACAACCGGAGACCAACTGGGGCATTGAGATAAACGCATATGACGGCA
 233  G  T  D  L  A  I  T  S  A  E  Q  G  E  E  G  L  Q  P  F  M
 781 TGGGAACCGACTTGGCTATTACCTCTGCGGAACAGGGAGAGGAAGGACTGCAACCCTTCA
 253  E  V  K  I  S  E  G  P  K  R  S  R  R  D  S  G  L  D  C  D
 841 TGGAGGTCAAGATTTCCGAAGGCCCCAAAAGGTCTAGGAGGGATTCCGGACTAGACTGCG
 273  E  N  S  P  E  S  R  C  C  R  Y  P  L  T  V  D  F  E  D  F
 901 ACGAGAACTCCCCAGAATCCCGCTGCTGCAGGTACCCTCTTACCGTGGACTTTGAGGACT
 293  G  W  D  W  I  I  A  P  K  R  Y  K  A  N  Y  C  S  G  E  C
 961 TTGGCTGGGACTGGATTATCGCCCCCAAGCGCTACAAGGCCAACTACTGCTCCGGGGAGT
 313  E  Y  M  H  L  Q  K  Y  P  H  T  H  L  V  N  K  A  N  P  R
1021 GCGAGTACATGCACCTGCAGAAGTACCCCCACACCCACCTGGTGAACAAAGCCAACCCGC
 333  G  T  A  G  P  C  C  T  P  T  K  M  S  P  I  N  M  L  Y  F
1081 GGGGCACGGCCGGGCCCTGCTGCACCCCCACCAAGATGTCGCCCATCAACATGCTGTACT
 353  N  R  K  E  Q  I  I  Y  G  K  I  P  S  M  V  V  D  R  C  G
1141 TCAACAGGAAGGAGCAGATCATCTACGGCAAGATCCCATCGATGGTGGTGGACCGCTGTG
 373  C  S  *
1201 GCTGCTCCTGAgtcagcctgtggtccacacagcctcgcccccctaccctctgtcctcctcc
1261 cccaccctcttgcaggacttctgaaagtaatcatttaaccgtttagcagtgctttctct
1321 cactgtgcaatagagcgagaaaacgccacagggatgctcgcccatttgctgggcatcggc
1381 atcgcaaggatgtactggtggaatgtcatagatttaggacttgggaaaggacacggcaaaa
1441 caaacgagagaaaacttaatgacattctctgacaaaccttttttttcctcctcattcatt
1501 cttgcttggtgtttttaagtatcacctcacatacatcctgtacacattctcatgtctgca
```

1561 cctctctcacacatcacacactcgttttgtagtatccacacggagcaagactggctgtca
1621 gcgtcagatggccctgctatcctaggcgacatttcttttctttttctttttttaaggaaat
1681 acctgagtgagatggagagggactcaagaacatttgactagagctggaaatcctatctga
1741 ggtgttacagttggaacccagaacctggcctcatgtgcatcgccatacatgccaaacctt
1801 cattctgtcctgataatagc**attta**ccattactcaactgcttgaactgccctacacacttg
1861 aattattataattatatgcattactgc**attta**ctggacggaaggacttgaaccagaggcac
1921 tatgaatgcagtgtacacgt**attta**aatgtgtaacaaaggcagaggtatatgaaacgaatg
1981 aatg**attta**aaccatgcttaaaactctgtctttcaaacaacacagtttgcactatggcaga
2041 ccaatagaagtcattggttgttaaaaagttgtaaaaactgattttgatatgtttgctaat
2101 tgtattatatgccattgtttccagtagcagtttactttttaacctccgttagtaaatgt
2161 ataagaccacattctagcaacaagtgcacaatatcaaatctatatatctgtaaaaca**aa**
2221 **taa**aggtgcttgctctaaaaaaaaaaaaaaaaa

图 7-12　刀鲚 *MSTN* cDNA 序列和推测的氨基酸序列

全长 2 252 bp，编码区 1 125 bp，推测编码 374 个氨基酸。5′非编码区 86 bp，3′非编码区 1 041 bp。大写字母是下方核苷酸序列对应的氨基酸序列，方框内的分别是起始密码子（ATG）、终止密码子（TAG），motif（ATTTA）用单下划线标出，polyadenylation signal（AATAA）双下划线标出

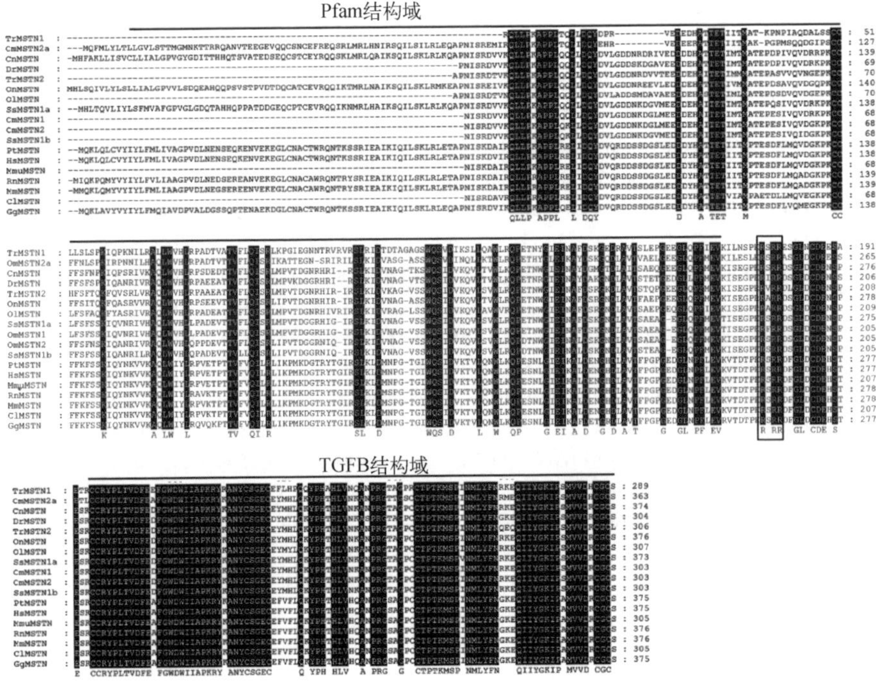

图 7-13　刀鲚 *MSTN* 和其他物种 *MSTN* 氨基酸序列的多重比对

黑色方框表示的是 RXXR 蛋白水解为点，左侧是序列名称，前两个字母代表物种，具体如下：Ss. *Salmo salar*，大西洋鲑；Om. *Oncorhynchus mykiss*，大麻哈鱼；Cn. *Coilia nasusu*，刀鲚；Dr. *Danio rerio*，斑马鱼；On. *Oreochromis niloticus*，罗非鱼；Ol. *Oryzias latipes*，青鳉；Tr. *Takifugu rubripes*，红鳍东方鲀；Gg. *Gallus gallus*，鸡；Pt. *Pan troglodytes*，黑猩猩；Mmu. *Macaca mulatta*，猕猴；Hs. *Homo sapiens*，人；Cl. *Canis lupus familiaris*，家犬；Rn. *Rattus norvegicus*，大鼠；Mm. *Mus musculus*，小鼠

TGFB 结构域氨基酸相似性较高(图 7 - 13)。进化树分析结果显示(图 7 - 14),哺乳类 *MSTN* 聚为一个大类,鱼类聚为另一个大类,而果蝇 *MSTN* 与这两大类的差异较大,单独成为一类。我们克隆到的基因在鱼类 *MSTN* 类别中,与斑马鱼的 *MSTN* 关系最近,进一步说明我们克隆到刀鲚的 *MSTN* 基因。

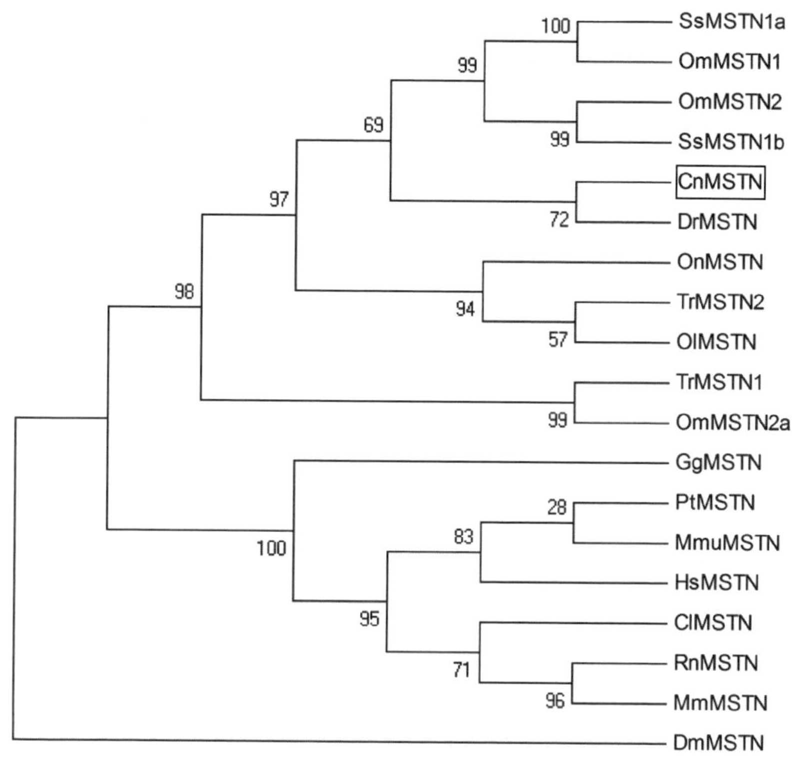

图 7 - 14　*MSTN* 的进化树分析

Ss. 大西洋鲑; Om. 大麻哈鱼; Cn. 刀鲚; Dr. 斑马鱼; On. 罗非鱼; Tr. 红鳍东方鲀; Ol. 青鳉; Gg. 鸡; Pt. 黑猩猩; Mmu. 猕猴; Hs. 人; Cl. 家犬; Rn. 大鼠; Mm. 小鼠; Dm. 果蝇

MSTN 基因发挥作用的机制是先合成前体蛋白质,经二次蛋白酶酶解活化,将成熟蛋白质分泌到胞外,分泌后形成的前肽在 RXXR 区被切除掉 N 端大约 266 个氨基酸,成熟区剩余 109 个氨基酸,包含 9 个保守的半胱氨酸的生物活性区,它们以二硫键的方式结合生成二聚体,然后和膜上的特异性受体发生相互作用,通过 3 种 Smad 蛋白的介导将信号传入细胞核,进而调节效应基因的表达,以达到对骨骼肌纤维数量和粗细的调节。与其他鱼类的 *MSTN* 结构相似,刀鲚 *MSTN* 氨基酸包含保守的半胱氨酸残基和 RXXR 蛋白水解位点(图

7－13)，这种结构上的相似性，预示着刀鲚 MSTN 在功能上的保守性。目前在虹鳟中，通过抑制 *MSTN* 基因的表达，获得了“六块腹肌”的转基因个体，这表明 *MSTN* 基因在鱼类育种中的巨大潜力，也为后续刀鲚育种的开展提供了基础数据。

采用荧光定量的方法，检测了 *MSTN* 基因在刀鲚鳃、脑、肝、脾、肠、头肾、肾、肌肉组织中的表达。结果显示，*MSTN* 在健康刀鲚的肌肉组织和脑高表达，鳃、肝、脾、肠、头肾和肾中微量表达(图 7－15)。*MSTN* 基因主要表达于骨骼肌，但其在哺乳类和鱼类的组织表达存在差异。哺乳类 *MSTN* 基因表达特异性强，一般只在骨骼肌或少数组织中表达。根据报道，*MSTN* 基因只在小鼠骨骼肌中表达，而在牛的心肌细胞、猪的乳腺细胞也有表达。作为低等脊椎动物的鱼类，*MSTN* 基因的表达模式呈现多样性，归结起来有两个特点。首先，鱼类 *MSTN* 基因在不同组织广泛表达。目前已经研究过的斑马鱼、虹鳟、大麻哈鱼、金头鲷(*S. aurate*)、罗非鱼(*O. mossambicus*)、斑点叉尾鮰(*I. punctatus*)、石首鱼(*U. cirros*)，在鳃、肝、心脏、脑、肾、脾、肠、性腺等组织有表达，刀鲚的 *MSTN* 主要表达于肌肉和脑，其他组织微量表达。这表明鱼类的 MSTN 不仅具有调控肌肉生长，可能发挥着其他的生物学功能。其次，很多鱼类 *MSTN* 基因包含两个亚型。如虹鳟(*O. mykiss*)、大麻哈鱼(*S. salar*)、金头鲷(*S. aurate*)等，而且两种亚型的组织表达分布不同，虹鳟的Ⅰ型 *MSTN* 在肌肉组织、脑、心脏、肾、肝、肠、鳃、性腺有表达，而Ⅱ型只在脑和肌肉组织表达。

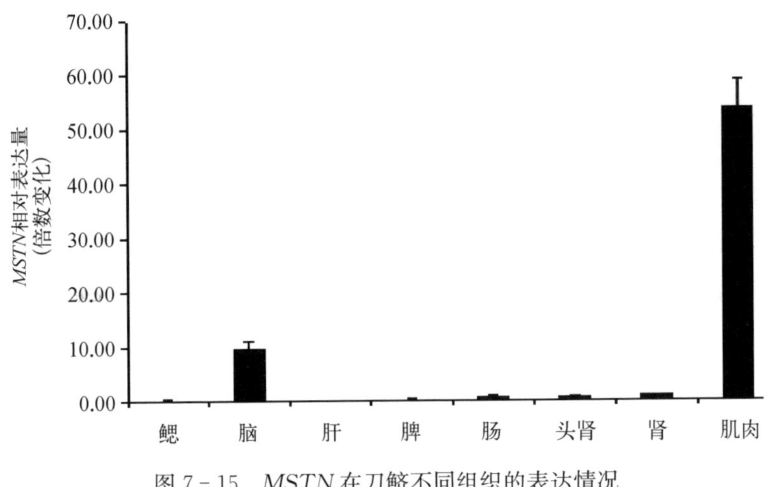

图 7－15　*MSTN* 在刀鲚不同组织的表达情况

大麻哈鱼的Ⅰ型 *MSTN* 在肌肉组织、心脏、脑、肠、鳃、舌、眼、脾、卵巢表达，Ⅱ型表达于肌肉组织、脑、肠、舌、眼、鳃。不同亚型组织表达不同，暗示他们发挥不同的功能。刀鲚的 *MSTN* 在肌肉组织和脑中表达量相对较高，而鳃、肝、脾、肾、头肾、肠中微量表达。我们克隆到的 *MSTN* 基因，组织表达模式类似于Ⅱ型，但是刀鲚中是否存在 *MSTN* Ⅰ型和Ⅱ型之分，还需要进一步的研究(杜富宽等，2014)。

皮质醇和血糖是表征应激反应强度的重要指标。装载运输过程中，皮质醇和血糖先升高后下降，运输后 2 h 皮质醇和血糖都达到峰值(图 7－16A，图7－16B)。在此过程中，*MSTN* 基因在肌肉组织中的表达显著升高(图 7－16C)，而在脑中的变化不大(图 7－16D)。肌肉生长抑制素的功能是抑制肌肉生长，运输应激后，肌肉 *MSTN* 显著升高，结果暗示，刀鲚的应激反应可能抑制其生长。

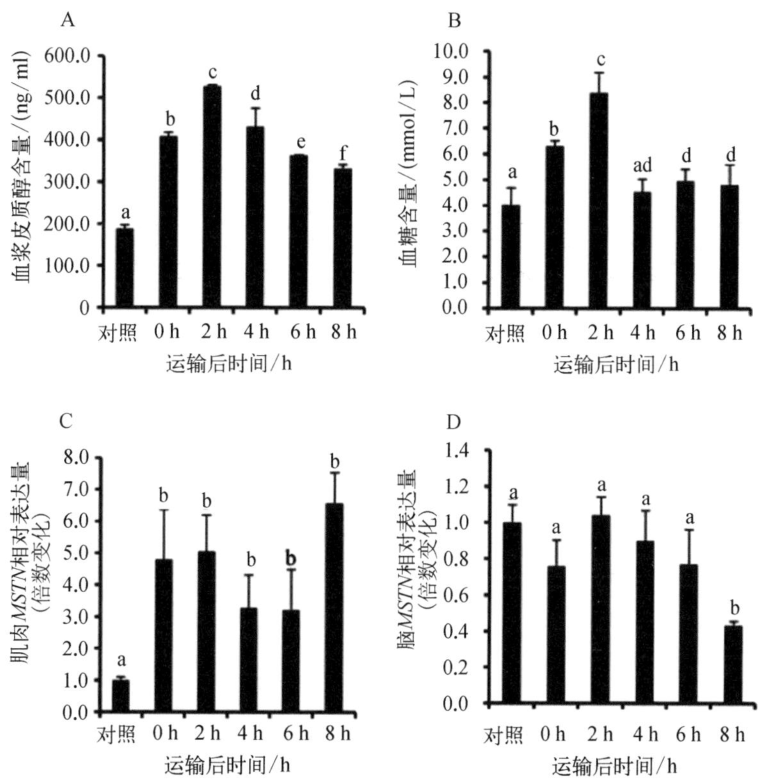

图 7－16　装载运输应激过程中血浆皮质醇(A)和血糖(B)变化，肌肉 *MSTN*(C)和脑 *MSTN*(D)的表达量变化

应激反应后，血糖值显著上升，这意味着启动了糖异生途径，促进了糖类的分解利用，这不利于物质贮存，这个结果也从侧面证明了刀鲚的应激反应会抑制其生长。

经过20天的饥饿实验，投喂组的平均体重增长6.45 g，饥饿组体重减少1.80 g(表7-1)。短期饥饿(2天)血浆皮质醇显著上升，并达到峰值，之后回落，但还是显著高于对照组(图7-17A)。血糖短期饥饿(2天、5天)显著下降，之后回升，到20天，回到初始水平(图7-17B)。在饥饿过程中，肌肉*MSTN*表达量显著下降(图7-17C)，脑*MSTN*表达量显著上升(图7-17D)。饥饿胁迫也属于应激胁迫，因此，应激的重要指标皮质醇显著上升，随着饥饿时间的增长，机体可能启动了应对饥饿的机制，一定程度上缓解了饥饿带来的皮质醇上升，因此，5天后皮质醇有所回落。从血糖变化来看，随着外源可利用营养物质的减少，血糖值逐渐下降，但随着饥饿时间的增长，机体应激饥饿的代偿机制启动，可能通过脂肪动员和氧化获得能量，血糖又有所回升。从该实验来看，刀鲚的饥饿耐性较强，20天的饥饿周期内还是可以将皮质醇和血糖调节回正常水平，这可能与刀鲚的脂肪含量高有关。刀鲚属于洄游性鱼类，每年春季由河口洄游至长江中下游产卵，这种洄游至少要持续20天以上。据调查，刀鲚在洄游过程中不觅食，可见他的耐饥饿能力是与其生活习性密切相关的。另外，刀鲚应对饥饿胁迫时，肌肉和脑*MSTN*基因的应答情况不同，肌肉中显著下降，可能*MSTN*的低表达有利于物质能量分解利用。而脑中的*MSTN*恰好相反，反而上升。目前已经发现很多基因在不同组织中发挥的功能有所差异，肌肉*MSTN*与肌肉生长抑制、代谢调控有关，而脑*MSTN*很可能与神经发育调控相关，但是，还有待开展更多的研究工作验证(金鑫等，2014)。

表7-1　刀鲚饥饿对体重的影响

时间/d	投喂组体重/g	饥饿组体重/g
0	15.22±2.86	15.22±2.86
2	16.12±6.50	15.22±3.89
5	16.51±7.17	14.60±4.00
10	16.81±3.47	14.86±3.53
15	17.03±5.04	14.34±5.04
20	21.67±5.73	13.42±1.75[a]

注：a. 两组体重有显著差异(means±SE，n=5；P<0.05)。

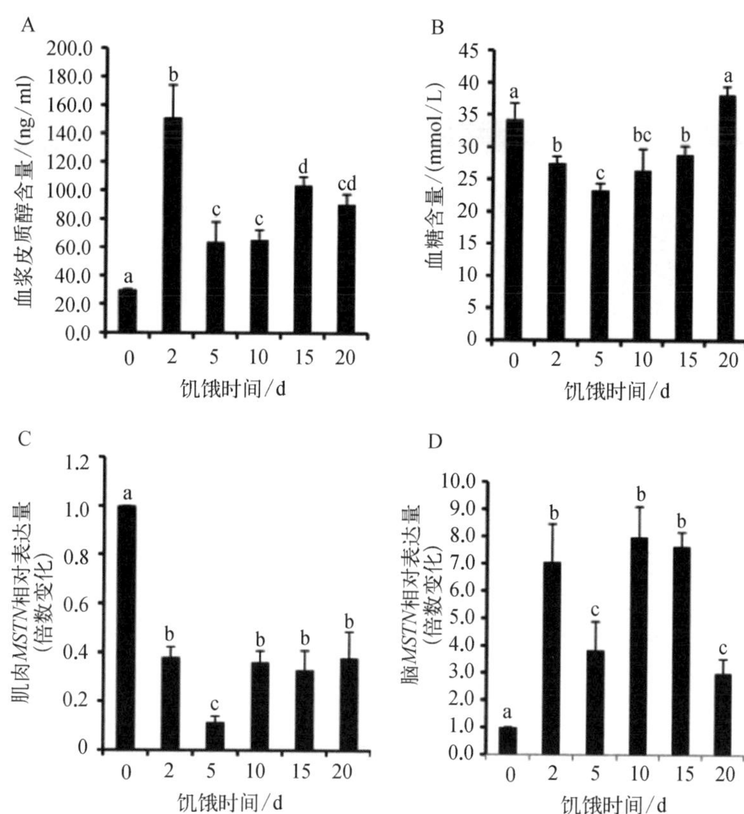

图 7－17　饥饿过程中血浆皮质醇(A)和血糖(B)变化，肌肉 *MSTN*(C)和脑 *MSTN*(D)的表达量变化

7.3　刀鲚应激反应的肝脏转录组

本部分研究针对刀鲚的转运应激，应用新一代高通量测序技术，结合生物信息学分析，解析刀鲚应激的分子机制，筛选刀鲚应激相关的信号通路和基因，为刀鲚抗应激分子辅助育种提供靶基因。

7.3.1　皮质醇与血糖变化

血浆皮质醇在对照组(应激前)的浓度为(187.76±9.07)ng/ml，实验组(应激后)的浓度为(407.72±9.50)ng/ml(图 7－18A)，应激后的浓度显著升高($P<0.01$)。对照组的血糖浓度(4.03±0.66)mmol/L，实验组(应激后)的浓度

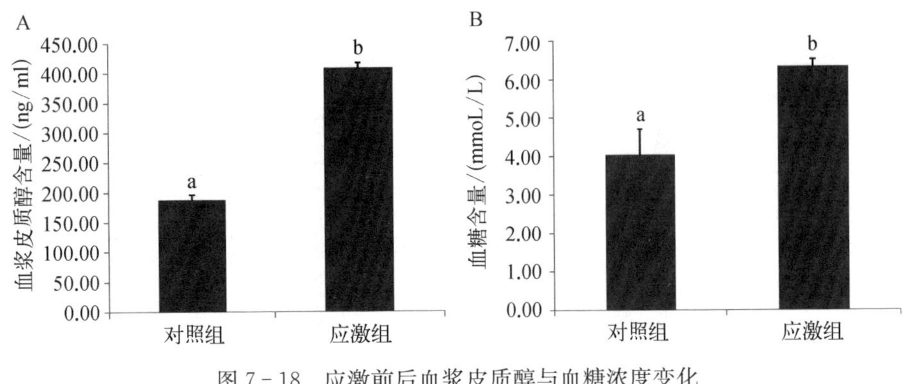

图 7-18 应激前后血浆皮质醇与血糖浓度变化

为(6.31±0.20)mmol/L(图 7-18B),应激后血糖浓度显著升高($P<0.05$)。

7.3.2 转录组数据的概况及组装

我们运用 Illumina HiSeq 2000 测序平台检测了刀鲚应急前后肝脏组织的转录组。数据统计结果显示,每个样品获得的 reads 数分别为 64.8 M 和 67.8 M,去除低质量的 reads,共获得了 111 053 176 个 clean reads,总数据量 9.99 G(表 7-2)。

表 7-2 转录组测序数据概况

样 品	总 reads	clean reads	clean Nucleotides/nt	Q20 比例/%
对照组	64 827 364	55 526 588	4 997 392 920	98.20
实验组	67 782 560	55 526 588	4 997 392 920	98.28
合计	132 609 924	111 053 176	9 994 785 840	98.24

运用 Trinity 软件对这些 reads 组装,共获得 65 129 个 Unigene(表 7-3),基因长度超过 200 bp 的分布情况如图 7-19 所示,Unigene 的平均长度为 607 bp,N50 为 813 bp,接近半数的 Unigene(30 582;47.0%)长度大于等于 500 bp,648 个 Unigene 的长度超过 3 000 bp,最长的 Unigene 为 10 911 bp。

表 7-3 reads 组装统计

参 数	数 量
Unigene 数量	65 129
Unigene 总碱基数/bp	39 474 010
Unigene 平均长度/bp	606

（续表）

参　　数	数　　量
Unigene≥500 bp 的数量	30 582
N50	835
最大长度/bp	10 911

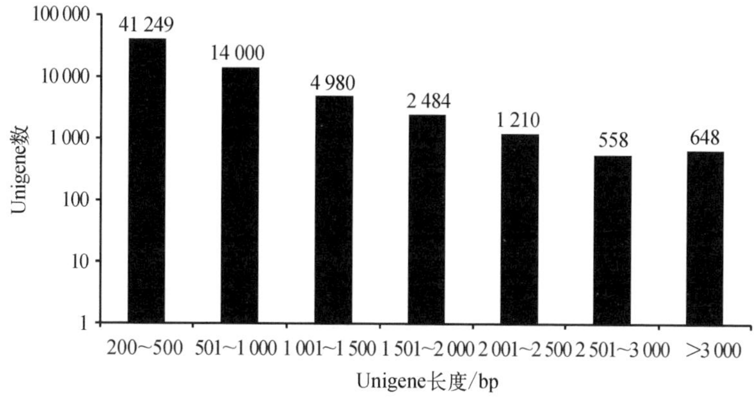

图 7－19　Unigene 组装统计

7.3.3　基因功能注释

运用 Blast 软件，将所有的 Unigene 对 NR、NT、Swiss－prot、KEGG、GO、COG 六个核酸、蛋白质数据库做比对，比对结果见表 7－4。根据 GO 分类，21 688个基因分为生物过程、细胞组分和功能 3 个大类和 49 个亚类(图 7－20)。细胞组分分类中，“cell part”(15 015，69.2%)的基因数目最多，其次是“organelle”(11 679，53.9%)和“organelle part”(7 270，33.5%)。分子功能分类中，“binding”(14 201，65.5%) 和“catalytic”(9 099，50.0%)两个功能占最大的比例。生物过程中，“cellular process”(15 851，73.1%)和“metabolic process”(13 020，60.0%)是主要的功能类别，除此之外，还涉及生长、细胞粘连、受体调控等。

表 7－4　非冗余基因的注释结果

数 据 库	注释 Unigene	注释 Unigene 占比/%
NR	33 723	51.8
NT	31 224	47.9
Swiss－prot	30 476	46.8

（续表）

数 据 库	注释 Unigene	注释 Unigene 占比/%
KEGG	25 188	38.7
GO	21 688	33.3
COG	10 631	16.3

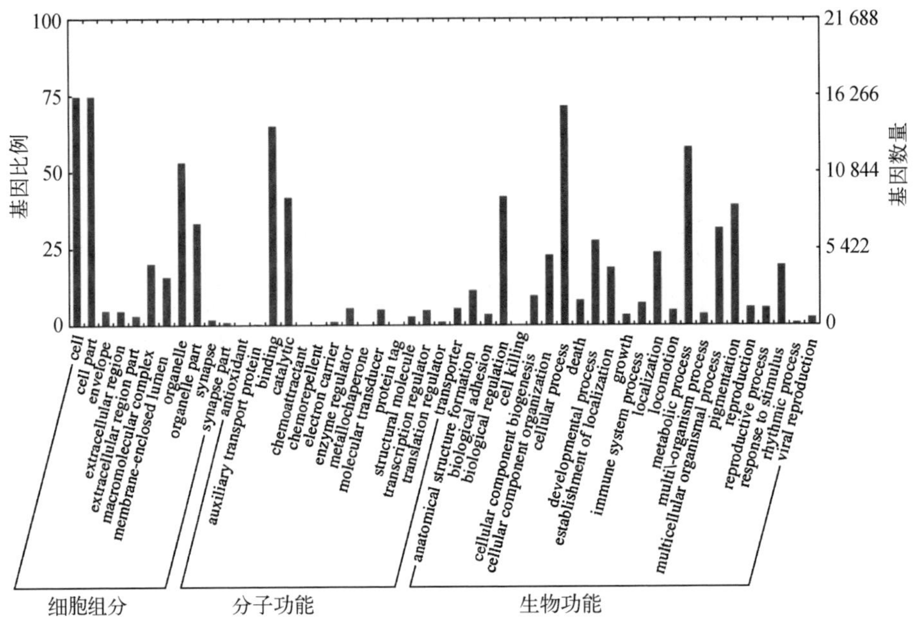

图 7－20 非冗余基因的 GO 分类

根据 COG 数据库，注释了 10 631(16.3%)个基因，分为 25 类(图 7－21)。“General function prediction only”(3 830，36.0%)是基因数目最多的组，其次是“Translation，ribosomal structure and biogenesis”(2 260，21.3%)、“transcription”(1 893，17.8%)、“Replication，recombination and repair”(1 858，17.5%)、“Cell cycle control，cell division，chromosome partitioning”(1 608，15.1%)、“Post-translational modification，protein turnover，chaperon”(1 522，14.3%)和“Function unknown”(1 506，14.2%)，基 数目最少的分组是“Nuclear structure”(4，0.03%)。

7.3.4 差异基因筛选

运用 FPKM 法计算基因的表达量，根据 Audic 等的方法筛选差异表达基因，我们筛选了 2 990 个上调表达基因，3 416 个下调表达基因。这些差异表达

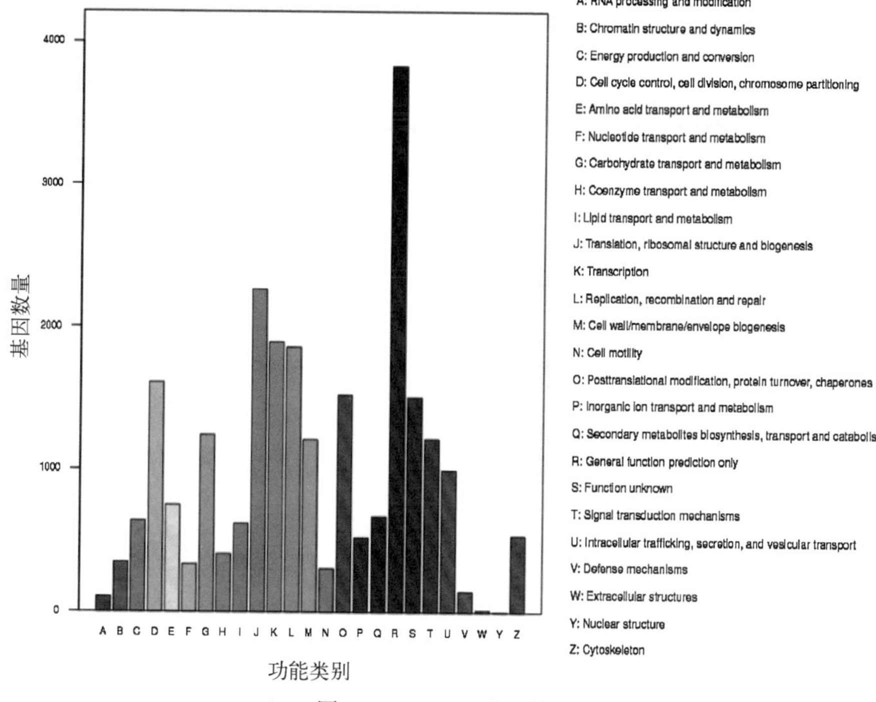

图7-21　COG注释结果

基因包含代谢和免疫相关基因，如GTPase、threonine-protein kinase and MHC class I heavy chain的相关基因，这些基因在应激后，表达量显著变化，暗示这些差异表达基因都参与了应激反应。

我们将上述筛选的差异表达基因进行信号通路的显著性富集，筛选到66条应激显著相关的信号通路（表7-5），主要的两大类信号通路是代谢和免疫。代谢通路中，主要是糖代谢和脂代谢两大类，包括"Glycolysis/Gluconeogenesis"、"Starch and sucrose metabolism"、"Glycerophospholipid metabolism"和"Fat digestion and absorption"；免疫代谢通路主要是"Phagosome"、"HTLV-I infection"和"Amoebiasis"。

表7-5　刀鲚应激相关信号通路

类　别	通　　路	Pathway ID	基因个数	Q值
Carbohydrate metabolism	Glycolysis/Gluconeogenesis	ko00010	38	2.09E-03
	Starch and sucrose metabolism	ko00500	32	2.67E-03
	Pyruvate metabolism	ko00620	32	2.89E-03

（续表）

类　别	通　　路	Pathway ID	基因个数	Q值
Carbohydrate metabolism	Type I diabetes mellitus	ko04940	31	1.39E-08
	Glyoxylate and dicarboxylate metabolism	ko00630	24	1.34E-04
	Butanoate metabolism	ko00650	17	4.16E-03
	D-Glutamine and D-glutamate metabolism	ko00471	5	2.12E-02
lipid metabolism	Glycerophospholipid metabolism	ko00564	36	4.43E-02
	Fat digestion and absorption	ko04975	28	3.61E-03
	Steroid hormone biosynthesis	ko00140	24	3.40E-02
	Steroid biosynthesis	ko00100	23	1.22E-12
	Fatty acid biosynthesis	ko00061	12	9.34E-04
	Ether lipid metabolism	ko00565	16	3.56E-02
other metabolism	Protein processing in endoplasmic reticulum	ko04141	92	3.53E-03
	Protein digestion and absorption	ko04974	60	1.53E-04
	Metabolic pathways	ko01100	448	2.46E-09
	Glutathione metabolism	ko00480	26	2.67E-03
	Caffeine metabolism	ko00232	8	3.56E-03
	PPAR signaling pathway	ko03320	64	2.52E-06
	Arachidonic acid metabolism	ko00590	38	6.51E-04
	Vitamin digestion and absorption	ko04977	24	1.34E-03
	Propanoate metabolism	ko00640	21	1.24E-02
	Terpenoid backbone biosynthesis	ko00900	16	5.07E-06
	alpha-Linolenic acid metabolism	ko00592	14	7.18E-03
	Valine, leucine and isoleucine biosynthesis	ko00290	8	2.67E-03
Immunity	Phagosome	ko04145	114	1.09E-08
	HTLV-I infection	ko05166	107	2.67E-02
	Amoebiasis	ko05146	104	2.07E-02
	Epstein-Barr virus infection	ko05169	100	2.42E-02
	Herpes simplex infection	ko05168	100	3.40E-02
	Tuberculosis	ko05152	89	7.47E-03
	Viral myocarditis	ko05416	73	2.46E-03
	Antigen processing and presentation	ko04612	72	1.17E-13
	Systemic lupus erythematosus	ko05322	68	2.59E-09
	Pertussis	ko05133	63	1.38E-02
	Complement and coagulation cascades	ko04610	60	3.61E-03
	Natural killer cell mediated cytotoxicity	ko04650	59	1.50E-03
	Staphylococcus aureus infection	ko05150	54	4.71E-04
	Rheumatoid arthritis	ko05323	51	8.59E-06

（续表）

类　别	通　　路	Pathway ID	基因个数	Q 值
Immunity	Legionellosis	ko05134	49	2.67E－03
	Leishmaniasis	ko05140	48	2.84E－04
	Chagas disease(American trypanosomiasis)	ko05142	48	4.65E－02
	Autoimmune thyroid disease	ko05320	41	3.43E－11
	Allograft rejection	ko05330	40	3.43E－11
	Prion diseases	ko05020	40	2.67E－02
	Graft-versus-host disease	ko05332	27	5.09E－07
	Primary immunodeficiency	ko05340	27	3.53E－03
	Intestinal immune network for IgA production	ko04672	24	2.32E－04
	African trypanosomiasis	ko05143	23	1.34E－03
	Asthma	ko05310	22	8.22E－05
others	Spliceosome	ko03040	113	3.29E－02
	Insulin signaling pathway	ko04910	91	1.34E－04
	Alzheimer's disease	ko05010	65	3.57E－02
	Pancreatic secretion	ko04972	56	1.05E－05
	Ribosome	ko03010	55	1.72E－06
	Calcium signaling pathway	ko04020	55	1.38E－02
	Adipocytokine signaling pathway	ko04920	45	1.09E－02
	Gastric acid secretion	ko04971	42	1.18E－03
	Circadian rhythm-mammal	ko04710	31	1.28E－06
	DNA replication	ko03030	27	5.09E－07
	Olfactory transduction	ko04740	23	2.95E－02
	Phototransduction-fly	ko04745	19	3.40E－02
	Proximal tubule bicarbonate reclamation	ko04964	18	3.48E－03
	Mismatch repair	ko03430	16	8.76E－04
	Circadian rhythm-fly	ko04711	15	4.32E－03
	Protein export	ko03060	10	3.21E－02

本研究通过对刀鲚应激前后肝脏样品的转录组测序，经过组装，获得了65 129 个基因，充实了刀鲚的分子背景。我们筛选了 2 990 个上调表达基因，3 416 个下调表达基因，这些都是刀鲚应激的相关基因，通过功能显著性富集，发现这些基因主要参与代谢和免疫过程。这些数据，为我们后续开展抗应激提供了候选信号通路及基因。

7.3.5　刀鲚运输应激诱导的细胞凋亡通路激活

这些通路主要涉及糖代谢和脂类代谢，如糖异生、糖酵解、脂肪动员和脂肪酸β-氧化等通路，我们检测了这些重要代谢通路的限速酶基因(表7-6，图7-22)，应激反应后都显著上调。这些通路的激活可以产生活性氧自由基，从而引发氧化应激，诱导细胞凋亡和组织损伤。基于以上结果提出的假设，我们检测了肝脏损伤的重要指标：谷草转氨酶(AST)和谷丙转氨酶(ALT)，运输应激2 h后均升高4～5倍(图7-23)，结合前述研究，初步证实了刀鲚的装载运输应激可以诱发体内氧化应激，氧化应激激活TNF-α介导的细胞凋亡通路，诱发肝脏损伤，这可能是应激反应造成死亡的重要原因之一(Du et al.，2014)。

表7-6　运输应激前后LPO及细胞凋亡相关蛋白的表达水平

	对照组	应激组
LPO/(nmol/mg)	0.32±0.03	0.44±0.09[a]
TNF-α/(ng/L)	4 800.00±494.97	7 075±106.07[a]
半胱天冬酶9/(IU/L)	34.34±0.43	38.45±1.39[a]
细胞色素c/(nmol/L)	187.22±5.36	232.50±3.54[a]
半胱天冬酶3/(IU/L)	68.28±4.06	81.45±3.23[a]

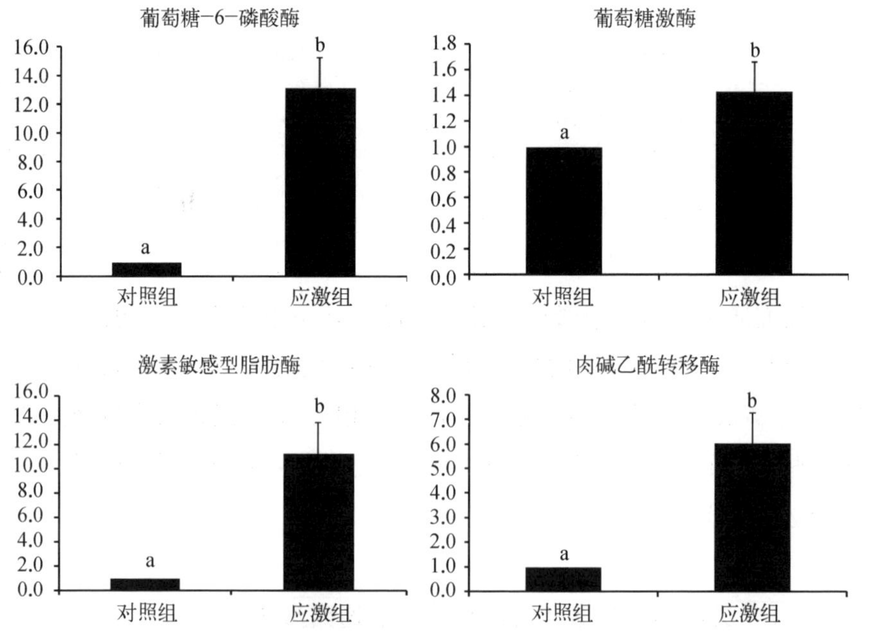

图7-22　刀鲚糖代谢和脂代谢限速酶基因在应激前后的表达量变化

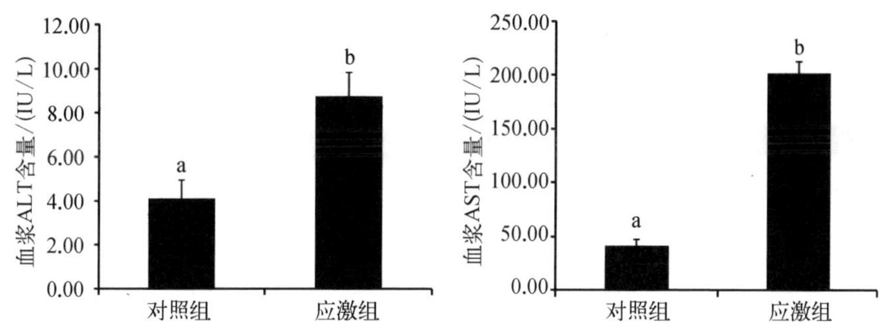

图 7－23　刀鲚血浆 ALT 和 AST 在应激前后的变化

7.4　盐度缓解刀鲚应激性死亡的研究

7.4.1　盐度对刀鲚运输胁迫下成活率的影响

运输应激组在模拟运输 2 h 以后，在运输桶中到处乱窜，撞壁，鳞片脱落，出现吻端充血，进而全身充血、翻肚、死亡；运输 8 h 后成活率仅为 40%，放回暂养池后因不可逆的应激而导致 96 h 后的成活率为 20%。加盐抗应激组在各时间点及恢复 24 h、96 h 的成活率均为 100%(表 7－7)；两种处理差异明显($P<0.05$)。

表 7－7　运输胁迫下两种处理后长江刀鲚幼鱼的成活率

处 理	运输时间					恢复过程	
	AL	2	4	6	8	24	96
正常应激组	100.00±0.00	90.00±0.00	76.67±3.33	63.33±3.33	40.00±0.00	26.25	20.00
加盐抗应激组	100.00±0.00	100.00±0.00	100.00±0.00	100.00±0.00	100.00±0.00	100.00	100.00

7.4.2　盐度对刀鲚运输胁迫下血液渗透压和糖类代谢水平的影响

血浆渗透压以 50 μl 血浆为标准量，采用纯水校对，在 Gonotec 冰点渗透压仪 030(Osmomat 030，德国)上测定。运输胁迫导致正常应激组刀鲚血液渗透压整体呈下降趋势，运输 2 h 后，血液渗透压显著下降至(0.314±0.008) mOsm/kg ($P<0.05$)；而后至运输 8 h，血液渗透压小幅上升，但仍显著低于实验初水平($P<0.05$)；恢复 24 h 后，略下降；恢复 96 h 后，血液渗透压上升至(0.326±0.004) mOsm/kg。运输胁迫中加盐抗应激组刀鲚血液渗透压整体呈上升趋

势，运输 2 h 后，血液渗透压显著上升至(0.344±0.003)mOsm/kg($P<0.05$)；而后略下降，至运输 8 h 后，血液渗透压上升至最高值(0.348±0.002)mOsm/kg。恢复 24 h 后，下降至实验初水平；恢复 96 h 后，血液渗透压降至(0.320±0.001)mOsm/kg(图 7-24)。

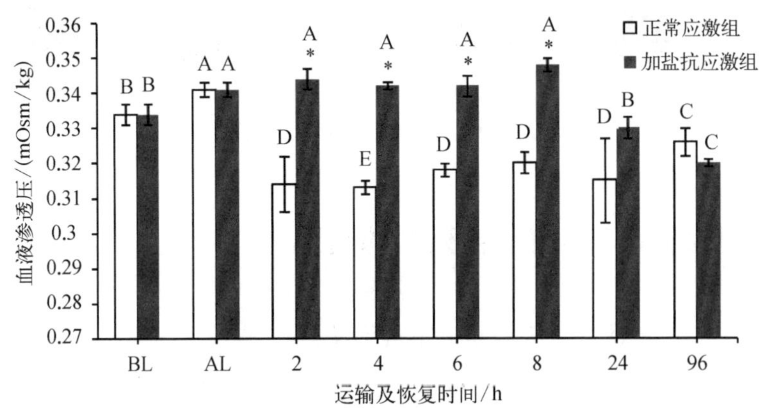

图 7-24　盐度对装载及运输胁迫下刀鲚幼鱼血液渗透压的影响

注：上方标 * 表示同一时间点不同组别有显著性差异($P<0.05$)；上方不同的大写字母表示同一组别不同时间点有显著性差异($P<0.05$)。

采用葡萄糖氧化酶法，在美国贝克曼 Cx-4 型自动生化分析仪上测定血糖。运输胁迫导致正常应激组刀鲚血糖含量显著升高($P<0.05$)，在运输 2 h 后达到最高值(8.38±0.47)mmol/L，而后随着运输时间的加长逐渐下降，恢复 24 h 后，血糖值再次升高至(9.31±1.01)mmol/L，恢复 96 h 后，血糖降至(3.96±0.32)mmol/L 与初始值(4.03±0.38)mmol/L 相近。加盐抗应激组的血糖值在运输 2 h、4 h 后小幅升高，显著低于对应的正常应激组($P<0.05$)，运输 8 h 后，血糖值降至最低值(3.18±0.28)mmol/L；恢复 24 h、96 h 期间血糖值变化较小，分别为(3.35±0.09)mmol/L 和(3.16±0.11)mmol/L(图7-25)。

血浆皮质醇的测定采用化学发光法，以 100 μl 血浆为标准量，使用全自动化学发光免疫分析仪(Maglumi 1000，中国)进行皮质醇浓度检测。正常应激组及加盐抗应激组在运输胁迫及恢复期间下长江刀鲚血浆皮质醇含量的变化规律如图 7-26 所示。可以看出，运输胁迫导致皮质醇含量显著升高($P<0.05$)。正常应激组和加盐抗应激组分别在运输 2 h 和 4 h 后，血浆皮质醇含量均达到最高值，分别为(563.84±36.39)ng/ml 和(574.71±64.75)ng/ml。正常应激

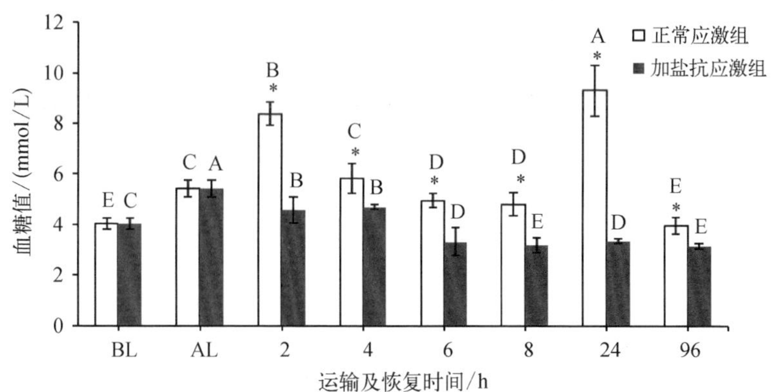

图 7－25　盐度对装载及运输胁迫下刀鲚幼鱼血糖的影响

注：上方标＊表示同一时间点不同组别有显著性差异($P<0.05$)；上方不同的大写字母表示同一组别不同时间点有显著性差异($P<0.05$)。

组随着运输时间的进一步加长，皮质醇含量呈现不同程度的下降趋势；然而在原暂养池恢复 24 h 后血浆皮质醇再次急剧上升，达(532.55±62.15)ng/ml，引起了刀鲚大量死亡，96 h 后，血浆皮质醇恢复至与运输胁迫前的相当水平[(204.77±7.68)ng/ml]。加盐抗应激组随着运输时间和恢复时间的进一步加长，皮质醇含量呈现逐步上升和逐步下降的趋势，恢复 96 h 后，血浆皮质醇含量为(193.26±5.02)ng/ml。

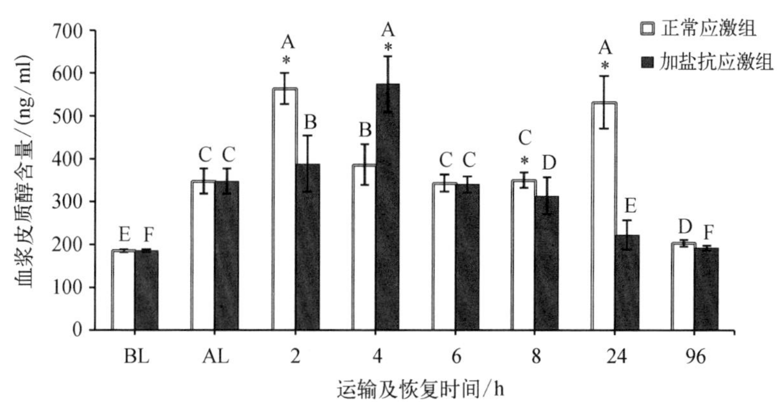

图 7－26　盐度对装载及运输胁迫下刀鲚幼鱼血浆皮质醇的影响

注：上方标＊表示同一时间点不同组别有显著性差异($P<0.05$)；上方不同的大写字母表示同一组别不同时间点有显著性差异($P<0.05$)。

肝糖原测定比色法，采用南京建成生物工程研究所的试剂盒进行测定。运输胁迫导致正常应激组和加盐抗应激组刀鲚肝糖原元含量随着运输时间的延长而呈波浪式变化，正常应激组经历下降、上升、再下降、再上升而后恢复至实验初的水平。加盐抗应激组波动幅度较小，运输 2～6 h 经历逐步下降的过程；运输 6 h 后，肝糖原含量则恢复并高于实验初的水平(图 7－27)。

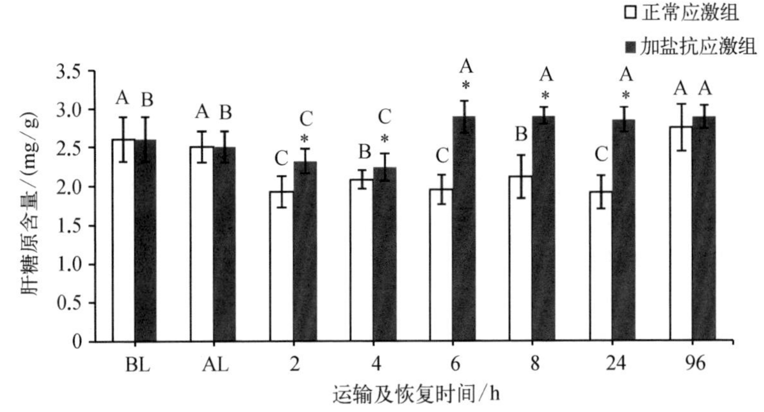

图 7－27　盐度对装载及运输胁迫下刀鲚幼鱼肝糖原的影响

注：上方标＊表示同一时间点不同组别有显著性差异($P<0.05$)；上方不同的大写字母表示同一组别不同时间点有显著性差异($P<0.05$)。

研究表明，鱼类运输过程中因运输容器大小、溶解氧、排泄物毒性等因素影响将不同程度导致鱼体产生应激反应而引起死亡。长江刀鲚“出水即死”，其应激反应极其强烈，与银鲳、中国鲥等相似，运输问题一直是困扰产业发展的瓶颈；但不同种类的鱼体在运输应激胁迫下的生理反应存在种间差异。王汉平等在中国鲥的运输中采用不充氧增氧且运输容器水体 300 L 以上，密度 3 尾/L 以下的条件下，水温 30.5～33.0℃时运输 8 h，成活率达 90％以上，运输模式与长江刀鲚的运输模式相似，但本实验未加盐的正常应激组 8 h 运输成活率仅为 20％。

盐度作为一种生态因子，对鱼类具有一系列的生态生理学作用。盐度可以影响鱼类生长、代谢等各种生理活动，其变化迫使鱼类自身通过一系列生理变化，来调整体内外渗透压的动态平衡。众所周知，长江刀鲚是长江中重要的江海洄游性鱼类，具有很强的盐度变化的适应能力，自然界中洄游的刀鲚在入海前能在半咸水栖息很长时间，机体迅速适应高渗环境。本实验中加盐抗应激组的刀鲚在运输的 8 h 以内血液渗透压值显著高于正常应激组，刀鲚这种快速适应能力能在短时间内改善体液电解质平衡反而降低了其应激反应。赵峰等在洄游性硬骨鱼类史氏鲟盐度驯化的研究中，提出史氏鲟在渗透调节中有应激反应、主动调节和适应环境的 3 个过程，刀鲚适应盐度的能力也与史氏鲟相似。理论和实验都表明，如果盐度与某些真骨鱼类生活史中某阶段相适应，则其渗透调节能量消耗很低，基础代谢率达到最低。运输中盐度急速变化导致长江刀鲚的能量主要用于适应盐度应激，刀鲚撞壁、互相堆挤使得脱鳞的现象明显减弱，这可能是 10‰盐度显著提高刀鲚运输成活率的主要原因之一。

在鱼类开放式运输中，运输容器的大小及运输密度都是鱼类产生应激反应的主要因子。本研究中 10‰盐度下使用的 200 L 的正方形运输桶及 1 尾/L 的密度是生产实践中总结的可行方案，至于最佳的运输桶容积、形状及密度有待进一步深入研究。

血浆皮质醇含量的变化是检测运输应激性反应的重要指标之一。本研究中，运输胁迫致使血浆皮质醇含量显著升高，这与诸多硬骨鱼类的研究结果相吻合。正常应激组在运输 2 h 后皮质醇即急剧上升，虽然随后出现逐步适应的下降，但在暂养池恢复的 24 h 后皮质醇再次急剧上升，导致了刀鲚大量死亡。在加盐受到盐环境胁迫后产生应激反应，鱼类大量的吞饮盐水来补充水分，由于盐水进入体液，离子浓度增加，可以通过下丘脑-垂体-肾上腺轴（HPI 轴）系统迅速进行调控，促使肾上腺释放肾上腺皮质激素，从而提高皮质醇水平，但相对正常应激组，盐度应激与运输应激的协同作用使得在整个运输过程中皮质醇缓慢上升而后缓慢下降，直至恢复期趋于稳定到运输前的水平，大大提高了运输成活率。

血糖是鱼类机体的主要能量物质，在正常情况下，体内的含量相对稳定，但运输应激可导致鱼类血糖含量明显升高，出现高血糖症。本研究结果显示，运输胁迫导致血糖含量显著升高，正常应激组在整个运输实验过程及恢复 24 h 后血糖含量均维持在一个较高的水平，这与对银鲳、大西洋鲑等的研究结果相一致。加盐抗应激组的血糖值虽然在整个运输过程中也升高，但相对于正常应激组却明显整体偏低，这也说明适度的盐度可使基础代谢率达到最低，达到提高运输成活率的目的。目前的研究表明，关于应激作用下血糖升高的原因主要有两种：一是应激导致血液中儿茶酚胺浓度升高，高浓度的儿茶酚胺直接作用于肝，致使肝糖原分解，最终导致血糖浓度的升高；二是急性应激条件下，血糖浓度随着皮质类固醇激素含量的升高而升高。本研究结果属于第二类型，即运输胁迫过程中皮质醇含量的升高也伴随着血糖含量的升高。

本研究结果表明，运输胁迫导致长江刀鲚肝中糖原含量明显降低，尤其明显的是正常应激组在运输 2 h 后，其糖原含量显著低于运输前的水平，随后的 4～8 h，肝糖原小幅上升，但恢复 24 h 后，糖原再次显著降低，可能是环境的改变再次引起了其强烈的应激反应，由此也可以推断，糖原主要存储于肝中，肝糖原是主要的能量供给，这与彭士明等的研究结果一致。加盐抗应激组的肝糖原在运输胁迫初期小幅降低，至运输 6 h 后，肝糖原含量甚至高于实验初的水平，原因有待进一步研究；但这表明 10‰盐度使得能量消耗大幅降低。

综上可知，运输胁迫导致长江刀鲚血浆皮质醇、血糖的明显升高，而血糖含量的升高主要源于肝糖原的动员；10‰盐度可显著提高血浆渗透压，降低其基础代谢水平，避免撞壁、擦伤掉鳞等强烈的应激反应，可显著提高成活率(徐钢春等，2015)。

7.5 刀鲚抗应激运输技术

7.5.1 刀鲚抗应激运输技术原理

本技术结合刀鲚内在生理变化和外界环境协同作用的原理，从而提供一种刀鲚天然鱼种或者人工繁育鱼种的运输方法，在采用保证氧气足够的条件下，不充氧并保持 8‰～10‰盐度长江水或原塘水进行运输以最大限度降低刀鲚应激，保障运输成活率在 95%以上。

7.5.2 刀鲚抗应激运输技术工艺步骤

1. 刀鲚鱼种的来源

(1) 当年 5 月人工繁育获得的刀鲚鱼种，体长 10～15 cm、体重 4.0～10.0 g。

(2) 捕捞自长江江苏靖江、常熟段的当年繁育的天然刀鲚鱼种，体长 8～15 cm、体重 2.0～8.0 g。

当年 9～11 月从长江或者池塘捕捞的鱼种直接连鱼带水用盆转入运输水

箱中。

2. 运输用具

(1) 运输水箱：敞口圆形塑料水桶，直径 80～100 cm、高 50 cm；或者长×宽×高(100 cm×60 cm×70 cm)的敞口塑料水箱。

(2) 运输用车：带顶棚的卡车，车厢 4.2 m×1.8 m，或者是厢式货车，车厢 4.2 m×1.8 m，运输时敞开车厢后门。

3. 运输(图 7－28)

(1) 装箱：将运输水箱的水重新更换，一般选用鱼种培育或捕捞地点附近清新干净的天然水体，箱内水占整个箱体容积的 3/4 左右，添加工业用盐至盐度为 8‰～10‰，鱼种运输密度为 1.5 g/L 左右。

(2) 运输管理：尽量保持卡车匀速前进，速度为 30～40 km/h，避免急刹车。每隔 2～3 h 检查一次刀鲚的情况，并用简易溶氧仪检测水箱中溶解氧，若水中溶解氧低于 4 mg/L，及时更换运输用水，一般采用先降低水箱中水位至 30 cm，再用水泵抽取清新干净的天然水体或者充分曝气的自来水至原来水位。

图 7－28　刀鲚的苗种运输

图 7－29　刀鲚的苗种运输

4. 鱼种放养

到达目的地后，先降低箱内水位，留 20～30 cm 深将整个水箱移至目的池中，将运输桶轻轻倾斜至 90°，缓缓往桶底方向后抽运输桶，将鱼转入养殖池塘(图 7－29)。

所述清新干净的天然水体或运输用水 pH 7.0～8.2、氨氮含量 0.1 mg/L 以下、亚硝酸盐含量 0.2 mg/L 以下；所述长途运输为 24 h 以内的运输范围为宜。

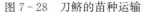

7.5.3 刀鲚抗应激运输技术优点

(1) 鱼种运输时间尽量选择在秋末初冬的 9～11 月，水温 15～22℃时，此时刀鲚的新陈代谢比较缓慢，代谢物和耗氧量均较少，水体也不易变质（万全等，2007）。

(2) 采用不充氧并保持 8‰～10‰盐度长江水或原塘水进行运输，以最大限度降低刀鲚应激，保障运输成活率在 95%以上。

(3) 氧气足够的条件下，能进行刀鲚鱼种的长途运输，且方法简便易掌握。

第8章　长江刀鲚池塘生态养殖技术

池塘生态养殖技术因其集养殖的可持续性、养殖产品的"绿色"安全性和环保、节水等诸多优点，被认为是一种很有前途的现代水产养殖技术，该养殖技术在养殖过程中禁止使用抗生素，以确保养殖鱼类没有污染和食用安全。发展长江刀鲚的商品鱼养殖，对调整池塘养殖结构和市场产品品种供给，提高池塘养鱼经济效益有重要的意义。

8.1　长江刀鲚池塘生态养殖技术

8.1.1　技术原理

该技术的目的是克服池塘养殖刀鲚存在养殖成本过高和养殖风险过大的缺陷，提供一种养殖成本较低且养殖风险较小的池塘养殖刀鲚的方法。在实际生产实践中，我们出乎意料地发现鲮和细足米虾相比其他的低成本饵料鱼虾能够为刀鲚提供非常良好的适口性，且使用鲮和细足米虾作为刀鲚的饵料能够使刀鲚的个体更大且肉质更好。

为了实现上述目的，本技术总结了一种鲮和细足米虾配套供给刀鲚池塘养殖的方法，该方法包括：在刀鲚池塘中将刀鲚养至体长10～15 cm后，投喂中后期刀鲚饵料，直至刀鲚体重达到100 g以上；其中，所述刀鲚池塘的年最低池塘水温为3～6℃，年最高池塘水温为29～34℃，池塘水温在8℃以上时，所述中后期刀鲚饵料包括体长为2～3 cm的活鲮鱼苗；在池塘水温低于8℃时，所述中后期刀鲚饵料包括体长为1～2 cm的活细足米虾。

通过上述技术方案，本技术在华东地区充分利用鲮的生物学特性及气温的变化规律，建立了在经卤虫或者浮游动物培育的刀鲚鱼种后采用规模化培育鲮夏花并衔接细足米虾投喂刀鲚的池塘生态养殖模式，降低了养殖成本，显著提高了刀鲚养殖的产量并确保刀鲚摄食的适口性、适量，保证了养殖刀鲚的品质。此外，本技术具有既具有可行的操作性又具有良好的实用性，能够规模养殖和生产优质、无公害水产品等特点，提供了最有效的满足市场需求的刀鲚生态养殖方法。

8.1.2 阶段式生态养殖技术工艺步骤

（1）在刀鲚池塘中将刀鲚养至体长 10～15 cm 的方法可以前期培育方法进行，可参考项目组总结的两项专利技术（CN200910030354.X 或 CN201110191146.5）中公开的方法。

（2）刀鲚池塘选择中，池塘水温在 8℃以上的时间可以为 7～10 个月，池塘水温低于 8℃的时间可以为 2～5 个月。上述时间可以在很大范围内变化，只要能使刀鲚体重达到 100 g 以上即可。

在长江中下游地区，池塘水温在 8℃以上的时间一般为当年 4～11 月（共 8 个月），刀鲚池塘的年最高池塘水温可以达到 29～34℃；池塘水温低于 8℃的时间一般为当年 12 月至次年 3 月（共 4 个月），年最低池塘水温可以低至 3～6℃。（池塘水温是指正午时的池塘中间层的水温。）

其中，如果因气候变化（如从温度正常的年份变化至温度偏冷的年份）或养殖地域变化（如从长江中下游地区变化至淮河流域地区），自然水体在 8℃以上的时间缩短，可以优选地通过常规的升温措施（如在池塘上覆盖保温棚）的方式使得池塘水温在 8℃以上的时间能够维持 7～10 个月。

优选地，在池塘水温在 10℃以上时，所述中后期刀鲚饵料包括体长为 2～3 cm 的活鲮鱼苗（图 8－1）；在池塘水温低于 7℃时，所述中后期刀鲚饵料包括体长为 1～2 cm 的活细足米虾（图 8－2）。

图 8－1　投喂活鲮鱼苗

图 8－2　投喂活细足米虾

(3) 鲮的拉丁学名为 *Cirrhina molitorella*，属鲱形目鲤科野鲮亚科鲮属。其中，活鲮鱼苗的投喂频率可以为每 20～40 天一次，平均每次的投喂量可以为 50～100 kg/亩。

根据本技术特别优选的一种实施方式，刀鲚池塘中的刀鲚饲养密度为 800～1200 尾/亩，且活鲮鱼苗的投喂频率为每 25～35 天一次，平均每次的投喂量为 60～80 kg/亩。在该优选的实施方式中，能够取得更高的刀鲚产量和更好的刀鲚品质。

细足米虾的拉丁学名为 *Caridina nilotica gracilipes*，属米虾属。其中，活细足米虾的投喂频率可以为每 15～20 天一次，平均每次的投喂量可以为 20～30 kg/亩。

优选地，所述活鲮鱼苗是通过在鲮鱼苗配套池塘中培育得到的。配套池塘中培育鲮的条件可以包括：投放的鲮水花体长可以为 0.5～0.8 cm，鲮水花的投放密度可以为 100 万～200 万尾/亩，增氧功率可以为 0.5 kW/亩以上。

鲮在处于鱼苗阶段时以浮游动物为主要食物，因此优选地可以通过泼浆肥水的方式养殖鲮，在鲮鱼苗配套池塘中平均每天泼豆浆 2～3 kg/亩。

在华中和华南地区，鲮的繁殖期从 5 月初开始一直持续到 10 月上旬。鲮从体长 0.5～0.8 cm 的鲮水花生长至体长为 2～3 cm 的活鲮鱼苗所需的时间为 20～40 天。因此，优选地可以采用一塘多茬的方式养殖鲮鱼苗，即捞出体长为 2～3 cm 的活鲮鱼苗后，在同一池塘中投入体长 0.5～0.8 cm 的鲮水花。投入的鲮水花的尾数可以为捞出的鲮鱼苗的尾数的 2～3 倍。

根据本发明技术，刀鲚池塘中的刀鲚饲养密度可以为 800～1 200 尾/亩。刀鲚池塘的面积可以为 2～5 亩。其中，池塘水温在 8℃以上时，所述中后期刀鲚饵料中，体长为 2～3 cm 的活鲮鱼苗可以占 80%～100%(质量分数)；在池塘水温低于 8℃时，所述中后期刀鲚饵料中，体长为 1～2 cm 的活细足米虾可以占 80%～100%(质量分数)。其中，当活鲮鱼苗和(或)细足米虾占中后期刀鲚饵料不足 100%(质量分数)时，可以投喂 20%(质量分数)以下的人工刀鲚饵料。其中，人工刀鲚饵料可以为各种能够商购得到的甲鱼饲料代替。

根据本技术，所述活细足米虾可以通过从河蟹养殖池中捕捞得到。细足米虾为小型淡水虾类，食用价值不高，是长江中下游地区虾类中的优势种群。细足米虾对环境适应性较强，在长江中下游地区水域各月份均为虾类优势种，且基本呈集群分布，可适应较高的养殖密度；捕捞成本较低。例如，在江浙一带的螃蟹饲养池塘中，细足米虾会随饲养用水进入螃蟹饲养池塘并繁衍，在当年 11 月至次年 3 月适于捕捞。

（4）根据本技术，在刀鲚鱼种养殖 1 周年左右后捕捞收获刀鲚商品鱼。刀鲚鱼种养殖 1 周年左右后刀鲚商品鱼体重达 100 g 以上，可根据市场需求捕捞上市。

8.2 池养刀鲚的敌害防护措施

8.2.1 刀鲚池塘养殖敌害防护的意义

土池培育中敌害生物较多，早期培育阶段的敌害生物主要有水生昆虫及幼体，如水蜈蚣、水蛋及蝌蚪等，中后期的敌害生物主要有水鸟、青蛙、凶猛鱼类及水鼠等。通常采用防鸟装置及杀虫剂全池泼洒杀灭，但是这种疏忽了除水鸟之外敌害的防治，而采用杀虫剂的方法对水体生态环境有一定的破坏，同时也将鱼苗培育的关键饵料生物杀灭了，对鱼苗培育效果有很大影响。因此，敌害生物的滋扰使得育苗成活率降低、出苗量减少，甚至前功尽弃。

本技术提供的刀鲚池塘养殖中敌害防治的方法，采用生石灰和漂白粉混合组成的消毒药物进行彻底消毒清塘；对注入刀鲚养殖池的水源进行水质调控及过滤处理；在刀鲚养殖池的四周及上方装设敌害生物防护装置；敌害生物防护装置由钢管桩体、主线、钢丝绳及胶丝网构成，该方法通过药物彻底消毒清塘、进水严格过滤及敌害生物防护装置的设置、优化，最大限度地减少了敌害生物的滋扰，提高了育苗成活率，为刀鲚的规模化人工繁育及产业化开发提供了的可靠保障，具有较强的推广与应用价值。

8.2.2 刀鲚池塘养殖敌害防护的步骤

（1）注入刀鲚养殖池的水源选择清新的河水、江水或曝气的井水，水质指标为：透明度 30～40 cm，溶解氧 7～10 mg/L，氨氮≤0.1 mg/L；过滤处理时，将进水管口设置 80 目的筛绢网，刀鲚育苗池中的水深控制在 1.0～1.5 m。

（2）主体敌害生物防护装置包括：钢管桩体、主线、钢丝绳、胶丝网；刀鲚养殖池的四周各边各设置有一排钢管桩体，钢管桩体由小钢管及大钢管固定连接构成，小钢管上设置有主线，沿主线的轴向间隔设置有井字形的钢丝绳，钢丝绳上覆盖有网目为 8 目的胶丝网(图 8－3)。

钢管桩体四周采用遮阳网围起，遮阳网的低端埋入土中。

每根钢管桩体的间距为 4～6 m，每根钢管桩体埋入地面下的深度为 50～100 cm。

大钢管埋入地面下深度为 50～100 cm，小钢管插入大钢管后离地面高度为 2.0～2.5 m。

主线离地面的高度为 2.0～2.5 m。

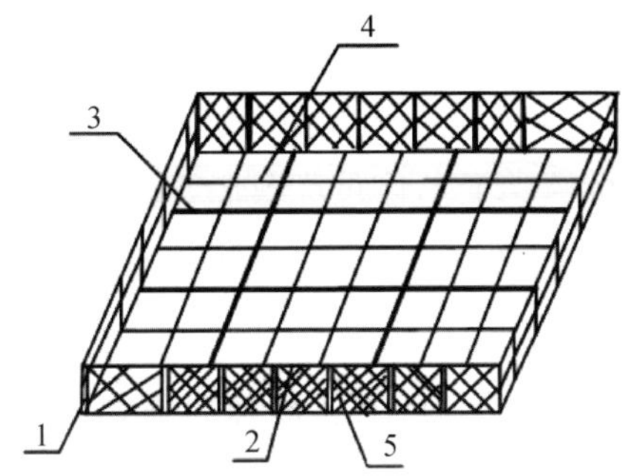

图 8－3　敌害生物防护装置的结构示意图

1. 钢管桩体；2. 主线；3. 钢丝绳；4. 胶丝网；5. 遮阳网

8.3　池养刀鲚鱼种的摄食与生长

8.3.1　刀鲚鱼种的生长特性

对 2012 年在宜兴基地进行池塘生态养殖实验的刀鲚生长进行测定分析，结果显示，随着养殖时间的延长，刀鲚体长呈逐渐增加的趋势(表 8－1)。从初始阶段养至 52 天时，体长、体重增长变缓；在养殖 153～333 天，体长增长速率显著增长，体长与时间之间的关系为直线相关。而随着养殖时间的延长，刀鲚体重也呈逐渐增加的趋势，但体重增加规律不同。从初始阶段养至 52 天时，体重增加的速度明显慢于在养殖 153～333 天刀鲚体重的增加；在养殖 52～153 天，体长增长速率又变快，刀鲚鱼种体重与养殖时间之间的关系式可用指数生长来拟合。

表 8－1　池养刀鲚的生长变化情况

取样时间	养殖时间/d	体长/cm	体重/g	摄食率/%	测量尾数/尾
2012.10.08	0	12.41±2.21	5.83±0.91		30
2012.12.29	52	15.80±1.78	10.13±1.20	95.00	20
2013.02.28	111	17.38±1.84	16.18±2.13	100.00	18
2013.04.10	153	23.25±2.08	51.58±12.98	97.47	79
2013.10.10	333	35.67±4.08	102.18±12.98	100%	32

对经333天养殖的32尾刀鲚样品进行统计分析并作体长、体重分布结果显示：刀鲚体长范围在27.5～39.9 cm，其中30.8～34.5 cm的个体占样本总数的70.21%；体重范围在75.4～142.6 g，其中90.1～111.1 g的个体占样本总数的73.67%。

8.3.2 刀鲚鱼种的摄食节律

在昼夜摄食节律实验中，共取刀鲚鱼种93尾，通过解剖及显微观察得出消化道充塞度随时间的变化结果(表8-2)。从表8-2可见，刀鲚鱼肠道充塞度变化与时间有密切关系，4:00和16:00肠胃充塞度较大，20:00、24:00较低。4:00时无空胃肠，3级充塞度达到53.85%，4级充塞度占23.08%，8:00时亦无空胃肠，4级充塞度上升至52.94%，为一天的最高点，12:00时空胃肠率达31.58%，1～2级充塞度占57.89%，而4级充塞度下降为0，16:00时3～4级充塞度回升为50%，20:00时和24:00时的4级充塞度降为0，空胃肠率却分别达到23.08%和46.15%。上述结果表明，刀鲚鱼种属于晨昏摄食型鱼类。

表8-2 刀鲚鱼种消化道充塞度(出现频率)

采样时间	充塞度(等级)					解剖尾数
	0	1	2	3	4	
4:00	0	1	2	7	3	13
8:00	0	1	2	5	9	17
12:00	6	6	5	2	0	19
16:00	1	2	6	8	1	18
20:00	3	7	2	1	0	13
24:00	6	5	1	1	0	13

8.3.3 刀鲚鱼种的食物组成

刀鲚鱼种在个体发育过程中，随着体长的增长和鱼体的发育，其食物组成也相应发生变化。体长(15.80±1.78)cm个体的胃肠中，以动物性饵料为主，主要摄食枝角类、桡足类、水生昆虫和虾类，其中枝角类和桡足类的出现率较高，分别达100%和80%；(35.67±4.08)cm个体的胃肠中，食谱有所扩大，其中鲮和小虾(日本沼虾、细足米虾)的出现频率高达95.41%和73.90%。食物饵料与池塘的饵料基础大体上相一致，与人工投喂饵料的种类和数量有直接关系，但其不同发育阶段适宜饵料生物有所不同。

8.4　长江刀鲚鱼种耗氧率和窒息点

8.4.1　长江刀鲚鱼种耗氧率

实验测定了不同水温条件下刀鲚鱼种的耗氧率和窒息点，并对耗氧率的昼夜变化规律及水温对刀鲚鱼种血糖及肌糖原、肝糖原指标的影响进行了研究，旨在为刀鲚运输、养殖生产中制定合理的放养密度和养殖工艺提供参考依据。

水温对刀鲚幼鱼耗氧率的影响见表 8－3。实验温度 16～28℃时，刀鲚幼鱼的耗氧率随温度升高而增大。其中在水温 16℃与 20℃下差异显著（$P<0.05$），20℃与 24℃时耗氧率差异不明显（$P>0.05$），28℃时耗氧率则比 24℃时极显著增大（$P<0.01$）；刀鲚幼鱼的耗氧率（R）[mg/（kg・h）]与水温（T）（℃）的回归关系为：$R=0.517T^{1.775}$，$R^2=0.92$。

表 8－3　不同温度下刀鲚的耗氧率

温度/℃	体长/cm	体重/g	耗氧率/[mg/（kg・h）]
16	11.52±0.53	5.30±0.41	74.54±8.31[a]
20	11.68±0.58	5.34±0.49	105.28±10.46[b]
24	11.59±0.89	5.41±0.72	123.10±10.41[c]
28	11.45±0.43	5.28±0.39	217.12±18.42[A]

注：同列数据有相同字母表示差异不显著（$P>0.05$）；不同小写字母表示差异显著（$P<0.05$）；大写字母表示差异极显著（$P<0.01$）。

刀鲚幼鱼耗氧率的昼夜变化测定结果如图 8－4 所示。刀鲚幼鱼在 7:00 耗氧率最高，为（160.50±12.34）mg/（kg・h）；7:00～13:00 的耗氧率逐渐降低；17:00 又出现小高峰，为（142.62±11.11）mg/（kg・h）；之后耗氧率继续下降，到 21:00 达到最低值[（88.20±9.01）mg/（kg・h）]，约为最高值的 55%；21:00 以后，耗氧率呈波浪状逐渐上升。若将测定值按 7:00～17:00 划为白天和 19:00～5:00 划为夜间 2 个阶段，白天平均耗氧率为（124.96±9.98）mg/（kg・h），夜间平均耗氧率为（110.17±9.82）mg/（kg・h），经双尾 t 检验，昼夜耗氧率差异显著（$P<0.05$）；表明刀鲚幼鱼白天的活动强度大于夜间。

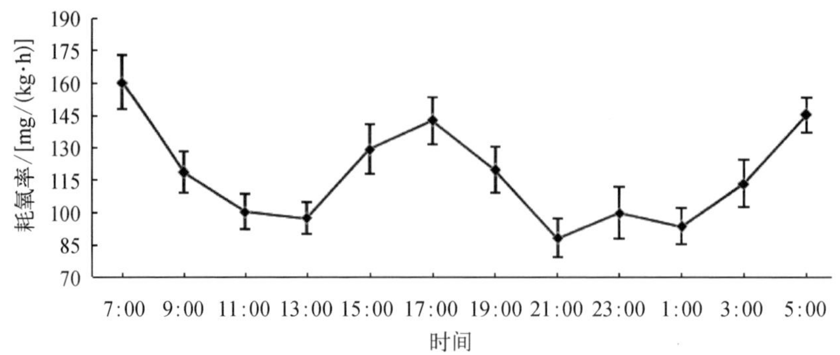

图 8-4 刀鲚幼鱼耗氧率的昼夜变化

在水温 16℃、20℃、24℃及 28℃条件下，刀鲚幼鱼血清中血糖的含量如图8-5所示。刀鲚幼鱼血清中血糖含量在水温 16～24℃阶段保持相对稳定，血糖含量在17.24～19.79 mmol/L 波动，通过 t 检验，确定为非显著性差异；但在水温 24～28℃阶段，血糖含量从 17.24 mmol/L 上升到 32.99 mmol/L，升高变化率为91.36%。随着水温的升高，刀鲚幼鱼肌糖原和肝糖原含量均呈波浪式变动(图 8-6，图 8-7)，且在水温 16～24℃阶段无显著性差异($P>0.05$)；当水温升高到 28℃时，肌糖原和肝糖原含量均显著低于水温 16～24℃阶段的水平($P<0.05$)。

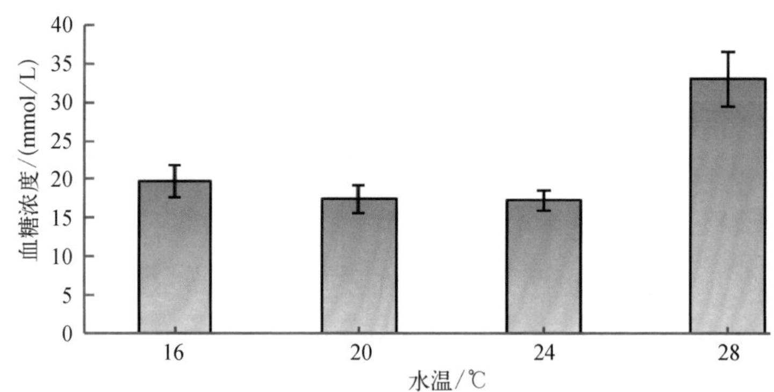

图 8-5 水温对刀鲚幼鱼血糖浓度的影响

8.4.2 长江刀鲚鱼种的窒息点

刀鲚幼鱼窒息点(50%死亡)与水温的关系见表 8-4。16～28℃，随着温度升高，窒息点显著升高；尤其是 28℃时的窒息点溶解氧高达(3.06±0.73)mg/L，是 20℃时的 2 倍。统计分析表明，刀鲚幼鱼的窒息点(A)(mg/L)与水温

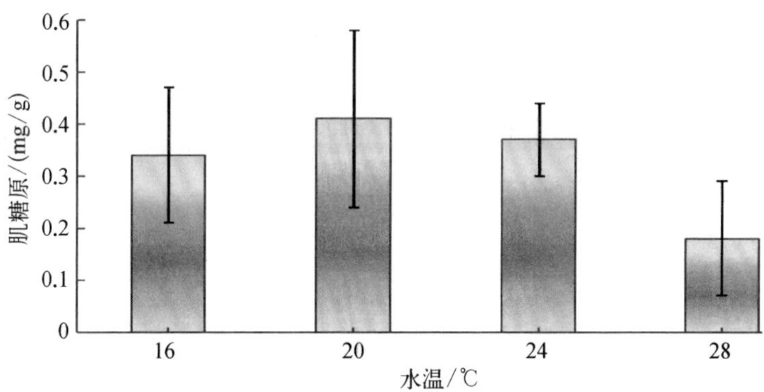

图 8-6　水温对刀鲚幼鱼肌糖原的影响

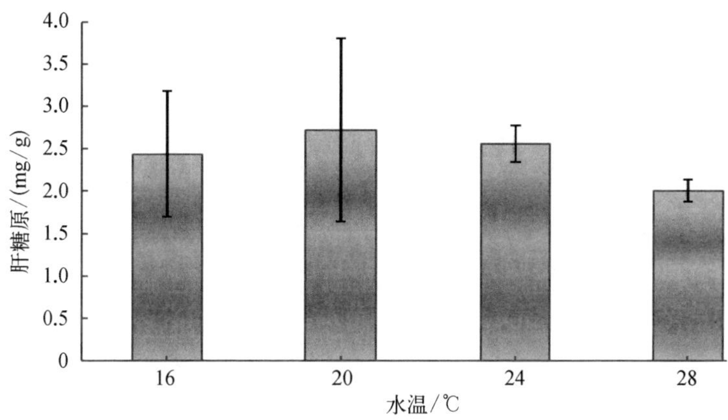

图 8-7　水温对刀鲚幼鱼肝糖原的影响

(T)(℃)的相关关系为：$A=0.003T^{2.013}$，$R^2=0.99$，$P<0.05$。

表 8-4　刀鲚幼鱼窒息点与水温的关系

实验水温/℃	体重/g	实验鱼/尾	开始死亡溶氧/(mg/L)	窒息点/(mg/L)	全部死亡溶氧/(mg/L)
16	5.27±0.93	6	1.08±0.10	0.98±0.07	0.83±0.08
20	5.32±0.50	6	1.68±0.20	1.54±0.12	1.39±0.16
24	5.40±0.81	6	2.41±0.22	2.14±0.18	2.02±0.20
28	5.35±0.52	6	3.34±0.53	3.07±0.38	2.92±0.28

8.4.3　刀鲚的耗氧率与窒息点特征

1. 水温对刀鲚幼鱼耗氧率的影响

研究认为，鱼类为变温动物，在一定的温度范围内，体温随水温升高而升高，这时鱼体内各种生理生化反应随之增强，导致鱼体对氧的需求量随之增加，表现出耗氧率升高的现象(林浩然,2011)。温度对刀鲚幼鱼耗氧率的影响表现为,随着温度上升耗氧率也逐渐增加,其与水温的为幂函数关系,与对大西洋鲱(*Clupea harengus*)、瓦氏黄颡鱼(*Pelteobagrus vachelli*)、匙吻鲟(*Polyodon spathula*)、河鲈(*Perca fluviatilus*)、褐菖鲉(*Sebastiscus marmoratus*)及大口黑鲈(*Micropterus salmoides*)的研究结果相似。

叶奕佐、刘飞等认为,在某一温度范围内,如果耗氧率变化小,即其新陈代谢过程中的异化作用随温度升高而变化小,即体内能量存贮较多,这对其生长是有利的。本实验结果表明,刀鲚幼鱼的耗氧率在水温 16℃与 20℃下差异显著,24℃与 28℃下差异极显著,而 20～24℃下耗氧率差异并不明显。因此,我们推断 20～24℃是刀鲚幼鱼生长发育的适温范围(徐钢春等,2012)。

2. 刀鲚幼鱼耗氧率的昼夜变化

Clausen 认为鱼类的耗氧率昼夜间呈有规律的变化,这种变化代表着鱼类在自然环境中的活动周期,耗氧率高时代表鱼类进食或处于活动旺盛时期。

研究证实,鱼类的耗氧率昼夜变化规律有 3 种类型,第 1 种是白天耗氧高于夜间,这些鱼白天进食活动较频繁;第 2 种是夜间耗氧高于白天,这些鱼属于“昼伏夜出”型;第 3 种是日间与夜间耗氧相当,白天和夜间都有进食。刀鲚幼鱼的耗氧率昼夜变化属于第 1 种类型。由于实验水温较稳定,故耗氧率变化不会是水温变化造成的,而应该是由鱼类呼吸生理所决定,与其摄食生活习性有关;这与徐钢春等报道刀鲚幼鱼属晨昏型摄食节律的研究结果一致。此外,间接反映了刀鲚幼鱼白天进食或活动旺盛,夜间则相对较少的生活习性;这种耗氧率昼高夜低的节律性与池塘溶氧昼夜变化规律相吻合,有利于该鱼在池塘中推广养殖。因此,在养殖生产上,早晨、傍晚对其进行投喂,这样对其生长将更加有利,但在运输过程中,则应尽量避免这一时间段,选择上述耗氧率低谷时间进行,以延长运输时间,提高运输成活率。

从实验结果看,刀鲚幼鱼一天中耗氧最大值在早晨 7:00 左右,此时正是池塘中溶氧较低的时刻,因此,在刀鲚的养殖过程中,早晨要注意及时增氧,以满足其代谢高峰时期氧的需要量,保证其正常摄食和进行必要的生理活动。

3. 刀鲚血糖、肌糖原、肝糖原与水温的关系

血糖是血液中最重要的能源物质,是鱼类各种活动所需能量的直接来源;肌肉和肝以糖原形式贮存糖,在血液中则以葡萄糖形式存在,两者之间时常保持动

态平衡。实验证明,运动能力强的鱼类血糖值较高,运动迟缓的鱼类血糖值较低。本实验结果表明,刀鲚幼鱼在16～24℃下血糖值(17.24～19.79 mmol/L)明显高于相近水温中华鲟幼鱼(*Acipenser sinensis*)、银鲳幼鱼(*Pampus argenteus*)的血糖值,这与刀鲚属凶猛肉食性鱼类的生态习性有关。刀鲚幼鱼血清中血糖含量在水温16～24℃阶段保持相对稳定,而当水温升高到28℃时,血糖含量急剧升高,这可能是在此温度下刀鲚面临胁迫,体内肌糖原和肝糖原加速消耗,游离脂肪酸含量产生变化,蛋白质分解加快。本实验数据显示,在水温为28℃下的肌糖原和肝糖原含量比在水温为16～24℃下的肝糖原含量显著降低,说明随着温度的升高,刀鲚的代谢增加,加速了营养物质的分解,由于没有外源营养物质的补充,为了维持能量的供给,鱼体自身不断将肌糖原和肝糖原分解成葡萄糖。

4. *刀鲚幼鱼窒息点与水温的关系*

水中溶解氧缺乏时会对水生动物运动产生明显影响。本实验中,随着实验时间的延长,水中溶解氧逐渐下降,刀鲚会表现出与众不同的异象,如急剧的窜动、口与鳃裂急速开合,并不时出现“浮头”,直至临近窒息点时其运动速度急剧下降、活力降低,紧接着仰卧,鳃盖张开,呼吸停止而死亡。这一时段进程较短,很快就出现幼鱼昏迷现象。

Caulton研究表明,在适温范围内,温度越高,鱼类生理代谢水平越高,耗氧率也会随着温度升高而增大,机体需要更多的氧气来维持呼吸作用,所以窒息点也会随之上升。本实验中,刀鲚幼鱼在温度为16～28℃时,随着温度升高而升高,呈幂函数关系,即刀鲚幼鱼随着温度升高而其窒息点升高速率变大,这与王辉等对尼罗罗非鱼幼鱼和徐绍刚等对溪红点鲑的研究结果不一致。刀鲚对水中溶解氧水平的要求较高,在水温28℃的环境下,当水中溶解氧下降到3.07 mg/L时就会出现死亡,而对于大多数养殖鱼类来说,这种溶解氧水平尚处于正常状态。在相近水温和体重条件下,刀鲚对低氧的忍受能力远低于尼罗罗非鱼、鳜、青鱼、青石斑鱼、斑鳠、月鳢、宝石鲈等常见的养殖鱼类,接近于大黄鱼的溶氧要求,其高密度养殖需要供氧充足的条件。

刀鲚在亲鱼培育期,受精卵孵化期和仔、稚鱼生长期溶解氧均需保持在5 mg/L以上。在池塘养殖中必须做好养殖水体增氧和测氧的工作,尤其是高温季节需经常注水或换水进行水质调节,水体中溶解氧一旦低于4 mg/L,刀鲚就会出现摄食下降、生长停滞的现象,甚至产生停食、浮头乃至死亡。

第9章 长江刀鲚温室大棚养殖技术

充分发挥地理优势，借鉴利用深井水调温技术和种植业温室大棚的模式，创立了长江刀鲚“温室大棚＋深井水”工厂化养殖的新模式。目前，这一模式已在多个地区得到普及，使用效果良好，面积不断扩大。

9.1 长江刀鲚工厂化生态养殖技术

9.1.1 工厂化生态养殖技术工艺步骤

1. 养殖设施

选择沙质底水泥池作为培育池，池上建双层保温大棚，沙质底水泥池的池深 2.0～2.5 m，面积 2 800 m^2，水温≥20℃；将沙质底水泥池的水用浓度为 150～200 g/m^2的生石灰或含有效氯 27%～30%的浓度为 10～15 g/m^2的漂白粉全池泼洒消毒，浸泡 1 周，排干池塘水后再加注新水。

2. 生态化养殖

将培育池的水保持在以下条件：水温≥20℃，溶解氧＞7 mg/L，氨氮浓度≤0.3 mg/L，亚硝酸盐浓度≤0.1 mg/L，pH 7.8～8.4，盐度≤5‰，透明度30～40 cm。

鱼苗下池前 15 天，培育池进水 0.8 m 深，施尿素至 2～5 mg/L，或使用发酵并消毒的有机肥，培养藻类、轮虫、枝角类、小虾，使轮虫数量达到 200 个/ml 以上，还有少量的枝角类，达 10 个/ml。

挑选规格为 5～10 cm 长的健康鱼苗，用盐度 5‰海水浸泡消毒 24 h，按 15～25 尾/m^2的密度放入培育池；在饲养过程中，每天检测生态养殖池中水温、溶解氧、氨氮浓度、亚硝酸盐浓度、pH、盐度和透明度，使之满足上述条件；每天监测生态养殖水体中浮游生物群的变化，通过控制藻类、轮虫、枝角类、小虾数量，使之满足上述的条件，不足及时补充，达到动态平衡。在此养殖期间，投喂

0.8～1.0 mm 颗粒饲料，投饵系数 1.2%～1.5%，每天 3:00、20:00 各投喂一次，定期补充浮游动物和小虾。

3. 收获成鱼

在平均体重达到 110～130 g/尾时，根据市场需求收获销售成鱼。

图 9-1　刀鲚养殖温室大棚

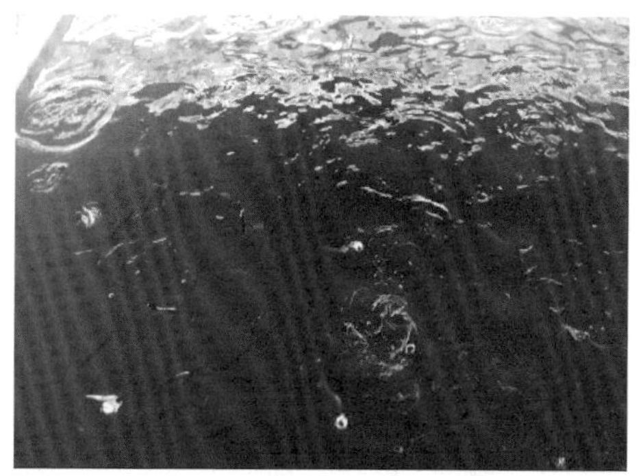

图 9-2　温室大棚摄食刀鲚

9.1.2　工厂化生态养殖技术特点

(1) 采用 2 800 m^2 大棚池对刀鲚进行工厂化生态培育，人工控制刀鲚鱼养殖中的各项指标，人为控制工厂化生态养殖水环境，利用生态平衡规律物质循环、能量流动原理，减小环境对养殖过程的影响。避免敌害的侵扰，创造一个动态的刀鲚养殖环境。

(2) 养殖刀鲚的体色青黄色，接近野生刀鲚颜色，刀鲚鱼养殖周期缩短 1 年以上，养殖出刀鲚蛋白质含量达到 60%以上，脂肪含量达到 29%以上，富含不饱和脂肪酸。

(3) 生态养殖刀鲚的寄生虫发生概率极大降低，养殖成活率提高 20%。

9.2　长江刀鲚驯食技术

9.2.1　刀鲚驯食技术工艺步骤

1. 准备驯食专用池

选择 500 m^2 以上的钢架保温大棚，保持一定光照；在大棚内修建半掩地的圆形钢化玻璃池，池深 1.4～1.8 m，池底微凹呈锅底状，便于排污，设有微孔增氧装置，进水口设在池边，水流方向沿池壁切线方向，以便进水时池水能旋转成微流水状态，流速 0.1～0.2 m^3/min，透明度 40～50 cm，溶解氧 7～10 mg/L，氨氮浓度≤0.1 mg/L。

2. 选择种苗规格

选择秋末冬初季节即 10～11 月从长江的靖江和常熟段捕捞野生刀鲚鱼种或者人工繁育鱼种，体长 10～15 cm，鱼体规格整齐，体质健壮无病，泳动活泼。所获得鱼种经水温适应后放入驯养池，投放密度 1～2 尾/m^3。

3. 驯食饲料配方及缓沉饲料的配制

(1) 刀鲚人工配合饲料含有以下饲料成分：鱼粉 40%～45%，淀粉 8%～12%，鱼油 1%～2%，蚯蚓干粉 5%～10%，脱脂奶粉 2%～4%，鱼内脏干粉 2%～4%，小麦强筋粉 3%～6%，虾粉 10%～20%，混合无机盐 1%～3%，蚕蛹粉 2%～5%，混合矿物质3%～6%，多种维生素 2%～3%，

百分比为质量百分比；混合无机盐包括乳酸钙、氯化钠、磷酸氢二钾、磷酸氢钙、磷酸二氢钠；混合矿物质包括硫酸镁、硫酸锌、柠檬酸钾、柠檬酸铁铵、碳酸铜、碳酸锰、氯化铝、碘酸钾、亚硒酸钠、硫酸铬钾；多种维生素包括维生素 B_1、维生素 B_6、生物素、叶酸、维生素 C、氯化胆碱、维生素 E、维生素 D。

(2) 按比例将上述物质倒入鱼饲料搅拌机中搅拌 60 min，经粉碎，取出后倒入鱼颗粒机加热生成缓沉颗粒饲料，然后用 60 目网过筛，每粒质量为 0.15 g。

4. 驯食过程

长江刀鲚鱼种投入培育池后先停食 2～5 天，从第 3～6 天开始，每天升温 0.2℃，直至最适水温 22℃，以提高刀鲚的新陈代谢。投喂饲料时，缓慢地以少许逐渐投喂驯食，约 30 min，至 80%的鱼游走停止投饲；投喂时间为每天的 6:00、12:00、17:00、22:00，共 4 次，定时定点摄食驯化并吸污，每次投饲前可敲打养殖池壁，进行声音刺激。持续投喂 15 天，刀鲚鱼种可完全转食人工配合饲料。

9.2.2 刀鲚驯食技术特点

(1) 饲料营养全面，适合刀鲚的营养需求，饵料系数低，颗粒水中稳定性好，缓沉速度为 1 cm/s，可直接观察鱼的摄食生长和健康状况，保证了鱼种的成活率和生长率。

(2) 本技术的驯食过程操作简便、强调生态型驯食,成功将野生长江刀鲚培育驯化成为适于池塘人工养殖、抗病力强、生长速度快的鱼种,为与刀鲚食性和生理情况相同的其他名贵肉食性鱼类的人工驯化提供理论数据和实践经验。

9.3 长江刀鲚疾病防治方法建立

9.3.1 寄生虫形态描述

养殖中,发现刀鲚鳃部寄生蠕虫,经形态观察鉴定,此寄生虫为林氏异钩铗虫(*Heteromazocraes lingmueni*)。虫体较大,近纺锤形,肉眼可见。后吸器与体前区分明显,具有 4 对吸铗,后吸器不对称,其中一侧 2 个为特大的开放吸铗,余者 6 个小的封闭型吸铗,虫体尾部带有 1 对尖锐的弯钩。林氏异钩铗虫背、腹面体表均有明显的横向皱褶,皱褶中发现有结节,结节表面含有分布均匀的小孔,具有感觉和物质代谢交换的功能(图 8－6,图 8－7)。

此寄生虫只发现于刀鲚鳃丝上,后吸器张开并吸铗鳃丝上鳃小片,吸附后不移动。破坏鳃丝的上皮细胞,引起其他病原菌的入侵,造成炎症,引发烂鳃病症。9 月,刀鲚寄生林氏异钩铗虫较多,感染率高达 74%,刀鲚最高时寄生 7 条。林氏异钩铗虫雌雄同体,具有 7 个睾丸,身体两侧具有发达的盲肠,从虫体前端口孔或者全身表面的小孔排泄物质。喜栖息于氧气充足的淡水或低盐度水环境中,在合适的温度、低盐度水域中可促使其产卵并孵化。卵两端具有较长的极丝,易于漂浮和传播(徐钢春等,2013)。

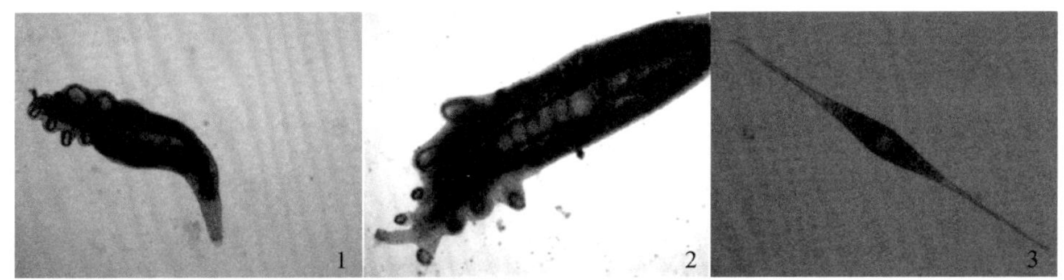

图 9－3　林氏异钩铗虫的光学图

9.3.2 寄生虫预防和治疗

一般常用 10%甲苯咪唑全池泼洒,一次用量为 0.2～0.5 g/m^3,72 h 后,虫

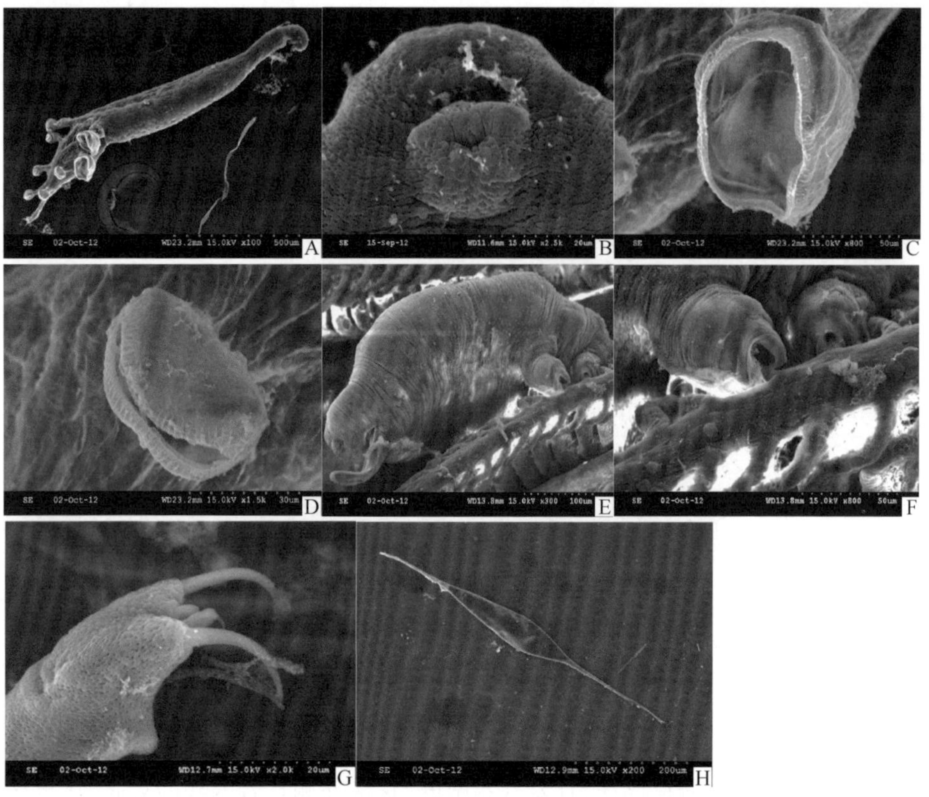

图 9-4　林氏异钩铗虫的扫描电子显微镜图

体可脱落、死亡。同时，还要及时换水 50%～60%，排出脱落的虫卵，防止以后复发。

9.3.3　其他疾病的防治

1. 细菌性烂鳃病

病原：柱状嗜纤维菌。该病一般在 15℃以上发生，发生温度范围在 15～30℃，且水温越高越容易暴发流行。

症状：病鱼鱼体发黑，游泳缓慢，对外界反应迟钝，呼吸困难、食欲减退；病情严重时，离群独游，不摄食，对外界刺激失去反应。解剖观察，鳃上黏液增多，鳃丝肿胀，鳃上的某些部位因局部缺血而呈淡红色或灰白色，严重时鳃丝脱落，鳃丝末端缺损，软骨外露。用肉眼观察，若见鱼体发黑，鳃丝肿胀，黏液增多，鳃丝末端腐烂缺损，软骨外露，而用显微镜检查，鳃上无大量寄生虫或者真菌寄生，即可初步诊断为细菌性烂鳃病。

预防措施：彻底清塘。选择体质健壮的鱼种，在下塘前用 1%～3%食盐水浸泡 10～20 min。加强饲养管理，保持优良水质，增强鱼体抵抗力。定期使用 0.2 g/m^3 的二氧化氯进行全池泼洒。

治疗：① 调整池水盐度到 5‰～7‰，浸泡 7 天。② 使用 5%0.8 ml/m^3 戊二醛溶液全池泼洒，每 2～3 天用一次，连续用 2～3 次（王耀辉和郭正龙，2014）。

2. 细菌性肠炎病

病原：气单胞菌属。该病一般在 12℃以上发生，发生温度范围在 12～30℃，水温越高越容易爆发流行。

症状：病鱼离群独游，游泳缓慢，鱼体发黑，食欲减退直到完全不摄食。疾病早期，剖开肠管可见肠壁局部充血、发炎，肠腔内没有食物，或者只有少量食物，肠内黏液增多。发病后期，可见全肠变红色，肠壁弹性差、变薄，甚至肠壁变成透明状，肠内没有食物，只有淡黄色黏液，肛门红肿，轻压腹部有黄色黏液流出。取鱼的肝、肾、脾、心血接种在 R－S 选择和鉴别培养基上长出黄色菌落，则可以确诊为细菌性肠炎病。

预防措施：彻底清塘。选择体质健壮的长江刀鲚鱼种，在下塘前用 1%～3%食盐水浸泡 10～20 min。加强饲养管理，掌握好投饲的质和量，定期加注新水，开动增氧机，保持池水呈弱碱性，溶解氧充足，水质肥活清新，严格执行"四消、四定"措施。发病季节每月定期投喂防治肠炎疾病的中草药。

治疗。外用药：① 调整池水盐度到 5‰～7‰，浸泡 7 天；② 使用 5% 0.8 ml/m^3 戊二醛溶液全池泼洒，每 2～3 天用一次，连续用 2～3 次；③ 全池泼洒 2～4 g/m^3 五倍子。内服药：① 肠炎宁，每千克饲料加 5 g 拌饵投喂，每天 2 次，连用 5 天；② 止血宁，每千克饲料用 20 g 拌料投喂，1 天 1 次，连用 3 天。

3. 水霉病

病原：水霉。在 9 月到次年 3 月、水温 12～18℃最容易发生，在长江刀鲚养殖过程中常继发性感染，对养殖危害很大。

症状：疾病早期看不见什么异常症状，一段时间后在池中可以发现有的长江刀鲚身体表面有些线状的东西附着，经镜检发现是水霉；体表菌丝大量繁殖后长成旧棉絮状，一丛一丛的，呈白色或灰白色；肉眼可见病鱼食欲减退、鱼体消瘦、运动呆滞、游泳缓慢、烦躁不安。养殖过程中由于拉网、运输、转移的损伤，常见于体表鳞片脱落或损伤部位。用肉眼观察，根据症状即可做出初步诊断，必要时用显微镜进行检查确诊。

预防措施：在拉网、倒苗过程中动作要快而轻，防止鱼体机械损伤；运输后要对鱼体进行消毒，放苗前将池水盐度调整到 5‰，1 周后进行淡化养殖。加强养殖管理，提高鱼体抵抗力，尽量避免鱼体受伤。去除池底过多的淤泥，用 200 g/m^{3}生石灰或者 20 g/m^{3}漂白粉消毒。

治疗：① 全池泼洒食盐及小苏打合计（1∶1）使池水呈 8 g/m^3 的浓度。② 用水霉净 2～3 g/m^{3}全池泼洒，连用 2 次。调整池水盐度达到 5‰～7‰，浸泡 7 天。

第10章 刀鲚的网箱养殖技术

随着网箱装备技术的进步，围绕“一条鱼”养殖工程技术的种质、养成、营养、管理、环境、物流、信息及养殖配套装备等技术链日益完善，在适养地区网箱养殖已成为现代渔业不可或缺的模式。

10.1 水域选择及网箱设置

10.1.1 水域选择

选择无工农业污染、水质良好、交通便利的较大型水面进行网箱养殖，其水域宜选择在避风向阳、水深 4 m 以上的深水区，pH 为 6.5～8.5，溶解氧含量大于 4 mg/L，有微流水的水域(流速 0.08～0.22 m/s)尤佳。

10.1.2 网箱设置方式

网箱在水体的设置，应根据水域条件、操作管理及经济效益等方面综合考虑。

刀鲚的网箱设置方式主要有两类：浮动式和固定式。

1. 浮动式

其特点是网箱可根据水位变化而自动升降，可使网箱内的体积不因水位升降而变化。一般采用双锚串联固定法，由多个网箱以一定距离串联成一行，两端抛锚固定。网箱间距为 3～10 m，行距则应在 50 m 以上。

2. 固定式

网箱固定在四周的桩上，通常在桩上安有铁环或滑轮，与网箱上下四只角联结。调节铁环位置或滑轮上绳索长度，则网箱可随之升降，但一般情况下箱体不随水位变化而升降，但箱体入水深度随之变化，大多数为敞口式，适合于水位比较稳定的浅水湖泊及水库地区的河沟中。

10.1.3 网箱布局

网箱采用聚乙烯单层网敞口式网箱，规格为 10 m×10 m×4 m，网目大小根据鱼种大小决定：1^+ 龄鱼种采用 0.5 cm 网目，2^+ 龄及以上成鱼采用 1.2 cm 网目，网箱底用密网制作。

网箱框架采用脚手架钢管连接或 4.5 cm×4.5 cm 的角钢焊接，用成形泡沫(长方体或圆柱体)作浮子或直接以水泥浇注成船体架接等制作而成。网箱开口的四周固定在框架上，上沿离水面 40～50 cm；箱底四角用石头或沙袋作沉子，箱底四周用钢筋固定成形。

养殖开始前 15 天将放养刀鲚鱼种的网箱提前安装下水，以使网片附生藻类，避免刚入箱的鱼种表皮摩擦损伤。

10.2 鱼种放养及投饲管理

10.2.1 鱼种放养

选择规格整齐的刀鲚当年鱼种(体长 8～10 cm，平均体重 3.0～3.5 g)进行放养，放养密度为 100～150 尾/m^2。放养鱼种时，用盆带水操作放入网箱中，并注意水体与装运鱼种容器中的水温差不超过 2℃。

10.2.2 饲养管理

1. 投喂管理

鱼种入箱后 1 周内不开始配合饲料养殖驯化，只需在晚间使用灯光诱集水中浮游动物供刀鲚摄食。1 周后刀鲚活力、摄食等基本稳定后开始进行养殖驯化(王宇希等，2014)。刀鲚人工驯化可选择在夜间灯光下进行，使用蛋白质含量 40%～45%的商品饲料，先期投喂经泡水磨碎的配合饲料，经 3～5 d 驯化基本可食用人工饲料。

刀鲚鱼种驯食成功后，进入正常投饲阶段。一般选择在晚上进行投喂，用灯光照射，做到定时、定点和定量。随着刀鲚个体的长大，逐步增大饲料颗粒；

至个体 20 cm 以上时，混合投喂冰鲜鱼、虾等饵料（冰鲜饵料和配合饲料投喂量比约为 5∶1）。日投饲比例占鱼总体重的 2%～5%，实际投饲比例根据摄食情况做相应的调整。当水温高于 32℃或低于 10℃时，应投入少量小糠虾、减少或停止人工投喂饲料，只在夜间使用灯光诱集浮游生物供刀鲚进行捕食，进入度夏或越冬管理。

2. 日常管理

网箱每天要勤检查，早、中、晚各巡箱一次，注意观察刀鲚摄食、生长情况和网箱破损等情况，注意防止鸟类捕食，及时清除网箱周围的杂物，清理死亡刀鲚，保证箱体内外水体交换畅通和清洁，记录水温、投喂量、用药等情况。定期拉动网箱，增加鱼的活动量，增强体质；需适时消毒，防止细菌性病害发生。高温期间，加盖网防鸟遮阴，并根据养殖水体水温情况，适当加深网箱深度，并密切关注箱底溶氧情况，以免影响鱼类的摄食和活动。

10.3　刀鲚饲养结果

千岛湖养殖基地于 2012 年 9 月 10 日引入长江刀鲚鱼种 30 000 尾，分养至 2 个同规格网箱（6 m×8 m×8 m），至 2014 年 11 月抽查，养殖刀鲚从平均体长 7.4 cm、平均体重 3.3 g 增长到平均体长 31.9 cm、平均体重 108.60 g。入箱后第 1 周的 93.20%，总体成活率约为 75%。

图 10－1　刀鲚鱼种放养

图 10－2　千岛湖刀鲚养殖网箱

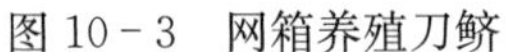

图 10-3　网箱养殖刀鲚

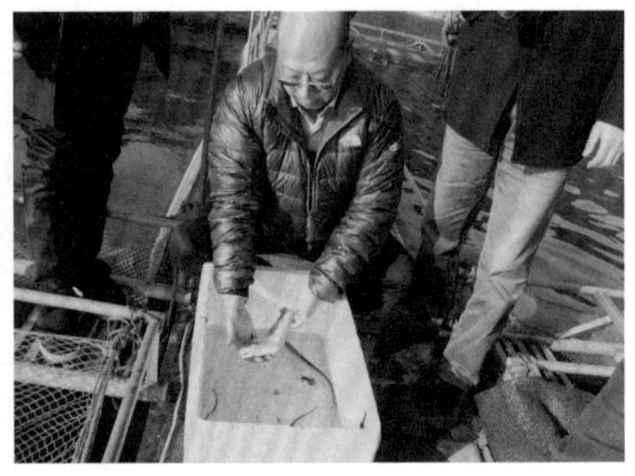

图 10-4　千岛湖养殖网箱刀鲚

10.4　小结

(1) 相较于目前已较为成熟的刀鲚池塘养殖,网箱养殖刀鲚具有养殖密度高、操作管理方便、鱼病少、养殖成本低和捕捞容易等优势,可选择清明季节的市场价格变化选择性上市,获得更高的经济效益。

(2) 度夏是提高刀鲚网箱养殖存活率的关键因素,夏季由于气温高、光照强,网箱各层温差较大,此时应加盖双层遮阳网、减少饲料投喂并适当放低网箱深度。此外,鸟类捕食也是影响网箱养殖刀鲚成活率的又一因素,需采取增加盖网、加强管理等保护措施,防止养殖刀鲚被捕食。

参 考 文 献

曹文宣. 2011. 长江鱼类资源的现状与保护对策. 江西水产科技,(2): 1 - 4.

程起群,温俊娥,王云龙,等. 2006. 刀鲚与湖鲚线粒体细胞色素 b 基因片段多态性及遗传关系. 湖泊科学,18(4): 425 - 430.

陈渊泉,龚群,黄卫平,等. 1999. 长江河口区渔业资源特点、渔业现状及其合理利用的研究. 中国水产科学,6(5): 48 - 51.

丁淑燕,李跃华,黄亚红,等. 2015. 刀鲚精子超低温冷冻保存技术的研究. 水产养殖,36(1): 32 - 34.

杜富宽,聂志娟,徐钢春,等. 2014. 刀鲚 MSTN 基因的克隆及其组织表达. 中国水产科学,21(4): 575 - 585.

付自东,李静,岳碧松,等. 2005. 用荧光物质浸泡标记胭脂鱼仔、稚鱼耳石. 动物学杂志,40(4): 60 - 65.

郭弘艺,唐文乔,魏凯,等. 2007. 中国鲚属鱼类的矢耳石形态特征. 动物学杂志,42(1): 39 - 47.

郭弘艺,魏凯,唐文乔,等. 2010. 基于矢耳石形态特征的中国鲚属鱼类种类识别. 动物分类学报,35(1): 127 - 134.

郭正龙,杨小玉. 2012. 长江刀鲚养殖亲本培育技术. 渔业现代化,39(6): 47 - 50.

柯福恩,危起伟,罗俊德,等. 1993. 三峡工程对长江渔业资源的影响与补救措施. 淡水渔业,23(6): 15 - 18.

姜涛,周昕期,刘洪波,等. 2013. 鄱阳湖刀鲚耳石的两种微化学特征. 水产学报,37(2): 239 - 244.

姜涛,刘洪波,杨健. 2015. 长江口刀鲚动鱼耳石碳. 氧同位素特征初报. 海洋科学,39(6): 48 - 53.

金鑫,徐钢春,杜富宽,等. 2014. 饥饿胁迫对刀鲚形体、体成分及血液生化指标的影响. 动物学杂志,49(6): 897 - 903.

黎雨轩,何文平,刘家寿,等. 2010. 长江口刀鲚耳石年轮确证和年龄与生长研究. 水生生物学报,34(7): 787 - 793.

林浩然. 1991. 鱼类促性腺激素分泌的调节机理和高效新型鱼类催产剂. 生物科学信息,1: 24 - 25.

林浩然. 1999. 激素和人工诱导鱼类繁殖. 生物学通报,34(8): 1 - 3.

林浩然. 2011. 鱼类生理学. 广州: 中山大学出版社: 157 - 158.

刘凯,段金荣,徐东坡,等. 2009. 长江下游产卵期凤鲚、刀鲚和湖鲚肌肉生化成分及能量密度. 动物学杂志,44(4): 118-124.

刘凯,段金荣,徐东坡,等. 2012. 长江口刀鲚渔汛特征及捕捞量现状. 生态学杂志,31(12): 3138-3143.

刘伟,战培荣,王继隆,等. 2013. 大马哈鱼胚胎耳石微结构及其群体环境标记. 水生生物学报,37(5): 929-937.

钱新娥,黄春根,王亚民,等. 2002. 鄱阳湖渔业资源现状及其环境检测. 水生生物学报,26(6): 612-617.

唐文乔,诸廷俊,陈家宽,等. 2003. 长江口九段沙湿地的鱼类资源及其保护价值. 上海水产大学学报,12(3): 193-200.

唐文乔,胡雪莲,杨金权. 2007. 从线粒体控制区全序列变异看短颌鲚和湖鲚的物种有效性. 生物多样性,15(3): 224-231.

王冰,万全,李飞,等. 2010. 刀鲚精子超微结构研究. 水生态学杂志,3(3): 57-63.

王丹婷,杨健,姜涛,等. 2012. 不同水域刀鲚形态的分析比较. 水产学报,36(1): 78-90.

王桂学,刘凯,徐东坡,等. 2009. 凤鲚、湖鲚和刀鲚卵巢氨基酸、脂肪酸及矿物元素分析. 广东海洋大学学报,29(3): 86-89.

王耀辉,郭正龙. 2014. 人工养殖长江刀鱼常见疾病及防治方法. 科学养鱼,4: 56-58.

王宇希,戴杨鑫,汪亚平,等. 2014. 长江刀鱼网箱养殖技术初探. 福建水产,36(6): 465-470.

万全,赖年悦,沈保平,等. 2007. 长江刀鱼的驯养及运输实验. 现代农业科技,8: 110-111.

魏广莲,徐钢春,顾若波,等. 2012. 基于 mtDNA Cytb 序列分析养殖与野生刀鲚群体的遗传多样性. 江西农业大学学报,34(6): 1216-1221.

解玉浩,唐作鹏,解涵,等. 2001. 有明银鱼耳石显微结构和微化学研究. 动物学报,47(2): 215-220.

新井崇臣. 2002. 魚類の回遊履歴: 解析手法の現状と課題. 魚類学雑誌,49: 1-23.

徐钢春,万金娟,顾若波,等. 2011a. 池塘养殖刀鲚卵巢发育的形态及组织学研究. 中国水产科学,18(3): 537-546.

徐钢春,徐跑,顾若波,等. 2011b. 池养刀鲚(*Coilia nasus*)鱼种的摄食与生长. 生态学杂志,30(9): 2014-2018.

徐钢春,聂志娟,张呈祥,等. 2012a. 刀鲚精巢发育的组织学研究. 华中农业大学学报,31(2): 247-252.

徐钢春,聂志娟,薄其康,等. 2012b. 水温对刀鲚幼鱼耗氧率、窒息点、血糖及肌肝糖元指标的影响. 生态学杂志,31(12): 3116-3120.

徐钢春,董晶晶,聂志娟,等. 2012c. 刀鲚不同组织的乳酸脱氢酶同工酶及 DNA 含量研究. 上海海洋大学学报,21(4): 481-488.

徐钢春,魏广莲,李建林,等. 2012d. 基于线粒体 DNA D-loop 序列分析养殖刀鲚与湖鲚的遗传多样性. 大连海洋大学学报,27(5): 448-452.

徐钢春,聂志娟,张守领,等. 2013. 长江刀鲚寄生的异钩铗虫分子鉴定及形态学研究. 水产学报,37(7): 1081-1086.

徐钢春,顾若波,刘洪波,等. 2014. 长江短颌鲚耳石 Sr/Ca 值变化特征及其江海洄游履历. 水产学报,38(7): 37-41.

徐钢春，杜富宽，聂志娟，等. 2015. 10‰盐度对长江刀鲚幼鱼装载和运输胁迫中应激指标的影响. 水生生物学报，39(1)：66－72.

许志强，葛家春，黄武，等. 2009. 基于颌骨长度和线粒体 *Cyt* b 序列变异探讨短颌鲚的分类地位. 大连水产学院学报，24(3)：242－246.

许世杰，李园园，付官宝，等. 2014. 刀鲚染色体核型分析. 广东农业科学，7：155－157.

杨金权，胡雪莲，唐文乔，等. 2008. 长江口邻近水域刀鲚的线粒体控制区序列变异与遗传多样性. 动物学杂志，43(1)：8－15.

叶振江，孟晓梦，高天翔，等. 2007. 两种花鲈(*Lateolabrax* sp.)耳石形态的地理变异. 海洋与湖沼，38(4)：356－360.

袁传宓，林金榜，秦安舲，等. 1976. 关于我国鲚属鱼类分类的历史和现状. 南京大学学报，2：1－12.

袁传宓，林金榜，刘仁华，等. 1978. 刀鲚的年龄和生长. 水生生物学集刊，6(3)：285－298.

袁传宓，秦安舲，刘仁华，等. 1980. 关于长江中下游及东南沿海各省的鲚属鱼类种下分类的探讨. 南京大学学报(自然科学版)，3：67－77.

袁传宓，秦安舲. 1984. 我国近海鲚鱼生态习性及其产量变动状况. 海洋科学，5：35－37.

袁传宓. 1987. 刀鲚的生殖洄游. 生物学通报，12：1－3.

袁传宓. 1988. 长江中下游刀鲚资源和种群组成变动状况及其原因. 动物学杂志，23(3)：12－15.

张波，戴芳群，金显仕. 2008. 黄海重要饵料鱼种矢耳石的形态特征. 中国水产科学，15(6)：917－923.

张呈祥，陈平，郑金良. 2006. 长江刀鲚灌江纳苗与养殖. 科学养鱼，7：26.

张敏莹，徐东坡，刘凯，等. 2005. 长江下游刀鲚生物学及最大持续产量研究. 长江流域资源与环境，14(6)：694－698.

张燕萍，肖宏怒，谢宪兵. 2008. 鄱阳湖鲚属资源衰退原因及恢复对策分析. 江西水产科技，(4)：11－13.

朱孝锋，高成洪，姚彩媛，等. 2009. 长江刀鱼资源的危机和保护对策. 中国渔业经济，3(27)：41－44.

Ashford J R, Arkhipkin A I, Jones C M. 2006. Can the chemistry of otolith nuclei determine population structure of Patagonian toothfish *Dissostichus eleginoides*? Journal of Fish Biology, 69: 708－721.

Ayyildiz H, Ozen O, Altin A. 2014. Growth and hatching of annular seabream, *Diplodus annularis*, from Turkey determined from otolith microstructure. Journal of the Marine Biological Association of the United Kingdom, 94(5): 1047－1051.

Beckman D W, Howlett D T. 2013. Otolith annulus formation and growth of two redhorse suckers (Moxostoma: Catastomidae). Copeia, 3: 390－395.

Bouchard C, Robert D, Nelson R J, et al. 2013. The nucleus of the lapillar otolith discriminates the early life stages of *Boreogadus saida* and *Arctogadus glacialis*. Polar Biology, 36(10): 1537－1542.

Brothers E B, Mathews C P, Lasker R. 1976. Daily growth increments in otoliths from larval and adult fishies. Fishery Bulletion, 74: 1－8.

Buckmeier D L, Smith N G, Reeves K S. 2012. Utility of Alligator gar age estimates from otoliths, pectoral fin rays, and scales. Transactions of the American Fisheries Society, 141 (6): 1510 - 1519.

Cheng Q, Han J. 2004. Morphological variations and discriminant analysis of two populations of *Coilia ectenes*. Journal of Lake Sciences, 16(4): 356 - 364.

Contreras J E, Landaeta M F, Plaza G, et al. 2013. The contrasting hatching patterns and larval growth of two sympatric clingfishes inferred by otolith microstructure analysis. Marine and Freshwater Research, 64(2): 157 - 167.

Cowen R K, Lwiza K M, Sponaugle S, et al. 2000. Connectivity of marine populations: open or closed?. Science, 287: 857 - 859.

De Pontual H, Geffen A J. 2002. Otolith microchemistry. In Manual of Fish Sclerochronology. Panfili J, de Pontual H, Troadec H, et al. Ifremer - IRD coedition, Brest, France: 243 - 304.

Di Franco A G, De Benedetto G, De Rinaldis N, et al. 2011. Large scale-variability in otolith microstructure and microchemistry: The case study of *Diplodus sargus sargus* (Pisces: Sparidae) in the Mediterranean Sea. Italian Journal of Zoology, 78(2): 182 - 192.

Dodson J J, Sirois P, Daigle G, et al. 2013. Otolith Microstructure during the Early Life-History Stages of *Brown Trout*: Validation and Interpretation. North American Journal of Fisheries Management, 33(1): 108 - 116.

Drinan T J, Mcginnity P, Coughlan J P, et al. 2012. Morphological variability of Atlantic salmon *Salmo salar* and brown trout *Salmo trutta* in different river environments. Ecology of Freshwater Fish, 21(3): 420 - 432.

Du F K, Xu G C, Nie Z J, et al. 2014. Transcriptome analysis gene expression in the liver of *Coilia nasus* during the stress response. BMC Genomics, 558(15): 1471 - 2164.

Duffy W J, Mcbride R S, Hendricks M L, et al. 2012. Otolith age validation and growth estimation from oxytetracycline-marked and recaptured American shad. Transactions of the American Fisheries Society, 141(6): 1664 - 1671.

Forrester G E, Swearer S E. 2002. Trace elements in otoliths indicate the use of open-coast versus bay nursery habitats by juvenile California halibut. Marine Ecology Progress Series, 241: 201 - 213.

Gillanders B M. 2001. Trace metals in four structures of fish and their use for estimates of stock structure. Fishery Bulletin, 99(3): 410 - 419.

Gillanders B M. 2002. Connectivity between juvenile and adult fish populations: do adults remain near their recruitment estuaries? Marine Ecology Progress Series, 240: 215 - 223.

Huang Y F, Cheng F, Murphy B R, et al. 2014. Sagittal otolith microstructure, early growth and development of *Coilia ectenes* in the Yangtze Estuary, China. Fisheries Science, 80(3): 435 - 443.

Hughes M J, Schmidt D J, Macdonald J I, et al. 2014. Low interbasin connectivity in a facultatively diadromous fish: evidence from genetics and otolith chemistry. Molecular Ecology, 23: 1000 - 1013.

Ibanez A L, O'Higgins P. 2011. Identifying fish scales: The influence of allometry on scale shape and classification. Fisheries Research, 109(1): 54 - 60.

Jabeur C, Mahmoudi K, Khoufi W, et al. 2013. Growth of the blue mackerel *Scomber scombrus* in Tunisia using the otolith microstructure. Journal of the Marine Biological Association of the United Kingdom, 93(2): 351 - 355.

Jiang T, Yang J, Liu H B. 2012. Life history of *Coilia nasus* from the Yellow Sea inferred from otolith Sr : Ca ratios. Environmental Biology of Fishes, 95(4): 503 - 508.

Jiang T, Liu H B, Shen X Q, et al. 2014. Life history variations among different populations of *Coilia nasus* along the Chinese Coast inferred from otolith microchemistry. Journal of the Faculty of Agriculture Kyushu University, 59(2): 383 - 389.

Kotake A, Arai T, Ozawa T, et al. 2003. Variation in migratory history of Japanese eels, *Anguilla japonica*, collected in coastal waters of the Amakusa Islands, Japan, inferred from otolith Sr/Ca ratios. Marine Biology, 142(5): 849 - 854.

Loewen T N, Gillis D, Tallman R F. 2009. Ecological niche specialization inferred from morphological variation and otolith strontium of Arctic charr *Salvelinus alpinus* L. found within open lake systems of southern Baffin Island, Nunavut, Canada. Journal of Fish Biology, 75(6): 1473 - 1495.

Longmore C, Trueman C N, Neat F, et al. 2014. Ocean-scale connectivity and life cycle reconstruction in a deep-sea fish. Canadian Journal of Fisheries and Aquatic Sciences, 71: 1312 - 1323.

McDowall R M. 2009. Making the best of two worlds: diadromy in the evolution, ecology, and conservation of aquatic organisms. In Challenges for Diadromous Fishes in a Dynamic Global Environment. Haro A, Smith KL, Rulifson RA, et al. American Fisheries Society, Bethesda, USA: 1 - 22.

Morales-Nin B, Tores G J, Lombarte A, et al. 1998. Otolith growth and age estimation in the European hake, Journal of Fish Biology,53(6): 1155 - 1168.

Moyano G, Plaza G, Toledo M I. 2012. Otolith micro-structure analysis of rainbow trout alevins (*Oncorhynchus mykiss*) under rearing conditions, Latin American Journal of Aquatic Research, 40(3): 722 - 729.

Mugiya Y, Uchimura T. 1989. Otolith resorption induced by anaerobic stress in the goldfish, *Carassius auratus*. Journal of Fish Biology, 35(6): 813 - 818.

Natsumeda T, Tsuruta T, Takeshima H, et al. 2014. Variation in morphological characteristics of Japanese fluvial sculpin related to different environmental conditions in a single river system in eastern Japan. Ecology of Freshwater Fish, 23(2): 114 - 120.

Nie Z L, Wei J, Ma Z H, et al. 2014. Morphological variations of Schizothoracinae species in the Muzhati River. Journal of Applied Ichthyology, 30(2): 359 - 365.

Palacios-Fuentes P, Landaeta M F, Jahnsen-Guzman N, et al. 2014. Hatching patterns and larval growth of a triplefin from central Chile inferred by otolith microstructure analysis. Aquatic Ecology, 48(3): 259 - 266.

Parkinson K L, Booth D J, Lee J E. 2012. Validation of otolith daily increment formation for two temperate syngnathid fishes: the pipefishes *Stigmatopora argus* and *Stigmatopora nigra*. Journal of Fish Biology, 80(3): 698 - 704.

Pérez A N, Fabré N. 2013. Spatial population structure of the Neotropical tiger catfish *Pseudoplatystoma metaense*: skull and otolith shape variation. Journal of Fish Biology, 82 (5): 1453 - 1468.

Rehberg-Haas S, Hammer C, Hillgruber N, et al. 2012. Otolith microstructure analysis to resolve seasonal patterns of hatching and settlement in western Baltic cod. ICES Journal of Marine Science, 69(8): 1347 - 1356.

Reichenbacher B, Feulner G, Mirbach T. 2009. Geographic variation in otolith morphology among freshwater populations of *Aphanius dispar* (Teleosteim, Cyprinodontiformes) from the southeastern Arabian Peninsula. Journal of Morphology, 270: 469 - 484.

Rooker J R, Secor D H, Zdanowicz V S, et al. 2002. Otolith elemental fingerprints of atlantic bluefin tuna from eastern and western nurseries. International Commission for the Conservation of Atlantic Tunas, 54: 498 - 506.

Rude N P, Hintz W D, Norman J D, et al. 2013. Using pectoral fin rays as a non-lethal aging structure for smallmouth bass: precision with otolith age estimates and the importance of reader experience. Journal of Freshwater Ecology, 28(2): 199 - 210.

Secor D H, Dean J M, Laban E H. 1991. Manual for otolith removal and preparation for microstructural examination. The Electric Power Research Institute and the Belle W. Baruch Institute for Marine Biology and Coastal Research: 85.

Secor D H, Henderson A A, Piccoli P M. 1995 Can otolith microchemistry chart patterns of migration and habitat utilization in anadromous fishes? Journal of Experimental Marine *Biology* and *Ecology*, 192: 15 - 23.

Takahashi M, Yoneda M, Kitano H, et al. 2014. Growth of juvenile chub mackerel *Scomber japonicus* in the western North Pacific Ocean: with application and validation of otolith daily increment formation. Fisheries Science, 80(2): 293 - 300.

Thorrold S, Latkoczy C, Swart P, et al. 2001. Natal homing in a marine fish metapopulation. Science, 291(5502): 297 - 299

Tobler M, Bertrand N. 2014. Morphological variation in vanishing Mexican desert fishes of the genus *Characodon* (Goodeidae). Journal of Fish Biology, 84(2): 283 - 296.

Tsukamoto K. 1992. Discovery of the spawning area for Japanese eel. Nature, 356(6372): 789 - 791.

Tsukamoto K. Nakai I, Tesch W V. 1998. Do all freshwater eels migrate? Nature, 396 (6712): 635 - 636.

Tsukamoto K, Arai T. 2001. Facultative catadromy of the eel *Anguilla japonica* between freshwater and seawater habitats. Marine Ecology-Progress Series, 220: 265 - 276.

Tulp I, Keller M, Navez J, et al. 2013. Connectivity between migrating and landlocked populations of a diadromous fish species investigated using otolith microchemistry. Plos One, 8(7): e69796

Turan C. 2006. The use of otolith shape and chemistry to detemine stock structure of

Mediterranean horse macherel *Trachurus mediterraneus* (Steindachner). Journal of Fish Biology, 69: 165 - 180.

Vergara-Solana F J, Garcia-Rodriguez F J, De La Cruz-Agueero J. 2013. Comparing body and otolith shape for stock discrimination of Pacific sardine, *Sardinops sagax Jenyns*, 1842. Journal of Applied Ichthyology, 29(6): 1241 - 1246.

Vinagre C, Maia A, Amara R, et al. 2013. Spawning period of Senegal sole, *Solea senegalensis*, based on juvenile otolith microstructure. Journal of Sea Research, 76: 89 - 93.

Whitehead P J P. 1985. FAO species catalogue. Rome: United Nations Development Programme: 470 - 471.

Xu G C, Tang X, Zhang C X, et al. 2011. First studies of embryonic and larval development of *Coilia nasus* (Engraulidae) under controlled conditions. Aquaculture Research, 42(4): 593 - 601.

Yang J, Arai T, Liu H B, et al. 2006. Reconstructing habitat use of *Coilia mystus* and *Coilia ectenes* of the Yangtza River estuary, and of *Coilia ectenes* of Taihu Lake, based on otolith strontium and calcium. Journal of Fish Biology, 69(4): 1120 - 1135.

Yang J, Jiang T, Liu H B. 2011. Are there habitat salinity markers of the Sr : Ca ratio in the otolith of wild diadromous fishes? A literature survey. Ichthyological Research, 58(3): 291 - 294.

彩　图

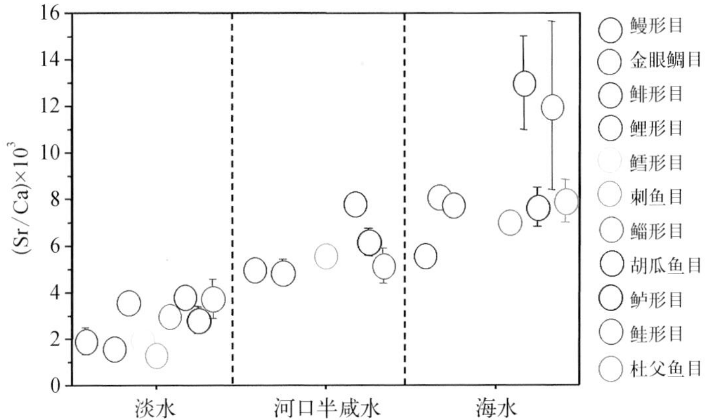

图 3-5　洄游性鱼类耳石中对应淡水、河口半咸水和海水生境 Sr/Ca 值的差异含鳗形目、金眼鲷目、鲱形目、鲤形目、鳕形目、刺鱼目、鲻形目、胡瓜鱼目、鲈形目、鲑形目、杜父鱼目鱼类

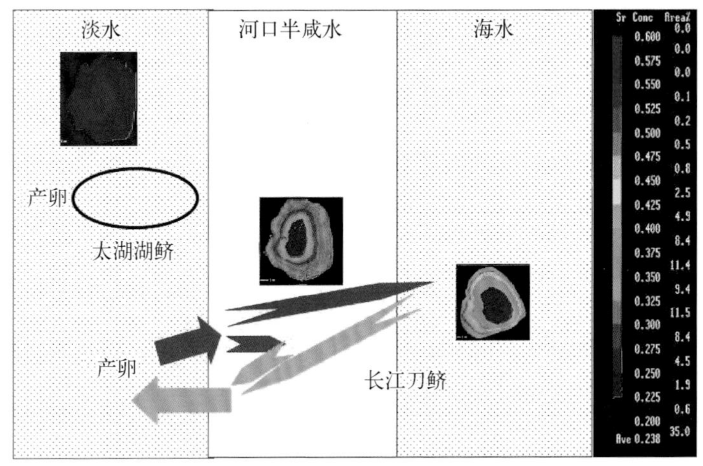

图 3-6　陆封和溯河洄游型刀鲚耳石微化学的特征

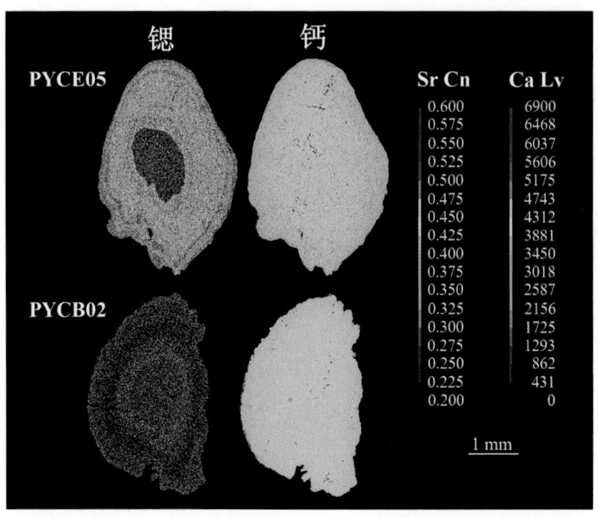

图 3-9　鄱阳湖星子水域刀鲚耳石 Sr 和 Ca 含量面分布(姜涛等,2013)

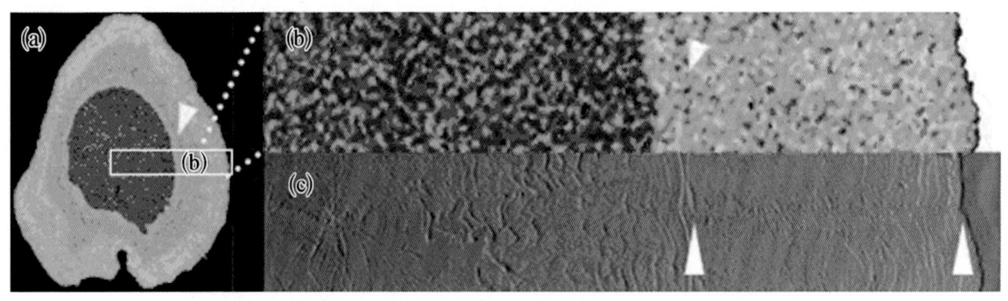

图 3-13　由 X 射线微分析所得到的二维 Sr 元素浓度面分布图和刀鲚耳石矢状面上年轮的关系

(a) 整个耳石上 Sr 元素浓度面分布分析结果(箭头所指为第 1 个蓝色环);(b) 从耳石核心至边缘的 Sr 元素分布情况(箭头所指为第 1 个蓝色环);(c) 反射光下耳石照片(箭头所指为年轮);(b)为(a)中方框区域的放大图;(b)和(c)为同一耳石上的相同区域(Jiang et al. , 2012)

长江刀鲚

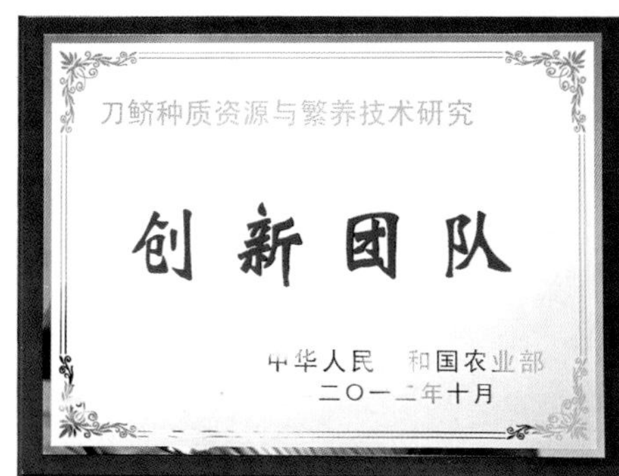

刀鲚研究创新团队成员

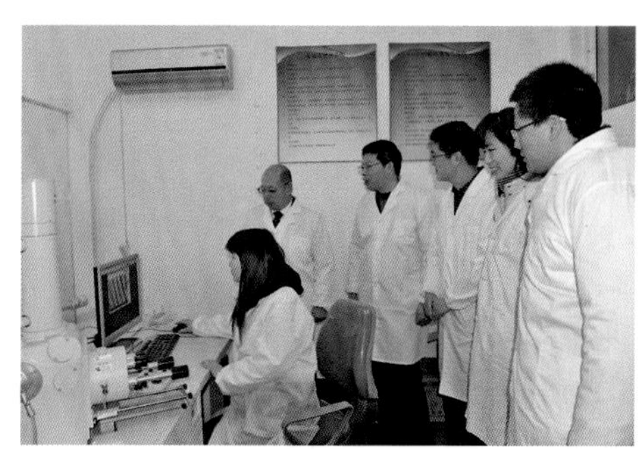

实验指导现场

刀鲚冬片鱼种培育

刀鲚商品鱼收获